科学喂养专家指导

张秀丽 / 编著

中国人口出版社

FOREWORD
前言

0~3岁是宝宝大脑发育的黄金时期，也是宝宝情商发展的关键时期，因此对于宝宝而言，科学摄取均衡而全面的营养非常重要，宝宝的营养决定了宝宝的健康成长与智力发展。了解一些科学营养知识，对宝宝进行合理的喂养，是确保宝宝健康、聪明成长的关键。然而，怎样去喂养娇弱的宝宝，常常让新手爸妈手足无措。

新生宝宝对于环境的细微变化非常敏感，不同的营养基础会让宝宝有明显的健康差异。宝宝在每个时期的喂养方式各不相同，身体发育所需要的营养素不同，最佳食材也不同，只有了解这些营养素以及食材的功效，以科学合理为前提，才能取得最佳的喂养效果。

本书在传统喂养方式的基础上，全面融入国内外最经典的育儿经验，以符合中国人体质和健康为标准，总结出系统的科学合

　　理的喂养方式。本书精心为新手爸妈讲解了不同时期宝宝所需的关键营养，通俗地介绍了不同时期宝宝养育需要了解的知识，以及新手爸妈可能会碰到的问题，推荐了最适合这个时期宝宝吃的食材，介绍了这些食材的多种吃法，并针对宝宝不同时期的生理特点和营养需求制订营养膳食菜谱，将专家级的健康饮食方案献给新手爸妈，让宝宝科学有益地补充生命能量。

　　同时，本书提供了常见儿科疾病的辅助食疗等，全面提升宝宝身体的免疫力，让宝宝健康、聪明地赢在起跑线上。

　　本书将科学营养理论与喂养实际操作融为一体，内容全面，结构严谨，图文并茂，既是一本科学育儿的指导手册，又是新手爸妈不可或缺的育儿顾问。

　　愿所有的宝宝吃得开心，吃出健康，吃出聪明；愿所有的新手爸妈从这里学会科学育儿。

PART 1
奶是主食，母乳或配方奶喂养关键期（0~3个月）…001

0~3个月宝宝营养关键 …………001
调节睡眠增强宝宝免疫力的α-乳清
蛋白 ………………………………001
促进宝宝大脑发育、保护宝宝肝脏
的牛磺酸 …………………………002
帮宝宝预防佝偻病和夜盲症
的鱼肝油 …………………………004
购买鱼肝油应注意的几点 …………005

0~3个月宝宝身体发育情况 ……006
0~3个月宝宝营养新知快递 ……007
宝宝一日饮食安排 …………………007
母乳喂养的宝宝更健康 ……………007
母乳喂养妈妈身材恢复快 …………008
母乳喂养的正确姿势是怎样的 ……008
没开奶前不要急着喂宝宝其他
代乳品 ………………………………010

初乳能够增强宝宝的免疫力 ………010
如何让奶水源源不断 ………………011
怎样让奶水更营养 …………………012
母乳喂养期间妈妈都有什么忌口 …013
怎样从宝宝口中抽出乳头 …………013
挤出来的母乳怎样保存 ……………014
新手妈妈如何挤奶 …………………014
如何对宝宝进行混合喂养 …………015
如何对宝宝进行人工喂养 …………016
如何给宝宝选购奶瓶、奶嘴 ………017
如何冲调配方奶粉 …………………018
宝宝吃奶了还需要喝水吗 …………018
妈妈感冒期间该不该给宝宝
喂母乳 ………………………………019
宝宝吐奶该怎么办 …………………019
奶水本来就少，还漏奶，要给宝宝
加奶粉吗 ……………………………020

纯母乳喂养的宝宝经常拉稀是怎么回事……021
宝宝饿了就要给他喂奶吗？有没有时间限制……022
宝宝睡着了要不要叫醒喂奶……022
怎样知道宝宝是否吃饱了……023
喂母乳时，直接喂与瓶喂哪种较好……023

0~3个月宝宝护理课堂……024
怎样抱新生宝宝……024
怎么护理新生宝宝的脐带……025
怎样观察宝宝的便便……026
怎样读懂宝宝的哭声……027

哺乳妈妈明星食材推荐……028
鲫鱼……028
虾……031
猪蹄……034
花生……037

最营养的催奶美味……040
当归鱼汤……040
虾仁镶豆腐……040
鲫鱼汤……041
金针黄豆排骨汤……041
芝麻黑豆泥鳅汤……042
豌豆炒鱼丁……042
五花肉丸子汤……043

0~3个月宝宝的关键饮食……044
橘子汁……044
苹果汁……044
黄瓜汁……045
番茄汁……045
甜瓜汁……046
山楂水……046
青菜水……047
胡萝卜汤……047

PART 2
味蕾萌发，断奶初步准备关键期（4~6个月）……048

4~6个月宝宝营养关键……048
制造宝宝血液的铁元素……048
为宝宝长牙和长高作准备的钙元素……049

促进宝宝神经细胞和脑细胞发育的叶酸 ··············050

4~6个月宝宝身体发育情况 ······052

4~6个月宝宝营养新知快递 ······053
宝宝一日饮食安排 ··············053
上班妈妈该如何给宝宝喂母乳 ······053
为什么要给宝宝添加辅食 ··········054
给宝宝添加辅食有什么好处 ········054
宝宝辅食添加要循序渐进 ··········055
4~6个月宝宝的辅食应富含铁、钙等营养元素 ··············055
6个月的宝宝可以吃泥状辅食了 ····055
宝宝不爱吃辅食怎么办 ···········056
宝宝容易贫血怎么办 ············057
怎样给宝宝补钙 ···············058
长期过多饮用酸奶会有损宝宝身体健康 ···················059
炼乳代替牛奶不能满足宝宝的营养需求 ···················059
水果不能代替蔬菜 ·············059
为什么不要给这个时期的宝宝喂蛋清 ···················060
如何给宝宝添加蛋黄 ············061
给宝宝补充含铁强化食品能预防宝宝贫血吗 ···············061
如何给宝宝补维生素D和钙 ·······061
宝宝头发又稀又黄是缺锌吗 ·······062
饮食均衡，不要养出肥胖宝宝 ······062
宝宝不爱喝水怎么办 ············063
宝宝消化不好腹泻，该如何用药 ····063
宝宝的辅食为什么不要加味精 ······064
要保持出牙前的宝宝口腔清洁 ······064
该给出牙期的宝宝准备磨牙棒了 ····064

4~6个月宝宝护理课堂 ··········065
宝宝为什么爱流口水 ············065
怎样给宝宝按摩 ···············065
怎样防止宝宝长痱子 ············066
家里有个"夜哭郎"怎么办 ········067
宝宝可以看电视吗 ·············068

4~6个月宝宝明星食材推荐 ······069
蛋黄 ······················069
土豆 ······················072
鳕鱼 ······················075
菠菜 ······················078
胡萝卜 ·····················081
豆腐 ······················084
橙子 ······················087
香蕉 ······················090

4~6个月宝宝的关键饮食 ········093
乳类 ······················093
米汤 ······················093
蔬菜泥 ·····················094
香蕉苹果泥 ··················094
鱼汤粥 ·····················095
蛋黄粥 ·····················095
番茄鱼泥 ···················096
核桃仁粥 ···················096

PART 3
好吃的越来越多，固体辅食添加关键期（7~9个月） … 097

7~9个月宝宝营养关键 … 097
让宝宝高效生长的脂肪 … 097
构筑宝宝生命支柱的蛋白质 … 098
给宝宝提供运动能量的碳水化合物
 … 099
增强宝宝免疫力的核苷酸 … 100
促进宝宝智力发育的DHA … 102

7~9个月宝宝身体发育情况 … 103

7~9个月宝宝营养新知快递 … 104
宝宝一日饮食安排 … 104
添加固体辅食为断奶作准备 … 104
给出牙宝宝准备手指饼干、面包片等 … 104
自制磨牙美味 … 105
怎样给宝宝作口腔保健 … 106
宝宝一吃辅食就吐该怎么办 … 106
宝宝不喜欢吃蔬菜怎么办 … 107
为什么宝宝缺钙会引起腹痛 … 107
宝宝容易食物过敏怎么办 … 107
宝宝爱吃罐头，可以经常喂食吗 … 108
如何面对宝宝的厌奶期 … 108
宝宝挑食怎么办 … 109
为什么不宜常用豆奶喂宝宝 … 110
宝宝爱吃甜食怎么办 … 110
开始训练宝宝自己吃饭 … 111
怎样培养宝宝定时、定点吃饭的好习惯 … 111

7~9个月宝宝护理课堂 … 112
宝宝晚上睡觉为什么爱出汗 … 112
夏季可以给宝宝剃光头吗 … 113
宝宝被蚊虫叮咬后应该怎样处理 … 113
如何清除宝宝耳屎 … 114
怎样为学步的宝宝挑选鞋子 … 114

7~9个月宝宝明星食材推荐 … 116
鸡胸肉 … 116
白米饭 … 119
面包 … 122
牛奶 … 125
豆制品 … 128
动物肝脏 … 131
番茄 … 134
豌豆 … 137
草莓 … 140

7~9个月宝宝的关键饮食 … 143
玉米豌豆汁 … 143
炒面糊 … 143
菠菜酸奶糊 … 144
鲜奶南瓜汤 … 144
骨汤面 … 145
菜花虾末 … 145
三色肝末 … 146
肉蛋豆腐粥 … 146

PART 4

开始像大人一样吃饭，彻底断奶关键期（10~12个月）… 147

10~12个月宝宝营养关键 …… 147
防止宝宝血液"叛变"的维生素C …… 147
促进宝宝大脑和视觉发育的不饱和脂肪酸 …… 148
帮助宝宝骨骼和牙齿生长的钙和磷 …… 149
帮助宝宝吸收钙、磷的维生素D … 150

10~12个月宝宝身体发育情况 … 152

10~12个月宝宝营养新知快递 … 153
宝宝一日饮食安排 …… 153
什么时候给宝宝断奶最好 …… 153
如何给宝宝断奶 …… 154
断奶越果断越好吗 …… 155
断奶末期怎么喂宝宝 …… 155
宝宝断奶后的营养保证 …… 155
怎样向幼儿的哺喂方式过渡 …… 156
宝宝断奶了但是拒绝奶粉怎么办 … 156
不要用奶嘴来抚慰断奶宝宝 …… 157
为什么不要嚼饭喂宝宝 …… 157
会走的宝宝喂饭难，怎么办 …… 158
为什么宝宝发烧时不要吃鸡蛋 … 159

10~12个月宝宝护理课堂 …… 160
不要带宝宝到马路边玩 …… 160
带宝宝游泳要注意什么 …… 160
如何给宝宝喂药 …… 161
宝宝穿开裆裤好吗 …… 162
注意宝宝的玩具卫生 …… 162
如何让宝宝自己坐便盆解大小便 … 163

10~12个月宝宝明星食材推荐 … 164
牛肉 …… 164
猪肉 …… 167
洋葱 …… 170
金针菇 …… 173
西蓝花 …… 176
芦笋 …… 179
橘子 …… 182
猕猴桃 …… 185

10~12个月宝宝的关键饮食 …… 188
小馒头 …… 188
南瓜饭 …… 188
南瓜菠菜面 …… 189
鱼蛋饼 …… 189
肉蛋丸子 …… 190
豆腐饭 …… 190
红枣花生粥 …… 191
水果藕粉羹 …… 191

PART 5

会吃的宝宝最聪明，补脑益智关键期（1~2岁） ……… 192

1~2岁宝宝营养关键 ……192
提升宝宝智力的DHA、ARA ……192
提高宝宝记忆力的卵磷脂 ……193
提高宝宝记忆力的碘 ……194

1~2岁宝宝身体发育情况 ……196

1~2岁宝宝营养新知快递 ……197
宝宝一日饮食安排 ……197
宝宝吃水果不是越多越好 ……197
宝宝要多吃哪些健脑食品 ……198
多吃鱼宝宝会更聪明 ……198
宝宝不吃肉怎么保证得到足够的蛋白质 ……199
宝宝吃得多为什么长不胖 ……200
不要给宝宝喝碳酸饮料 ……200
不要随意给宝宝添加营养补品 ……201
长期大量服用葡萄糖会引起宝宝厌食 ……202

给宝宝零食的原则 ……202
对宝宝大脑发育有害的食物 ……203

1~2岁宝宝护理课堂 ……204
宝宝喜欢要别人的东西怎么办 ……204
宝宝特别缠人怎么办 ……205
1岁半的宝宝还不会走路怎么办 ……205

宝宝健脑益智明星食材推荐 ……206
鲅鱼 ……206
鸡蛋 ……209
南瓜 ……212
核桃 ……215
芝麻 ……218
大豆 ……221
苹果 ……224

宝宝最爱吃的补脑益智饮食 ……227
蜜枣核桃卷 ……227
五仁包 ……227
香炸豆腐 ……228
清蒸猪脑 ……228
紫菜瘦肉汤 ……229
芝麻拌菠菜 ……229
洋葱菠菜粥 ……230
鲜虾蛋粥 ……230

PART 6
吃对食物身体棒，补锌补钙、调理脾胃关键期（2~3岁） ··· 231

2~3岁宝宝营养关键 ············· 231
促进宝宝生长发育的锌 ············ 231
促进宝宝骨骼生长的钙 ············ 232
维持食欲促进消化的B族维生素 ···· 233
宝宝的肠道卫兵乳酸菌 ············ 235

2~3岁宝宝身体发育情况 ······· 236

2~3岁宝宝营养新知快递 ······· 237
宝宝一日饮食安排 ················ 237
锌对宝宝生长发育的作用 ·········· 237
什么情况下需要给宝宝补锌 ········ 238
如何用食物给宝宝补锌 ············ 239
如何正确选择补锌产品 ············ 239
补钙最好从食物着手 ·············· 240
哪些食物有助于宝宝长高 ·········· 240
怎样把握宝宝进餐的心理特点 ······ 241
宝宝胃口不好是怎么回事 ·········· 242
为什么不要强迫宝宝进食 ·········· 243

2~3岁宝宝护理课堂 ············ 244
宝宝说话滞涩怎么办 ·············· 244
带宝宝去看病有什么学问 ·········· 244
带宝宝到游乐场所要注意安全 ······ 245
宝宝不宜进行的体育运动有哪些 ···· 246
注意保护宝宝的视力 ·············· 247
如何纠正宝宝的不良习惯 ·········· 247
家庭应准备的外用药有哪些 ········ 248
防止对宝宝过度保护 ·············· 249

宝宝补锌明星食材推荐 ········· 250
牡蛎 ···························· 250
干贝 ···························· 253
鱿鱼 ···························· 256
萝卜 ···························· 259
大白菜 ·························· 262
香菇 ···························· 265

宝宝最爱吃的补锌饮食 ········· 268
花生核桃粥 ······················ 268
清蒸鳕鱼 ························ 268
奶香饼 ·························· 269
五彩黄鱼羹 ······················ 269
香香荸荠鸡肝片 ·················· 270
圆白菜炒肉丝 ···················· 270
莴笋炒香菇 ······················ 271
萝卜番茄汤 ······················ 271

宝宝补钙明星食材推荐 ········· 272
虾皮 ···························· 272
酸奶 ···························· 275
燕麦 ···························· 278
紫菜 ···························· 281
猪骨 ···························· 284

宝宝最爱吃的补钙饮食⋯⋯287
- 豆浆红薯泥⋯⋯287
- 蒸豆腐⋯⋯287
- 鳕鱼牛奶⋯⋯288
- 香香骨汤面⋯⋯288
- 奶酪粥⋯⋯289
- 芹菜豆腐干⋯⋯289
- 木须肉⋯⋯290
- 猪血豆腐青菜汤⋯⋯290

宝宝开胃明星食材推荐⋯⋯291
- 鸭肉⋯⋯291
- 茼蒿⋯⋯294
- 番茄酱⋯⋯297
- 苦瓜⋯⋯300
- 山楂⋯⋯303
- 橙子⋯⋯306

宝宝最爱吃的开胃饮食⋯⋯309
- 鲜奶鱼丁⋯⋯309
- 凉拌鸡丝⋯⋯309
- 菠萝鸡片⋯⋯310
- 酸甜萝卜⋯⋯310
- 樱桃小丸子⋯⋯311
- 鲜奶玉米糊⋯⋯311
- 番茄荷包蛋⋯⋯312

PART 7
0~3岁宝宝常见疾病的饮食调养⋯⋯313

宝宝流感——需要注意饮食清淡⋯⋯314
- 食疗方1：银花饮⋯⋯314
- 食疗方2：陈皮姜粥⋯⋯314

风寒感冒——给宝宝吃辛温的食物⋯⋯315
- 食疗方1：红糖姜汤⋯⋯315
- 食疗方2：香菜黄豆汤⋯⋯315

风热感冒——要及时给宝宝补充水分⋯⋯316
- 食疗方1：薄荷牛蒡子粥⋯⋯316
- 食疗方2：梨粥⋯⋯316

暑热感冒——多吃清火的食物 317
食疗方1：麦冬粥 317
食疗方2：绿豆汤 317

宝宝发烧——要多给宝宝饮水 318
食疗方1：西瓜汁 318
食疗方2：牛奶米汤 318

宝宝咳嗽——多给宝宝吃化痰食物 319
食疗方1：烤橘子 319
食疗方2：香油姜末炒鸡蛋 319

宝宝腹泻——饮食调理更重要 320
食疗方1：淮山药粥 320
食疗方2：苹果汤 320

宝宝夜啼——少吃易产气的食物 321
食疗方1：百合红枣汤 321

食疗方2：干姜粥 321

宝宝便秘——顺肠通便的食物不可缺 322
食疗方1：蜂蜜土豆汁 322
食疗方2：红薯木耳粥 322

宝宝上火——清凉饮食给宝宝降火 323
食疗方1：苦瓜冰糖汁 323
食疗方2：绿豆饮 323

宝宝汗症——多用食物来补虚 324
食疗方1：核桃莲子山药羹 324
食疗方2：黄芪红枣汤 324

宝宝鹅口疮——不可乱用抗生素 325
食疗方1：西洋参莲子炖冰糖 325
食疗方2：莴笋叶红枣汁 325

宝宝湿疹——避免喂给宝宝过敏饮食 326
食疗方1：绿豆海带汤 326
食疗方2：玉米须心汤 326

宝宝遗尿——通过饮食可以改变的毛病 327
食疗方1：四味猪膀胱汤 327
食疗方2：核桃鸡米 327

宝宝厌食症——不要让宝宝没有胃口 328
食疗方1：山药糯米粥 328
食疗方2：醋熘白菜 328

宝宝伤食——宝宝吃得多引起的毛病 ……329
食疗方1：蜜饯山楂 ……329
食疗方2：蜂蜜萝卜 ……329

宝宝疳积——改变宝宝不合理的饮食习惯 ……330
食疗方1：淮山莲子汤 ……330
食疗方2：山楂山药汤 ……330

宝宝流涎——不要给宝宝吮吸空奶嘴 ……331
食疗方1：摄涎饼 ……331
食疗方2：山药慈菇糊 ……331

宝宝水痘——多吃有营养易消化的食物 ……332
食疗方1：金银花甘蔗茶 ……332
食疗方2：马齿苋荸荠糊 ……332

宝宝鼻出血——多吃新鲜蔬菜和水果 ……333
食疗方1：生藕荸荠萝卜汤 ……333
食疗方2：藕汁蜜糖露 ……333

宝宝肥胖——家长要控制宝宝饮食 ……334
食疗方1：玉米奶粥 ……334
食疗方2：虾米白菜 ……334

宝宝惊风——营养素缺乏亮起的健康红灯 ……335
食疗方1：山药粥 ……335
食疗方2：桑葚粥 ……335

宝宝扁桃体炎——饮食谨遵清淡易消化原则 ……336
食疗方1：萝卜橄榄饮 ……336
食疗方2：无花果冰糖饮 ……336

宝宝腮腺炎——清热解毒的流质饮食为最佳 ……337
食疗方1：黄花菜粥 ……337
食疗方2：三豆粥 ……337

PART 1

奶是主食，母乳或配方奶喂养关键期（0~3个月）

0~3个月宝宝营养关键

调节睡眠增强宝宝免疫力的 α-乳清蛋白

营养解读

α-乳清蛋白属于动物性蛋白，含有人体必需的8种氨基酸，并且接近人体的需求比例，是宝宝生长发育过程中必不可少的营养物质，蛋白质中的精华。

α-乳清蛋白最大的好处就是可以帮宝宝提高睡眠质量，增强免疫力。α-乳清蛋白里含较多色氨酸，可以在宝宝的体内转变成5-羟色胺。5-羟色胺是一种抑制性的神经递质，具有抑制中枢神经系统的兴奋性、调节睡眠的生理功能。每天摄入足够的α-乳清蛋白，对提高宝宝的睡眠质量、促进宝宝的脑部发育具有很重要的作用。α-乳清蛋白中还含有大量的胱氨酸残基，能安全地通过消化道和血液进入细胞膜，还原成半胱氨酸，和其他物质结合形成可以调节免疫系统功能的谷胱甘肽，帮助宝宝增强免疫力，使宝宝更加健康、快乐地成长。

宝宝需求标准

母乳喂养期要保证宝宝每天的母乳需求量，断奶后保证宝宝每天喝1杯牛奶或者羊奶，约200毫升即可满足宝宝对α-乳清蛋白的一日需求量。

富含α-乳清蛋白的食物

α-乳清蛋白在母乳中的含量最多，大概占母乳中的蛋白质总量的27%。牛奶中也含有一定量的α-乳清蛋白，但是含量比母乳低得多，只占牛奶中蛋白质总量的3.6%左右。很多配方奶粉也添加了α-乳清蛋白，但含量一般不如母乳。

贴心小提示

母乳是宝宝最好的食物。母乳中α-乳清蛋白含量丰富，还特别容易被宝宝吸收，因此，在条件允许的情况下，要坚持给宝宝母乳喂养。

促进宝宝大脑发育、保护宝宝肝脏的牛磺酸

营养解读

牛磺酸是一种特殊的氨基酸，因为最早是从牛黄中分离出来的，所以才被命名为牛磺酸。牛磺酸和人体内胱氨酸、半胱氨酸的代谢密切相关，能够促进人的神经系统的发育以及细胞的增殖和分化，对宝宝的大脑发育具有明显的促进作用。如果在生长的过程中不能补充足够的牛磺酸，宝宝将会出现生长发育缓慢、智力发育迟缓的现象，严重影响宝宝的快乐和健康。

此外，牛磺酸对宝宝的肝脏还有很好的保护作用。因为牛磺酸可以和肝脏中的胆汁酸结合形成牛黄胆酸，增加胆汁对脂质和胆固醇的溶解功能，抑制胆固醇结石的形成，从而起到保护肝脏的作用。牛磺酸在减轻肥胖儿脂肪肝方面具有明显的作用，又不会产生什么不良反应，在很多地方都被当成治疗小儿脂肪肝的理想药物。

宝宝需求标准

早产儿母乳喂养时，妈妈一定要多吃含牛磺酸的食物，如果没有太多的条件吃

新鲜的贝类、海鱼等富含牛磺酸的食物，妈妈可以通过服用牛磺酸制剂来增加乳汁中的牛磺酸含量，为新生宝宝补充牛磺酸。新妈妈补充牛磺酸的最佳量为每天20毫克；足月分娩的新生儿，如果是母乳喂养的话不需要额外补充牛磺酸；人工喂养的宝宝可在医生建议下补充少量牛磺酸制剂。

富含牛磺酸的食物

母乳是宝宝体内牛磺酸的主要来源，初乳中的牛磺酸含量更高。新妈妈可以通过吃富含牛磺酸的食物提高乳汁中的牛磺酸含量。

贴心小提示

1. 母乳是宝宝体内牛磺酸的主要来源，牛奶和其他乳制品中的牛磺酸含量则很少。所以，完全由人工喂养的婴儿，可能会出现牛磺酸缺乏的情况。

2. 哺乳动物的心脏、脑、肝脏等主要脏器中都含有比较丰富的牛磺酸。鱼类中的青花鱼、竹荚鱼、沙丁鱼，贝类中的牡蛎、海螺、蛤蜊，以及墨鱼、章鱼、虾等食物中牛磺酸的含量最多。因此，多喝用鱼贝类食物煮的汤，对哺乳期的妈妈来说是非常重要的。

帮宝宝预防佝偻病和夜盲症的 鱼肝油

营养解读

鱼肝油是从鳕鱼、大菱鲆、鲨鱼、鳐鱼、大黄鱼、鲐鱼、马鲛等海鱼及鲸、海豹等海兽的肝脏里提炼出来的油脂，主要用来防治佝偻病、夜盲症、角膜软化症和骨软化症等疾病。

鱼肝油含有维生素D，具有促进钙的吸收和骨骼钙化的功能。0~3个月的宝宝正处于骨骼的生长发育期，每天需要补充一定量的维生素D来促进骨骼的发育。如果在这时候出现维生素D缺乏，可能会出现佝偻病。

鱼肝油中还含有大量的维生素A。维生素A具有促进骨骼发育、维持上皮组织的功能、维持正常的视觉反应等生理功能，尤其是可以调节眼睛对外界光线强弱变化的适应能力，可以减少夜盲症和视力减退的发生，对干眼症、结膜炎等眼部疾病也有一定的治疗功效。

宝宝需求标准

维生素A的每日推荐摄入量为2500~5000国际单位，维生素D的每日推荐摄入量为400~800国际单位。目前市场上出售的浓缩鱼肝油滴剂（维生素A、维生素D含量比为3:1的新制剂）中，维生素A和维生素D的含量分别为维生素A 15000国际单位，维生素D 5000国际单位。1克鱼肝油大约有30滴，所以，宝宝每天只要补充3~5滴的鱼肝油，就已经足够了。

贴心小提示

1 鱼肝油虽然能为宝宝补充维生素A和维生素D，但也不是多多益善。如果超出了宝宝的需求量，反而会引起维生素A和维生素D中毒，对宝宝的健康不利。

2 妈妈在选择鱼肝油时，最好选择维生素A、维生素D含量比为3:1的新制剂，才能既保证为宝宝补充足够的维生素A和维生素D，又不至于因为维生素A含量过高而引起维生素A中毒。

3 如果给宝宝吃的配方奶粉中已经添加了维生素A和维生素D，就一定要根据宝宝吃进去的食物中的维生素A、维生素D含量，酌情减少鱼肝油的添加量，以防宝宝摄入过多的维生素A和维生素D，出现中毒。

4 宝宝经常进行较长时间的户外活动，也可以酌情减少鱼肝油的添加量。

购买鱼肝油应注意的几点

给新生宝宝添加鱼肝油能够补充维生素D，维生素D有促进小肠黏膜细胞对钙蛋白的合成作用，从而增加了钙的运转、摄取，并间接促进磷的吸收，有利于钙磷沉积在骨组织上，促使骨组织钙化。

如不给宝宝补充维生素D，吃下的钙片是吸收不了的，只能随大便排出体外。由此可见，维生素D是钙被人体吸收后进入骨骼的"通行证"，没有这张"通行证"，钙就无法进入骨骼之中。所以给宝宝补钙时，一定要添加一定量的鱼肝油。

钙的有效吸收，能预防宝宝佝偻病。早产儿、双胎儿、人工喂养儿、冬季出生的小儿，更容易缺乏维生素D，所以，专家建议从宝宝出生两周开始添加鱼肝油，但是要在规定的剂量范围内服用。

市面上鱼肝油的种类颇多，你可以找可信的医院或医生推荐，也可以自行购买，在购买的时候要注意以下几点：

1. 选择不含防腐剂、色素的鱼肝油，避免宝宝叠加中毒。
2. 选择不加糖分的鱼肝油，以免影响钙质的吸收。
3. 选择新鲜纯正口感好的鱼肝油，宝宝服用更顺从。
4. 选择不同规格的鱼肝油，有效满足婴幼儿成长期需求。
5. 选择单剂量胶囊型的鱼肝油，避免二次污染。
6. 选择铝塑包装的鱼肝油，避免维生素A、维生素D氧化变质。
7. 选择科学配比3:1的鱼肝油，避免维生素A过量，导致宝宝中毒。
8. 选择知名企业生产的鱼肝油，更加安全可靠。

0~3个月宝宝身体发育情况

0~3个月的宝宝开始会笑、会抬头，能够依靠上身和上肢的力量翻身，但是还不太会使用下肢的力量，所以，往往是仅把头和上身翻过去，而臀部以下还是仰卧位的姿势。

这个时期的宝宝身高、体重、头围增长速度比较快，前囟门不会有太大变化，不会明显缩小，前囟门是平坦的，张力不高，可以看到和心跳频率一样的搏动。

营养方面仍然以母乳为主，因此母乳喂养的妈妈一定要营养均衡，以保证母乳质量。对于配方奶喂养的宝宝，要注意让宝宝多喝水，防止宝宝便秘。

0~3个月宝宝营养新知快递

❀ 宝宝一日饮食安排

母乳

0~3个月宝宝母乳喂养是按需哺乳

配方奶

0~3个月宝宝	母乳＋配方奶
补授法	每天喂养母乳的次数照常，但量可稍减少，然后在每次喂完母乳后，补喂配方奶
代授法	用配方奶完全代替一次或几次母乳哺喂，但总次数以不超过每天哺乳次数的一半为宜
1个月宝宝	配方奶。每天喂7~8次，每次60~120毫升
2个月宝宝	配方奶。每天喂6~7次，每次60~150毫升
3个月宝宝	配方奶。每天喂6~7次，每次70~160毫升
人工喂养的宝宝要在两次喂奶的中间少量添加温开水、菜水、果水、米汤等	
在宝宝出生2周后开始给宝宝添加鱼肝油，每日3~5滴或者1粒	

母乳喂养的宝宝更健康

对于刚出生的宝宝来说，最理想的营养来源莫过于母乳了。这个阶段婴儿的消化吸收能力还不强，母乳中的各种营养无论是数量比例，还是结构形式，都最适合新生儿食用。

如果你在生完宝宝后没有分泌乳汁，这个时候，不必考虑乳房出不出奶，都要在宝宝出生半小时之内，就要让宝宝吮吸乳头。

虽然在将母乳和牛奶放在密闭容器中测量热卡得出的结果是两者的营养相差无几，但进入婴儿的体内后，两者并不相同。母乳中的蛋白质比牛奶中的蛋白质易于同化，婴儿只有到了3个月后才能很好地吸收牛奶中的蛋白质，所以至少前3个月应采用母乳喂养。母乳和牛奶中均含有铁，母乳中的铁50%可被吸收，但牛奶中铁的吸收则不足一半。

PART1 奶是主食，母乳或配方奶喂养关键期（0~3个月）

母乳喂养妈妈身材恢复快

很多妈妈害怕母乳喂养,工作紧张没有时间,身体变胖,是新妈妈最担心的两个问题。其实这种担心完全是不必要的。

喂奶本身是一个大量消耗热量的过程,消耗热量的顺序依次是腹部、腿部、臀部和脸部,能够起到瘦身的效果,不但不会增肥,还有利于减轻体重。

而新妈妈产后若不哺乳,这些热量不能散发出去,不但不利于保持身材,还容易发胖。对于乳房变形、下垂等哺乳后很可能出现的问题,你除了要注意正确的哺乳姿势外,还应该选肩带宽一些、罩杯合适的内衣,断奶后乳房也会基本恢复到原来的形状,不会导致严重的下垂。

同时,宝宝在吸吮过程中反射性地促进妈妈催产素的分泌,促进妈妈子宫的收缩,能使产后子宫恢复,减少产后的并发症,这些都有利于妈妈们消耗掉孕期体内堆积的脂肪,促进形体恢复。

母乳喂养的正确姿势是怎样的

几种常见的喂奶姿势,你可以选择最适合自己的那种姿势。

卧姿

妈妈侧躺在床上,背部与头部可垫枕头,同一侧的手可放在头下,另一只手抱着婴儿头部及背部,使婴儿贴近乳房。如果要换喂另一侧的乳房,可先调整身体使另一侧乳房靠近婴儿,或与婴儿一同翻身后再喂。

适用于妈妈坐月子期间,或是半夜婴儿肚子饿时,可直接在床上喂母乳。

摇篮式抱法

让手肘当做婴儿的枕头,手前臂支撑婴儿的身体,将婴儿的一只手绕到妈妈的背后,一只手在妈妈胸前,让婴儿的肚子紧贴着妈妈的胸腹,且身体与妈妈的乳房平行。无论在床上或椅子上,都可采用这个姿势,让妈妈随时随地喂奶。如果坐在椅子上,可将双脚放在小椅子上,以减轻背部压力。

适用于健康足月的婴儿或是双胞胎(一边各喂一个)。

橄榄球式抱法

妈妈托住婴儿的头部,另一只手臂支撑婴儿的身体,使婴儿呈现头在妈妈胸前,脚在妈妈背后的姿势。采取这个姿势时,可在宝宝身体下方垫枕头或是较厚的棉被,使婴儿的头部接近乳房,并协助支撑婴儿的身体,让妈妈不必花力气抱起婴儿,减少肩膀酸痛的情况。

适用在双胞胎、婴儿含乳有问题、乳头较短或凹陷,或是乳房较大的妈妈,因为这个姿势可使宝宝较容易碰触到妈妈的乳房,并吸吮到乳汁。另外,由于婴儿的身体被妈妈像抱着橄榄球一样抱住,不会碰到妈妈的肚子,也适用于剖宫产的妈妈。

修正橄榄球式抱法

这个姿势与橄榄球式抱法很类似,不同的是要让婴儿的身体横过妈妈的胸部,吸对侧乳房。

适用于新妈妈、刚出生的婴儿,或是非常小、生病的婴儿,因为此抱法可让妈妈清楚地观察到婴儿的含乳状况。

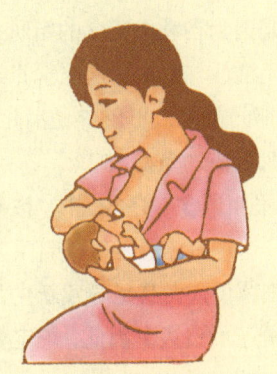

没开奶前不要急着喂宝宝其他代乳品

有的妈妈出奶时间长,家人怕宝宝饿着,就用糖水、牛奶等母乳替代品喂养宝宝。其实这完全没有必要,因为新生儿在出生前,体内已贮存了足够的营养和水分,可以维持到妈妈来奶,而且只要尽早给新生儿哺乳,少量的初乳就能满足刚出生的正常新生儿的需求。所以,你不要因为宝宝不吃奶而给宝宝喂糖水,也不能因为3天内还没有分泌乳汁就放弃母乳喂养,改用牛奶喂养宝宝。

开奶前用母乳替代品喂宝宝,会对宝宝和你都带来不利。对宝宝的危害是:宝宝吃饱以后,不愿再吸吮妈妈的乳头,也就得不到具有抗感染作用的初乳;而人工喂养又极易受细菌或病毒污染引起新生儿腹泻;过早地用牛奶喂养也容易发生新生儿对牛奶的过敏等;如果开奶前用母乳替代品喂宝宝,还会使宝宝产生"乳头错觉"(奶瓶的奶头比妈妈的奶头易吸吮)。还有,因为奶粉冲的奶比妈妈的奶甜,这些都会造成新生儿不爱吃妈妈的奶,造成母乳喂养失败。

对新妈妈来说,推迟开奶时间也相应地使自己来奶的时间推迟,如新生儿再不把奶水吃完,新妈妈更易发生奶胀或乳腺炎。

初乳能够增强宝宝的免疫力

初乳是你在生产后5天内分泌的乳汁,初乳颜色淡黄,很多妈妈嫌初乳"脏",不肯给宝宝吃而将初乳挤掉。殊不知,这么轻轻一挤,却将宝宝出生后的最佳营养品糟蹋了。

之所以说初乳是宝宝出生后的最佳营养品,是因为初乳中所含的脂肪、碳水化合物、无机盐与微量元素等营养素最适合宝宝早期的需要,不仅容易消化吸收,而且不增加肾脏的负荷。

初乳里面还含有许多抗体,被称为分泌型IgA,这种抗体可以保护新生儿的肠道,防止细菌侵入尤其是导致新生儿过敏的大蛋白分子的侵入。因此,一定要尽可能地让宝宝吃上你的初乳。

研究证明,出生后半小时内吃到初乳的宝宝与不吃初乳的宝宝相比,后者免疫系统发育不完善,容易患各种疾病。

如何让奶水源源不断

你有母乳喂养的心愿,但只有这个还是不够,你需要有足够的奶水来保证宝宝的营养。那么,从此刻开始,学习怎样做一头优质高产的"奶牛",让你的奶水源源不断吧!

树立全母乳喂养的信心

信心对于坚持母乳喂养是非常重要的,猫妈妈从不担心自己的奶水是不是够小猫吃,牛妈妈也从不担心小牛会不会饿肚子,结果,小猫、小牛都是吃妈妈的奶长大的,它们的奶水都够吃。所以,妈妈和准妈妈们完全没必要担心自己的奶水是否充足,要相信,只要你当妈妈,你就一定有奶水。

孕期作好乳房护理

如果准妈妈有乳头内陷的,需要提前矫正,即使乳头正常的准妈妈怀孕后期最好也每天轻轻把乳头拉长,有利于将来婴儿的吮吸。

如果一切正常,你需要在怀孕5个月后每天用温水擦拭乳头10~30下,目的是让乳头的皮肤变厚,以免将来婴儿吮吸时疼痛。做这一项时要量力而行,因为擦拭乳头容易刺激子宫收缩,如果你感觉到宫缩,请立即停止擦拭。但即使天天擦拭,将来仍然难以避免疼痛,权当是当妈妈的甜蜜的痛苦吧。

怀孕7个月后每天轻轻挤一下乳头,促进乳腺畅通,有的妈妈怀孕7个月时就已经可以挤出乳汁了。

了解宝宝的生长周期

出生后的第三周、第六周、第三个月和第六个月是婴儿的猛长期,在这一阶段,宝宝们就像鸟窝里的小鸟,一整天都张着嘴找吃的。很多宝宝从第三周到第六周都不停地吃奶,这并不能说明妈妈的奶水不足,这时婴儿所需要的养分比较多,他就通过频繁吸吮来刺激妈妈制造更多的乳汁。在这种时候,坚持勤喂几天,一旦乳汁分泌量达到宝宝的要求,他的吸吮自然会降低频繁程度。所以这时不要给宝宝加奶粉,继续让他吃自己的奶,虽然妈妈辛苦一些,但是只有这样才能保证将来的奶够宝宝吃。

奶水只会越吸越多，越攒越少

有的妈妈觉得自己的奶水不足，奶不胀，所以就给宝宝加一顿奶粉，希望下一顿把奶攒多了再喂宝宝。这种做法是极其错误的。奶水越吃越多，越攒越少。你的乳房是为宝宝"量身定做"的，他吸的次数多了，奶水的分泌量适应宝宝的饭量而增长；吮吸的频率低了，或者一次吮吸的时间短了，奶水的分泌量也随之减少，就是老人说的"把奶靠回去了"。所以，千万不要攒奶，一定要让宝宝吃，而且不要因为怕宝宝吃不饱，而急于添奶粉。

多吃催奶食物

催奶汤水当然是必不可少的了，只要你注意多喝催奶汤水，摄入足够的水分，身体会根据宝宝的饭量作出反应，分泌出更多的乳汁。

怎样让奶水更营养

母乳主要营养成分就是蛋白质、脂肪和糖；母乳中的蛋白质大部分是易于消化的乳清蛋白，且含有代谢过程所需的酶以及抵抗感染的免疫球蛋白和溶菌素；母乳中含有多量不饱和脂肪酸，并且脂肪球较小，易于吸收；母乳中所含的糖主要是乳糖，在婴儿消化道内变成乳酸，可以促进消化，有利于钙、铁、锌等的吸收，也能促进肠道内乳酸杆菌的大量繁殖，增强消化道抗感染能力；母乳中钙、磷含量不高，但比例恰当，易吸收。

妈妈所摄入的营养元素偏少时，母乳中所含的这些营养元素的含量也会相应降低；如果妈妈营养不足，虽然母乳分泌很多，但浓度会很低。因此，产后选择母乳喂养的妈妈一定要多吃含蛋白质、脂肪以及糖类丰富的食物，以充分保证母乳的营养，如鲫鱼、猪蹄、排骨、莲子、桂圆等，都是增加母乳营养的好东西。

此外，有的妈妈在怀孕前为了防止发胖而服用减肥食品，但到了哺乳期，建议采用普通食谱。怀孕期服用复合维生素的习惯，在哺乳期应当继续坚持。

母乳喂养期间妈妈都有什么忌口

母乳喂养的宝宝对妈妈的饮食反应是因人而异的。一般来说,只要宝宝没有出现过敏症状,你大可不必去刻意忌口。不过,除了正常饮食外,你需要特别忌口的东西是过量的酒精、咖啡因和娱乐性药品,以及某些治疗严重疾病的药物。

此外,有些宝宝会对乳制品、海鲜、干果、刺激性食物如洋葱、辣椒等比较敏感,妈妈摄入这些食物后,可以通过母乳使宝宝产生不良反应,如出现湿疹、胀气、烦躁、咳嗽、流涕等症状,应留意仔细观察。如果没有类似过敏现象,就不需要偏食忌口,还是应饮食均衡,才能保证母乳的全面营养。

怎样从宝宝口中抽出乳头

一般宝宝吃饱了会主动松开乳头,但有时宝宝还会咬住乳头,你结束哺乳要从宝宝嘴里抽出乳头时,注意不要硬拉,硬拉会拉伤乳头。

巧妙拉出乳头的办法是:当宝宝吸饱乳汁后,你可用手指轻轻压一下宝宝的下巴或下嘴唇,这样做会使宝宝松开乳头;也可将食指伸进宝宝的嘴角,慢慢地让他把嘴松开,这样再抽出乳头就比较容易了。

妈妈需要注意的是

一般宝宝在头两天只吸2分钟左右的乳汁就会饱,3~4天后可慢慢增加到20分钟左右,约每侧乳房吸10分钟,这时你要注意尽量让一侧乳房先吸空,这会有利于增加泌乳,因为总不吸空,乳汁会慢慢减少。

此外,刚出生10多天的宝宝在吃奶的前五六分钟时间内就已经吸饱,剩下的时间只是含着乳头玩了,有的干脆就已经睡着。为了能让宝宝把一侧乳房的乳汁吸空,可用手轻轻捻婴儿的耳下垂,让他醒来再吸一些,如果宝宝实在不愿再多吸,就要及时把乳头抽出。此时乳房内如还有剩乳,可挤出来储存在冰箱里。

挤出来的母乳怎样保存

要如何保存挤出来的奶水,才能维持它的营养成分呢?你可以将挤出的母乳放入有盖子的干净玻璃瓶、塑料瓶或是母乳袋中,并且密封好,同时记得不要装满瓶子,因为冷冻后的母乳会膨胀,另外也应该在瓶子上写上挤奶的日期与时间,方便以后食用。

在保存时间上,有几点要注意:

1. 挤出来的奶水放在25℃以下的室温6~8个小时是安全的。
2. 放在冷藏室可保存5~8天。
3. 冰箱中独立的冷冻库可放3个月。
4. -25℃以下的超强冷冻柜可放置6~12个月。

在冷藏室解冻但未加热的奶水,放在室温下4个小时内就可以饮用;或者放在奶瓶隔水加热(水温不要超过60℃);或是在流动下的温水解冻;但千万不能用微波炉解冻或是加温,否则会破坏营养成分;也可放在冷藏室逐渐解冻,24小时内仍可喂宝宝,但不能再放回冷冻室冰冻。如果是在冰箱外以温水解冻过的奶水,在喂食的那一餐过程中可以放在室温中,而没用完的部分可以放回冷藏室,在4小时内仍可食用,但不能再放回冷冻室。

新手妈妈如何挤奶

想要奶水源源不绝,让宝宝直接吸吮是最好的办法,但是当妈妈必须与宝宝短暂分开时,特别是休完产假回去上班时,或是因为其他因素,例如乳房太胀以至于宝宝无法含住乳头与乳晕、乳头破皮很严重等,无法直接哺喂母乳时,就必须先将奶水挤出来,否则不仅会胀奶,长期下去,还可能引发乳腺炎,或乳房不再供应奶水。因此,正确的挤奶方式对于妈妈来说是很重要的。

想到挤奶,妈妈可能会认为再简单不过,用手挤就可以了啊!事实上,用手挤奶确实不难,可是如果方法不对,妈妈不仅会挤得很辛苦,也可能造成乳房皮肤的不适。下面给你提供几个简单但却重要的挤奶原则。

以手挤压乳晕边缘

因为奶水储存在乳房中的输乳窦,在皮肤表面的位置就是乳晕,因此,正确的挤奶方式是使用大拇指与食指按压乳晕边缘，并且改变按压的角度，才能将乳房中的所有奶水挤出来。通常只要乳腺通畅，用手挤奶水并不会痛。

手固定在一个位置挤压

手要直接固定在乳晕边缘的位置并且挤压。不要在皮肤上滑动，例如由乳房前方往乳晕的位置推挤，这样一来，附近的皮肤容易不舒服或变粗糙，挤奶效果也不好。

千万不要挤压乳头

乳头只是奶水的出口，并不是储存奶水的地方，挤乳头不仅挤不出奶水，还会使乳头受伤。

一般来说，当妈妈开始有奶水后，宝宝一天需要喂奶6~7次，也就是每隔3~4个小时需要喂一次奶，因此妈妈若模拟宝宝的喝奶时间来挤奶的话，3~4个小时需要挤一次。挤奶的时间原则上是只要挤到乳房舒服，不再胀奶，或是挤到宝宝需要的量即可。挤奶顺利时，通常10~20分钟就可结束，如果奶水较少，有时候必须用半小时才会挤完奶。

当宝宝吸吮乳房时，妈妈也可以用手触摸乳房周围是否还有哪个部位仍有肿胀，若有肿胀则表示这个部位的奶水尚未移出，此时可用手按压这个部位，帮助奶水流出来。

使用双手挤奶是妈妈一定要学会的基本功夫，只要妈妈有需要，就随时随地可以挤，而没有任何限制。不过，必须长期将奶水挤出来的妈妈可以用挤奶器代劳，让自己较省时、省力。

如何对宝宝进行混合喂养

妈妈乳汁分泌较少，满足不了宝宝的需求，此时，必须在新生儿日常的喂养任务中，添加动物奶（牛奶或羊奶补充）或其他代乳品，叫做混合喂养。

混合喂养方法1

先吃母乳，续吃牛奶或其他代乳品，牛奶量依月龄和母乳缺乏程度而定。开始可让宝宝吃饱，满意为止，经过几天试喂，宝宝大便次数及性状正常，即可限定牛奶补充量。因每天哺乳次数没变，乳房按时受到吸乳刺激，所以对泌乳没有影响。这是一种较为科学的混合喂养方法。

混合喂养方法2

停哺母乳1~2次，以牛奶或其他代乳品代哺。这种代哺牛奶的方法，因哺母乳间隔时间延长，容易影响母乳分泌，所以还是应谨慎选择。

在给宝宝喂纯牛奶时，需将牛奶用小火煮沸3~5分钟，一方面可以消毒杀菌，另一方面可使牛奶中的蛋白质变性，易使宝宝消化吸收。

如何对宝宝进行人工喂养

妈妈完全没有乳汁，或是妈妈患有疾病，或是有其他迫不得已的原因，不能给宝宝吃母乳，而用牛奶或其他代乳品来喂养宝宝，这种喂养方式，称为人工喂养。

足月的新生儿，在出生后4~6小时开始试喂一些糖水，到8~12小时开始喂牛奶或其他代乳品，初次喂奶时为30毫升，每2小时喂1次。

喂奶前要计算一下奶量，以每天每千克体重供给热量50~100卡计算，比如一个体重为3千克的宝宝，每日应提供热量150~300卡，计算牛奶为：鲜牛奶150~300毫升，这些牛奶中共加入食糖12~24克，将上述计算出的一天牛奶量，分成7~8次喂给宝宝。

如何给宝宝选购奶瓶、奶嘴

奶瓶的选择

宝宝的奶瓶最好用玻璃瓶，这种奶瓶内壁光滑，容易清洗和煮沸消毒，吃奶时容易观察液面，可避免宝宝进食时奶头部未充满乳汁导致吸入过多的空气而引起漾奶。奶瓶最好带帽，可避免消毒过后的奶瓶再次污染。

你应多准备几个奶瓶，用过的奶瓶一定要洗净，煮沸消毒20分钟以上才可以用。否则，会因奶瓶或奶头清洁不彻底，细菌繁殖而引起宝宝消化道感染。

奶嘴的选择

1 奶嘴的软硬程度：选择奶嘴的时候，橡皮奶头不宜过硬或过软。过硬宝宝吸不动；过软奶头会因吸吮时的负压而粘在一起，吸不出奶。

2 奶嘴的开口方式：市售的奶嘴有两种开口方式，小洞洞和十字叉。奶嘴上留有一个洞口，给细菌的侵入开了方便之门。而十字叉的开口不用时处于封闭状态，挡住了细菌的入侵。宝宝吮吸时，十字叉能依宝宝的吸吮力量大小而开合，起到调节进食流量的作用。

3 奶嘴孔的大小：奶嘴孔的大小以奶瓶倒立时，奶以滴状连续流出为宜。喝水的奶嘴孔一般小于喂奶的奶嘴孔，使用时应区分清楚。过大的奶嘴孔在宝宝吸吮过急的时候会引起呛奶，过小的奶嘴孔会让宝宝在吃奶的时候费劲。

有些人工喂养的宝宝会对牛奶产生排斥，奶嘴上的开口过小、材质的软硬程度不当等，都能成为人工喂养的宝宝不爱吃牛奶的原因。

不管怎么样，要尽量选用与妈妈的乳头相似的奶嘴，对不喜欢橡胶味道的宝宝，可以换成异戊二烯胶或硅胶做成的奶嘴。

如何冲调配方奶粉

妈妈在给宝宝冲调奶粉时要遵循下面的步骤。

1. 洗手：宝宝特别容易在喂奶中因为细菌的传递受到感染，在冲奶之前先用清水及肥皂洗手，以保护宝宝免受病原菌的侵袭。

2. 奶粉装入奶瓶：加入正确数量平匙的奶粉，奶粉需松松的，不可紧压，再用筷子或刀子刮平，对准奶瓶将奶粉倒入奶瓶。用专门的奶粉勺，配置过程中一定要注意卫生，避免开罐后过长时间造成污染。

3. 冲泡奶粉的水温：泡奶时，温开水保持在40℃～50℃最为适宜。不要用滚烫的开水冲泡奶粉，易凝结成块，可能造成宝宝消化不良。

4. 摇晃奶瓶：冲好水后套上奶嘴，轻轻摇匀。

5. 试奶水温度：母体温度是37℃，宝宝的肠胃也比较容易接受这个温度。试温时将奶瓶倒置，把奶滴到手背上，感觉温度适宜即可。

宝宝吃奶了还需要喝水吗

宝宝和大人一样需要喝水。水在成人体内约占65%，在宝宝体内占70%～75%。由于新陈代谢旺盛，宝宝对水的需求相对要比成人多些，正常宝宝每天需水量约为150毫升/千克体重。

饮水量与宝宝的年龄和饮食状况密切相关，对于4个月以前采用母乳喂养的宝宝，如果妈妈勤喝水，饭后多喝汤，适当多吃新鲜的蔬菜和水果，母乳中的水分充足，宝宝出汗不多，就不需要再额外喝水了。当然具体情况需要具体分析。每一个妈妈和宝宝都有他的特殊性，如果宝宝很爱出汗，家里非常闷热，通风不利，妈妈本身就不爱喝水，就要考虑适当给宝宝喝水。

配方奶的肾负荷是母乳的3倍左右，所以吃配方奶的宝宝需要更多的水分，以排出废物。因此，吃配方奶的宝宝，除了喂奶以外，两次喂奶之间，妈妈还需要给宝宝喂上30~50毫升的温开水。不但可以帮助宝宝体内生理代谢的进行，还可以清洁口腔。

妈妈感冒期间该不该给宝宝喂母乳

妈妈感冒不重，可以多喝开水或服用板蓝根冲剂、感冒清热冲剂。其实上呼吸道感染是很常见的疾病，空气中有许多致病菌，当你的抵抗力下降时，就会生病。妈妈患感冒时，早已通过接触把病原带给了宝宝，即便是停止哺乳也可能会使宝宝生病，相反，坚持哺乳，反而会使宝宝从母乳中获得相应的抗病抗体，增强宝宝的抵抗力。

当然，妈妈感冒很重时，应尽量减少与宝宝面对面地接触，可以戴口罩，以防呼出的病原体直接进入宝宝的呼吸道。如果病情较重需要服用其他药物时，应该严格按医生所开处方服药。

宝宝吐奶该怎么办

新生儿容易吐奶的原因在于他们的胃部和喉部还没有发育成熟，吃奶时空气容易与奶汁一起被吸入胃部，所以当宝宝打嗝或身体晃动时，吃进去的奶也就比较容易被吐出来了。

防止吐奶的最好办法就是帮助宝宝拍嗝。具体方法是：竖着抱起宝宝，轻轻拍打后背5分钟以上。如果宝宝还是不能打嗝的话，也可以试试用手掌按摩宝宝的后背，或者支起宝宝的下巴，让宝宝坐起来，然后再轻拍其后背。

注意不要让宝宝吃得太急，如果奶胀、喷射出来，会让宝宝感到不舒服；喂奶后最好让宝宝竖立20~30分钟。

一旦宝宝吐奶，应让宝宝上身保持抬高的姿势，以免呕吐物进入气管导致宝宝窒息。如果宝宝躺着时发生吐奶，你可以把宝宝脸侧向一边；可以在宝宝吐奶后30分钟适当地给宝宝补充些水分。吐奶后，每次喂奶数量要减少到平时的一半；在呕吐得到缓解后，如果宝宝还有精神不振、只想睡觉、情绪不安、无法入睡、发烧、肚子胀等现象，则可能是生病了，应该去看医生。

奶水本来就少，还漏奶，要给宝宝加奶粉吗

很多妈妈受到"奶水不足"的假象影响，过早地给宝宝添加奶粉，那么这种假象就会变成事实。乳汁的分泌有一个显著特点，就是宝宝吸吮得越多就分泌得越多，所以近些年来一直提倡婴儿在出生半个小时之内就应开始吮吸妈妈的乳头。一方面是为了能得到珍贵的初乳，另一方面也是为了使妈妈的乳房得到充分的刺激。

妈妈应该将这种习惯保持到出院以后，只要宝宝需要就给他喂奶，不必拘泥于一定的时间，也不要急于用奶粉将宝宝喂饱。经过最初几天坚持不懈的哺乳，很快你就会发现自己的乳汁越来越充足，宝宝吃奶的时间和量也慢慢形成了规律。

为了彻底消除你的困惑，这里列出一些指标来帮助你判断奶水量是否充足。首先，你的宝宝如果是纯母乳喂养（不喝水），每天小便能够达到6次或者更多，母乳的量就是没有问题的。另一个就是在宝宝满月后，体重能增长500克，就更没有问题了。

漏奶是一种很常见的现象，在宝宝出生后的几个月内，许多妈妈都会有漏奶现象。如果乳房胀痛，或是乳汁流出来，而当下却又无法挤奶的话，可将两只手臂交叉在胸前，或用手指按压乳头，抑制乳汁的分泌。另外，也可以在胸罩内放置溢乳垫，或是小片的卫生棉，防止衣服湿掉。要注意的是，不要常按压乳头或是穿太紧的胸罩，否则可能会使乳腺阻塞。

纯母乳喂养的宝宝经常拉稀是怎么回事

母乳中因乳糖含量较高,故此吃母乳的宝宝大便次数较多,可以达到6~7次/日,大便呈稀糊状,金黄色,有少量奶瓣。这是由于母乳中的蛋白质部分没有来得及消化就排出去的缘故。母乳性腹泻是生理性的,不会影响宝宝的正常生长发育,除非是严重的乳糖不耐受,出现这种情况,一般普通奶粉宝宝也会不耐受。所以不要担心,随着宝宝慢慢长大,拉的次数就会少,到添加辅食后便便就成形了。

但是宝宝大便如果每天超过8次,或完全是水样,可能是消化不好。

你可以根据宝宝的大便判断宝宝是不是消化不好。

奶瓣蛋花样便

大便稀且酷似鸡蛋花样,每日5~6次。这是由于蛋白质、脂肪消化不良所致。此时应减少母乳喂养的时间及喂量。

灰白色稀便或糊状便

宝宝大便外观发亮如奶油状,每日3~4次或更多,多因进食油腻食物过多所致。原因是奶中脂肪量较高,肠道消化酶不足,母乳的最后部分含脂肪较多。故可缩短母乳喂哺时间,尽量避免婴儿吃到最后的乳汁。

治疗宝宝腹泻的好办法:取少量糯米加1个苹果一起煮,水多点,煮好了的汤水给宝宝喝,少点就好,不要超过30毫升,苹果要去皮切片。苹果汁有收敛的作用,所以能治宝宝拉稀。

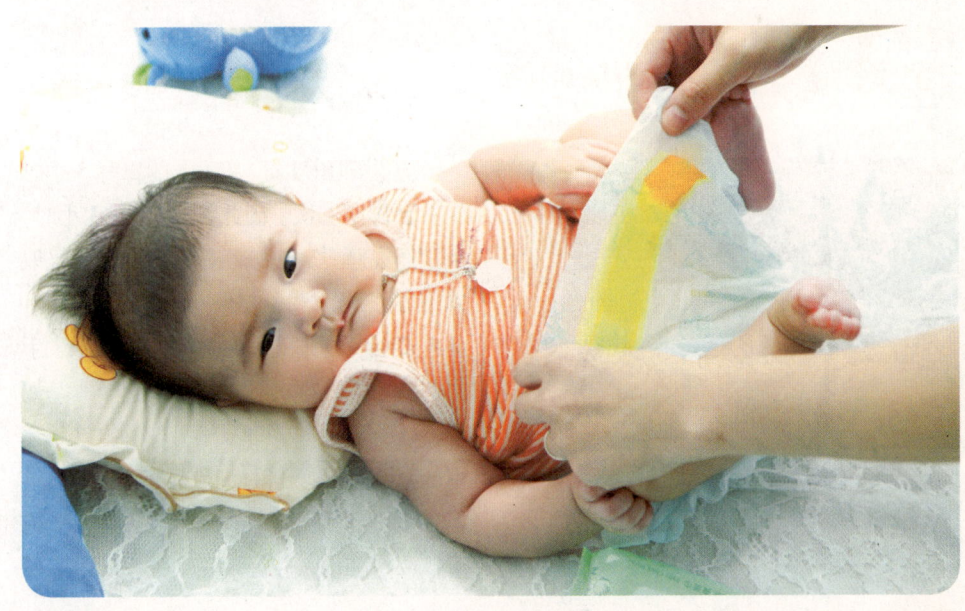

宝宝饿了就要给他喂奶吗？有没有时间限制

从理论上讲，母乳喂养是按需哺乳，没有严格的时间限制。不过，在宝宝刚出生不久，你应注意以下问题。

宝宝啼哭不一定是饥饿

要看看是不是尿布湿了，有没有身体不舒服，比如说皮肤上面长了东西、肚子疼痛或鼻子不通气等。

宝宝吃奶次数过多时应注意

看是不是宝宝吸吮的姿势不对，吃不到足够的乳汁，或每次吃奶的时间过短，宝宝没有吃饱。

宝宝总是睡觉时要注意

宝宝是不是生病了？如果宝宝不睁眼仍可吸奶，就要坚持给宝宝喂奶，这种闭着眼睛仍吃奶的情况见于一些性格比较安静的宝宝，不是病状。

总之，要给宝宝多吸吮，并且多观察，你很快就学会按需喂养宝宝了。一般说来，你和宝宝只要经过2~3周的学习，就会相当默契，并逐渐形成规律。

宝宝睡着了要不要叫醒喂奶

从生理角度看，新生儿的胃每3小时左右会排空一次。因此，如果超过3小时，宝宝还在睡觉，应该唤醒宝宝，可以采取以下方法：

给宝宝换尿布，触摸宝宝的四肢、手心和脚心，轻揉其耳垂，将宝宝唤醒。如果上述方法无效，可采用另一种方法，你用一只手拖住婴儿的头和颈部，另一只手拖住婴儿的腰部和臀部，将宝宝水平抱起，放在胸前，轻轻地晃动数次，宝宝便会睁开双眼。宝宝清醒后,你就可以给宝宝哺乳。

混合喂养或人工喂养的宝宝,也应每隔3~4小时喂奶一次。当然,如果是在后半夜,就不要主动去叫醒宝宝,除非时间超过6小时一直没有吃奶。

怎样知道宝宝是否吃饱了

判断宝宝吃没吃饱,要看宝宝是否每次都将奶喝完、是否除了屎尿之外经常哭吵(要排除疾病的可能);你也可以用小手指点宝宝的下巴,看他是否很快将手指含住吸吮等情况,如果有,则说明没吃饱,应稍加奶量,让宝宝吃饱。

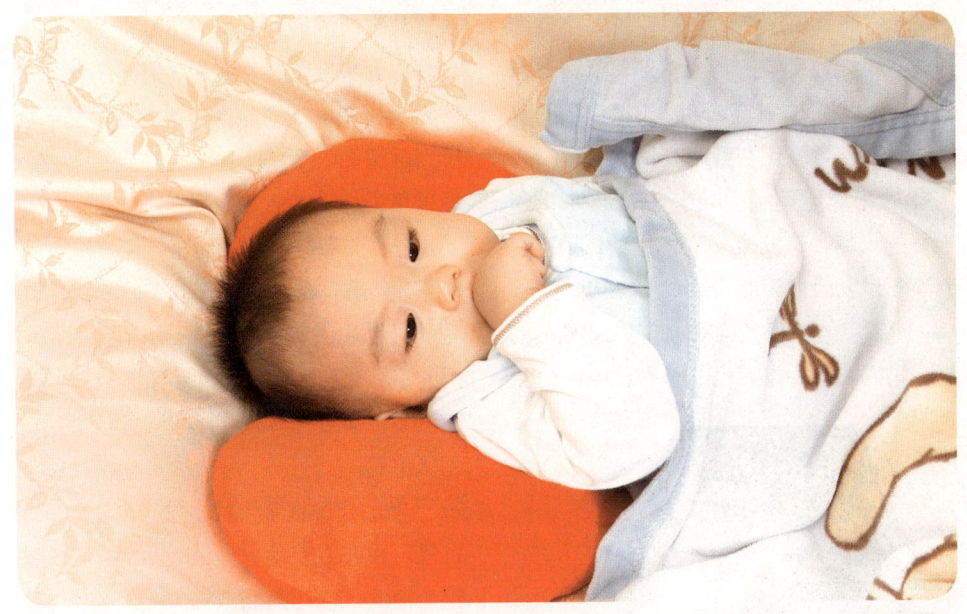

喂母乳时,直接喂与瓶喂哪种较好

很多妈妈怕乳房变形,会选择将奶水挤在奶瓶中喂宝宝,其实这是不好的。

直接喂宝宝时,宝宝与妈妈有直接的身体、温度的接触,有助于建立亲子关系。最重要的是,宝宝要用力吸妈妈的乳头,对他下颚关节的发育有很大的帮助。抱在怀里时,宝宝刚好可以看到妈妈的脸,与妈妈有眼对眼的接触,这对宝宝的心性发展很重要,因为妈妈跟宝宝讲话、互动的时候,五官会有变化,例如眼睛、嘴巴会动,其中,新生儿对于黑白的事物(眼睛)会很感兴趣,这些有变化的东西都可以刺激宝宝的心性发展。

所以最好还是直接喂宝宝。

0~3个月宝宝护理课堂

怎样抱新生宝宝

1. 将宝宝仰面抱在手臂中：妈妈的左手臂弯曲，让宝宝的头躺在妈妈左臂弯里，右手托住宝宝的背和臀部，右胳臂与身子夹住宝宝的双腿，同时托住宝宝的整个下肢。左臂要比右臂略高10厘米左右。这样的抱法能使宝宝的头部及肢体受到很好的支撑，有安全感，也比较舒适。

2. 将宝宝面向下抱着：妈妈左臂弯曲，使宝宝的下巴及脸颊靠着妈妈的左前臂，妈妈的左手按着他的外臀，宝宝的两只手分别放在妈妈左手臂的内外。妈妈的右臂从宝宝的屁股处插入宝宝的腹部，手一直伸到宝宝前胸。这样，妈妈的两只手臂完全托住了宝宝的身体，宝宝面向下会感到舒适和安全。这种抱法在宝宝8周以后采用为好。

3. 让宝宝靠住大人的肩膀抱着：妈妈的一只手放在宝宝的臀下，支持其体重；另一只手扶住宝宝的头部，使宝宝靠住妈妈的肩膀，直卧在妈妈的胸前。这样抱宝宝，不但会使宝宝感到安全，而且直立，无压迫感。

以上3种抱宝宝的方法，均可以根据自己习惯左右变动方向，也可以3种方法轮换使用。这样既能减轻大人的疲劳，也可以使宝宝因常变换姿势而感到舒服。

怎么护理新生宝宝的脐带

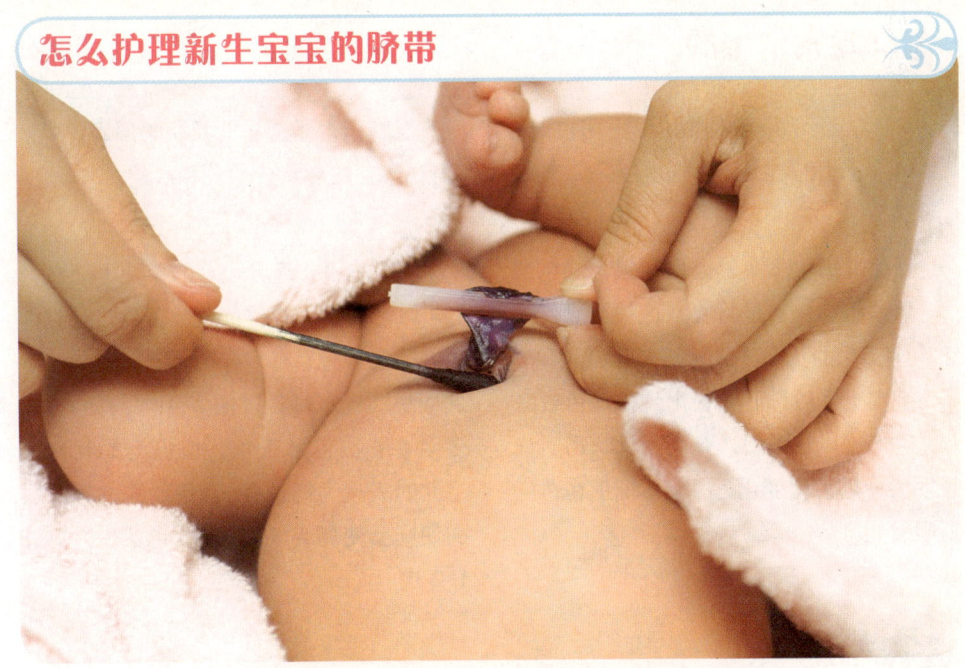

宝宝的脐带是连接胎儿和妈妈的生命线,曾经输送着妈妈与胎儿的血液,在胎儿生命形成过程中可以说是功不可没。胎儿在出生后1~2分钟内就结扎剪断了脐带,与妈妈完全脱离,开始自己独立生存。脐带结扎剪断后,会留有一小段脐带残端,是一个创面,要保护好,否则细菌在此繁殖,会引起脐部发炎,甚至导致败血症,危及生命。因此作好脐部护理,避免感染对新生宝宝是非常重要的。

结扎剪断脐带时,必须消毒。居住边远地区的产妇如果来不及赴医院分娩或发生急产,宝宝脐带结扎未来得及消毒的,应该在24小时内请医生重新消毒结扎脐带,并给宝宝注射抗生素与破伤风抗毒素,以预防新生宝宝破伤风和脐炎。脐带结扎后一般3~7天就会干燥脱落。在脐带尚未脱落之前,必须保持脐部干燥、清洁。避免被洗澡水及尿液弄湿,随时注意包扎脐带的纱布有无渗血、潮湿。如果包扎脐带的纱布弄湿了,要及时用消毒纱布更换。脐带脱落后,局部仍为创面,尚未结疤,仍需保持脐带的清洁和干净,可用75%的酒精擦拭,再覆盖消毒纱布,一般需持续半个月左右,直到结疤形成肚脐窝。

脐带布要经常换洗,脐带布可用一块长形的布条,两端缝上两根带子,这样的脐带布使用方便,应准备数根,便于经常换洗。如果脐带护理不好,可使脐带周围皮肤发红,脐部有黏液,甚至有脓性分泌物,带有臭味,这就是脐炎或脐带感染。脐炎可伴随发热、不吃奶,严重时可致黄疸加深,引起败血症、腹膜炎。因此,如果发现脐部有问题要及早处理,并及时送往医院治疗。

怎样观察宝宝的便便

宝宝的大便是与喂养情况密切相关的，同时也反映了胃肠道功能及相关疾病。妈妈应该学会观察宝宝的大便，观察大便需观察它的形状、颜色和次数。

1 新生儿出生不久，会出现黑、绿色的焦油状物，这是胎便。这种情况仅见于宝宝出生的头 2~3 天。这是正常现象。

2 宝宝出生后1周内，会出现棕绿色或绿色半流体状大便，充满凝乳状物。这说明宝宝的大便变化，消化系统正在适应所喂食物。

3 一般来说，母乳喂养的宝宝大便多为均匀糊状、呈黄色或金黄色，有时稍稀并略带绿色，有酸味但不臭，偶有细小乳凝块。宝宝每日排便 2~4 次，有的可能多至 4~6 次也算正常，但仍为糊状。宝宝此时表现为精神好、活泼。添加辅食后粪便则会变稠或成形，次数也减少为每日 1~2 次。

4 若是以牛奶来喂养，大便则较干稠，而且多为成形的、淡黄色的，量多而大，较臭，每日 1~2 次，有时可能会便秘。若出现大便变绿，则可能是腹泻或进食不足的表现，家长要留意。

5 有时候宝宝放屁带出点儿大便污染了肛门周围，偶尔也有大便中夹杂少量奶瓣，颜色发绿，这些都是偶然现象，妈妈不要紧张，关键是要注意小儿的精神状态和食欲情况。只要精神佳，吃奶香，一般没什么问题。

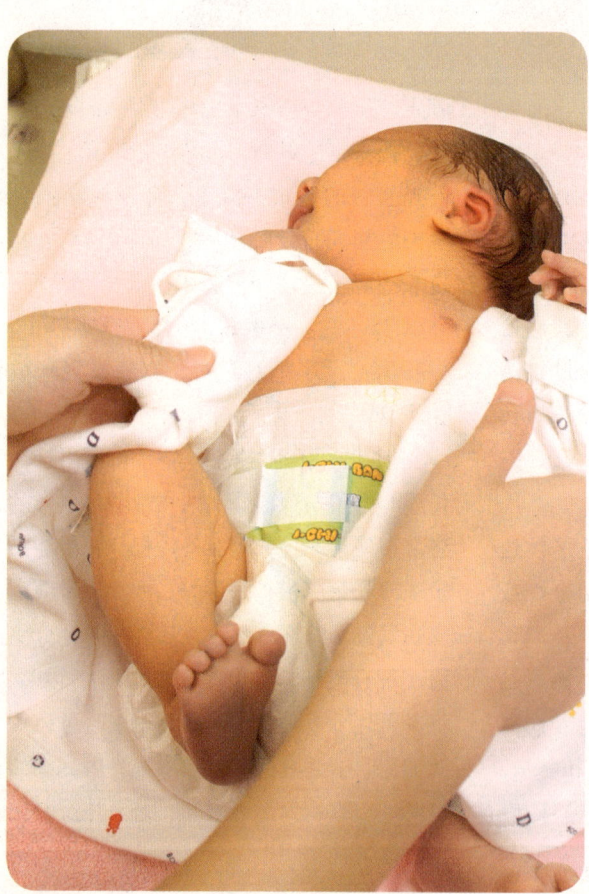

怎样读懂宝宝的哭声

哭对宝宝来说，最正常不过了，在宝宝会讲话以前，这是他唯一能让大人感觉到他的方式。在刚开始的时候，妈妈肯定觉得宝宝的各种哭声都一样，但是细心的妈妈会发现，哭声可是宝宝的"语言"哦，宝宝在用他自己的语言来表达他的需求并和周围的人交流呢。

学会分辨宝宝的哭声

1 饥饿：当宝宝饥饿时，哭声很宏亮，哭时头来回活动，嘴不停地寻找，并做着吸吮的动作。只要一喂奶，哭声马上就停止。而且吃饱后会安静入睡，或满足地四处张望。

2 感觉冷：当宝宝冷时，哭声会减弱，并且面色苍白、手脚冰凉、身体紧缩，这时把宝宝抱在温暖的怀中或加盖衣被，宝宝觉得暖和了，就不再哭了。

3 感觉热：如果宝宝哭得满脸通红、满头是汗，一摸身上也是湿湿的，被窝很热或宝宝的衣服太厚，那么减少铺盖或减衣服，宝宝就会慢慢停止啼哭。

4 便便了：有时宝宝睡得好好的，突然大哭起来，好像很委屈，就可能是宝宝大便或者小便把尿布弄脏了，这时候换块干的尿布，宝宝就安静了。

5 不安：宝宝哭得很紧张，妈妈不理他，他的哭声会越来越大，这就可能是宝宝做梦了，或者是宝宝对一种睡姿感到厌烦了，想换换姿势可又无能为力，只好哭了。妈妈拍拍宝宝告诉他"妈妈在这儿，别怕"，或者给宝宝换个姿势，他又接着睡了。

6 生病：宝宝不停地哭闹，用什么办法也没用。有时哭声尖而直，伴发热、面色发青、呕吐，或是哭声微弱、精神委靡、不吃奶，这就表明宝宝生病了，要尽快请医生诊治。

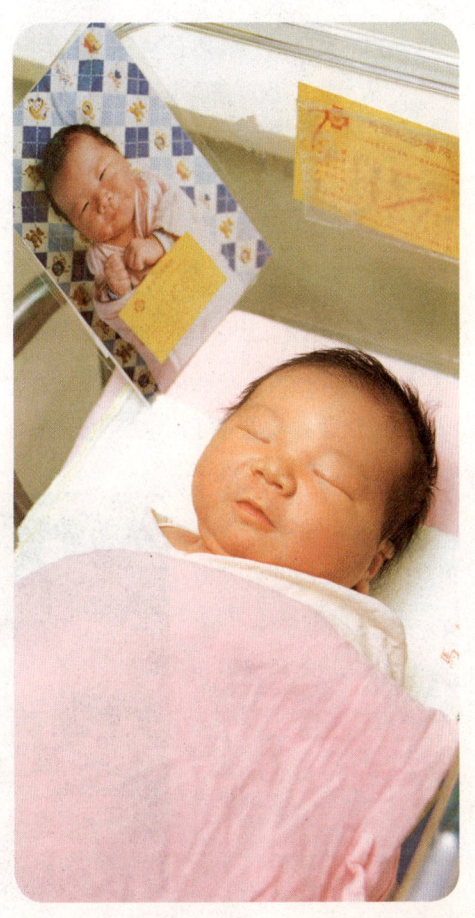

PART1 奶是主食，母乳或配方奶喂养关键期（0~3个月）

哺乳妈妈明星食材推荐

鲫鱼

鲫鱼是一种很适合哺乳妈妈吃的淡水鱼。它含有大量的优质蛋白质和极少量的脂肪，并且肉质细嫩，不但特别有利于新妈妈补充营养，还不用担心摄入过量脂肪而发胖。除了蛋白质，鲫鱼还含有丰富的维生素A、B族维生素、尼克酸、钙、磷、铁等营养物质，营养比较全面，是著名的滋补食物。

从中医的角度来讲，鲫鱼味甘、性平、温，入胃、肾经，具有健脾利湿、和中开胃、活血通络、温中下气的功效，还有很好的通乳效果，特别适合产后虚弱、乳汁不足的新妈妈食用。

烹调的要点

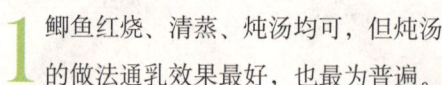

1. 鲫鱼红烧、清蒸、炖汤均可，但炖汤的做法通乳效果最好，也最为普遍。

2. 将鲫鱼处理干净放入盆中，倒一些黄酒或牛奶，腌渍几分钟，既可以除去鱼腥味，又可以增添鱼肉的鲜味。

3. 在处理鲫鱼的时候，最好记得去掉鲫鱼鳃后咽喉部位的牙齿，否则鱼做熟后会有一股泥土味，影响食欲。

推荐食谱

鲫鱼通草汤

材料： 鲫鱼2条，黄豆芽50克，通草5克（中药店有售），盐1小匙

做法： ❶将鲫鱼去鳞、鳃、内脏，洗净（不用切块）；黄豆芽择洗干净。

❷汤锅置火上，加入适量清水、放入鱼，用小火炖煮15分钟后，加入黄豆芽、通草、盐，稍煮入味后，拣去黄豆芽、通草即可，食鱼饮汤。

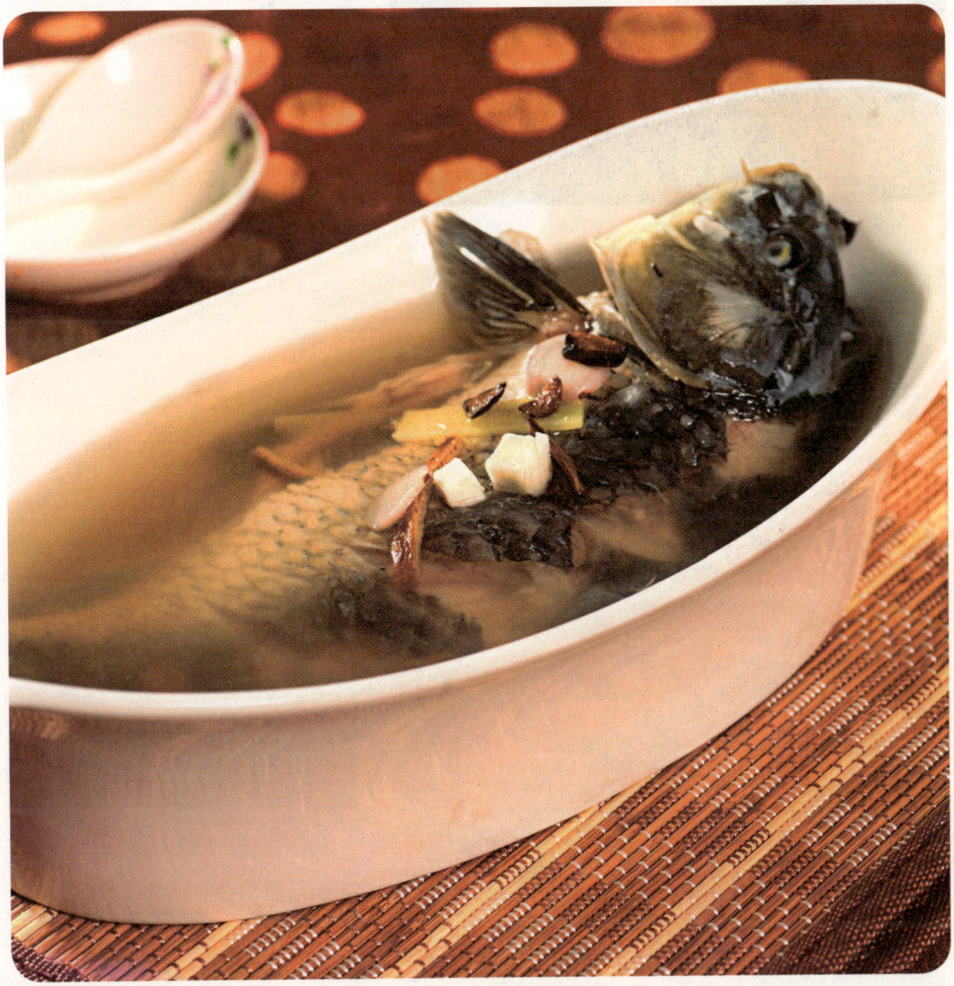

鲫鱼还可以这样吃 ························ **归芪鲫鱼汤**

材料：鲫鱼1条，当归10克，黄芪15克（当归、黄芪药店均有售）

做法：❶将鲫鱼去鳞、鳃、内脏，洗净。
❷汤锅置火上，加入适量清水，放入鱼、当归、黄芪同煮至熟即可。饮汤食鱼，每日服一剂。

鲫鱼还可以这样吃 ························ **丝瓜鲫鱼汤**

材料：鲫鱼2条，丝瓜1根，姜丝、葱花、料酒、盐各少许

做法：❶将鲫鱼去鳞、鳃、内脏，洗净，背上剖十字花刀；丝瓜刨去外皮，洗净，切片。
❷炒锅置火上，倒入植物油烧热，放入鱼，两面略煎后，烹入料酒，加清水、姜丝、葱花，小火焖炖20分钟。
❸将丝瓜片投入鱼汤，大火煮至汤呈乳白色后加少许盐，3分钟后即可出锅。

虾

虾的营养价值极高,不但所含的蛋白质是鱼、蛋、奶等的几倍到几十倍,还含有丰富的维生素A、钾、碘、镁、磷等营养成分,并且肉质松软,容易消化,对人的健康极有好处。虾中所含的磷,是构成骨骼和牙齿的重要成分,可以促进宝宝的骨骼和牙齿生长;虾中所含的大量的钙,能够提高妈妈乳汁中钙的含量,帮助宝宝吸收充分的钙质,预防低钙惊厥、抽搐、软骨病的发生;虾中所含的维生素A,具有维持宝宝骨骼的正常发育、维持上皮组织的正常功能、维持正常的视觉反应、预防夜盲症等生理功能,对宝宝的生长发育具有极其重要的作用。虾还是非常好的通乳食品。如果新妈妈乳汁过少或没有乳汁,只要取500克鲜虾肉研碎,趁热用黄酒送服,连服几天,就可以起到很好的催乳作用。

虾分为海虾和淡水虾两大类。不管哪种虾,蛋白质和矿物质的含量都很高。海虾中还含有丰富的碘和可以促进宝宝大脑发育的重要脂肪酸,更适合哺乳期的新妈妈食用。

烹调的要点

1 买虾的时候,应该选择虾体完整、甲壳密集、外壳清晰、肌肉紧实、身体有弹性、体表干燥洁净、头部与身体紧密相连的虾。肉质疏松、颜色泛红、闻起来有腥味的虾不够新鲜,最好不要食用。

2 虾不宜和葡萄、石榴、山楂、柿子等鞣酸含量高的水果一起吃,容易引起呕吐、头晕、恶心、腹痛、腹泻等不适。吃虾和吃这些水果之间的时间间隔,至少应该是两小时。

百合炒虾仁

材料：百合1颗，虾仁250克，红椒少许，盐1小匙

做法：❶将百合剥瓣，洗净；红椒洗净，切小片；虾仁剔去肠泥洗净，用刀划开背部。
❷锅置火上，油烧热，倒入虾仁翻炒，再倒入百合和红椒，加2小匙水继续翻炒，待虾仁熟后加入盐翻炒均匀即可。

虾还可以这样吃 ········· **黄酒鲜虾汤**

材料：新鲜大虾250克，黄酒20克

做法：❶将鲜虾去须及足，洗净。
❷锅置火上，加入适量清水，放入虾，煮汤；待虾熟后，加入黄酒即可（或将虾炒熟，拌黄酒）。每日两次，吃虾喝汤或吃炒虾拌黄酒。

虾还可以这样吃 ········· **鲜虾丝瓜汤**

材料：鲜虾100克，丝瓜1根，姜丝、葱花、料酒（选用黄酒）、盐各适量

做法：❶将鲜虾去须及足，洗净，加入料酒及少许盐拌匀，腌10分钟；丝瓜刨去外皮，洗净，切成斜片。
❷锅置火上，倒入植物油烧热，下姜丝、葱花爆香，再倒入鲜虾翻炒几下，加适量清水煮汤。待沸后，放入丝瓜片，加少许盐，煮至虾、瓜熟即可。

猪蹄

猪蹄是一种既美味又富含营养的食物，特别适合哺乳期的新妈妈食用。猪蹄中含有丰富的蛋白质、脂肪、维生素A、B族维生素、维生素C及钙、磷、铁等营养物质，其中的蛋白质水解后所产生的胱氨酸、精氨酸等氨基酸的含量和熊掌不相上下，营养价值相当高。

猪蹄中的胶原蛋白在烹调过程中会转变成明胶，有效地改善人体的生理功能和皮肤组织细胞的储水功能，防止出现进行性的营养障碍。

从中医的角度来说，猪蹄味甘、咸，性平，具有补血、补肾、填精等功效，并具有很好的通乳功效，是产后体虚、乳汁不足的新妈妈最好的食物。

但是，由于猪蹄中脂肪的含量很高，有慢性肝炎、胆囊炎、胆结石等疾病的妈妈最好不要食用。吃猪蹄最好的时间是吃午餐时，因为现代人的晚餐大多吃得比较晚，如果晚餐的时候吃猪蹄，由于猪蹄中的脂肪含量高，很容易出现脂肪未被消化就入睡的情况。这样会增加血液中的脂肪含量，对妈妈的健康不利。

烹调的要点

1. 烹调前，一定要仔细检查自己购买的猪蹄是否有局部溃烂的现象。这种猪蹄往往带有口蹄疫致病原，坚决不能食用。

2. 猪蹄烹调前最好将毛拔干净或刮干净，剁碎或剁成大段骨，再连肉带碎骨一同入锅烹调。

3. 猪蹄带皮煮的汤汁富含有益皮肤的胶质，可以用来煮面条，最好不要浪费。

黄豆猪蹄煲

材料： 猪蹄1只，黄豆50克，姜片、葱、料酒、盐各少许

做法： ❶将猪蹄（猪蹄可提前一天买回来，用两大勺盐腌制起来放在冰箱的冷藏室里，能够去腥味）洗净，剁成大块；黄豆用清水浸泡8小时左右。

❷将猪蹄放入高压锅内，加入足够的水，加入少许料酒、姜片，盖好盖置火上，用大火烧开，待高压锅发出"呲……呲……"的声音，再压8分钟就关火。

❸等高压锅完全没了气再打开锅盖，加入黄豆和盐再烧，有声音后，再烧5分钟，最后放点葱花即可。

猪蹄还可以这样吃

猪蹄茭白汤

材料： 猪蹄1只，茭白100克，生姜片、料酒、大葱、盐各适量

做法： ❶将猪蹄用沸水氽烫后刮去浮皮，拔去毛，洗净；茭白削去粗皮，切片。
❷汤锅置火上，加适量清水，放入猪蹄，加入料酒、生姜片、大葱各适量，用大火煮沸，撇去浮沫，改用小火炖至猪蹄酥烂，最后投入茭白片，再煮5分钟，加入盐即可。

猪蹄还可以这样吃

猪蹄粥

材料： 猪蹄1只，通草3克，漏芦10克（通草、漏芦药店均有售），粳米100克，葱白、盐各适量

做法： ❶将猪蹄去毛，洗净，剁成块；通草、漏芦放入锅中，加适量清水熬煮至汁浓，去渣取汁，备用。
❷锅置火上，放入猪蹄、药汁、粳米、葱白，加清水适量煮至肉烂熟，加入盐调味即可食用。

花生

花生虽然是一种植物性食物,却具有很高的营养价值,甚至连一些公认为高级营养品的动物性食品,在花生的面前都甘拜下风。例如,花生所能提供的热量比牛奶高20%,比鸡蛋高40%,蛋白质、维生素 B_2、钙、磷、铁等营养物质的含量也比牛奶、肉、鸡蛋等食物高。

此外,花生中还含有丰富的脂肪、碳水化合物、维生素A、维生素E、维生素K、卵磷脂、胆碱等营养物质,营养成分比较全面,是人们公认的滋补食物。

从中医的角度来看,花生味甘,性平,入脾、肺经,具有健脾养胃、补肾利水、理气通乳、扶正补虚的保健功效,对营养不良、脾胃失调、咳嗽气喘、乳汁缺少等病症有比较好的治疗作用,特别适合哺乳期的新妈妈食用。

炒花生虽然香脆味美,但是性质燥热,容易上火,不宜吃得太多。

烹调的要点

1 花生的吃法很多,生食、炒食、煮食均可,但以煮吃最佳。因为煮花生既可以避免破坏花生中的营养素,还具有口感潮润、入口易烂、不易上火、容易消化的特点。

2 不要将花生表面的那层红衣去掉,它有很好的补血功效。

推荐食谱

花生提子饭

材料： 提子（干）100克，花生米100克，大米1杯，冰糖适量

做法： ❶将提子、花生米分别用清水泡软，洗净；大米淘洗干净，放清水中浸泡3小时捞起。

❷将所有材料入锅，加适量水，盖严锅盖，煮约30分钟，加入适量冰糖，稍焖片刻即可。

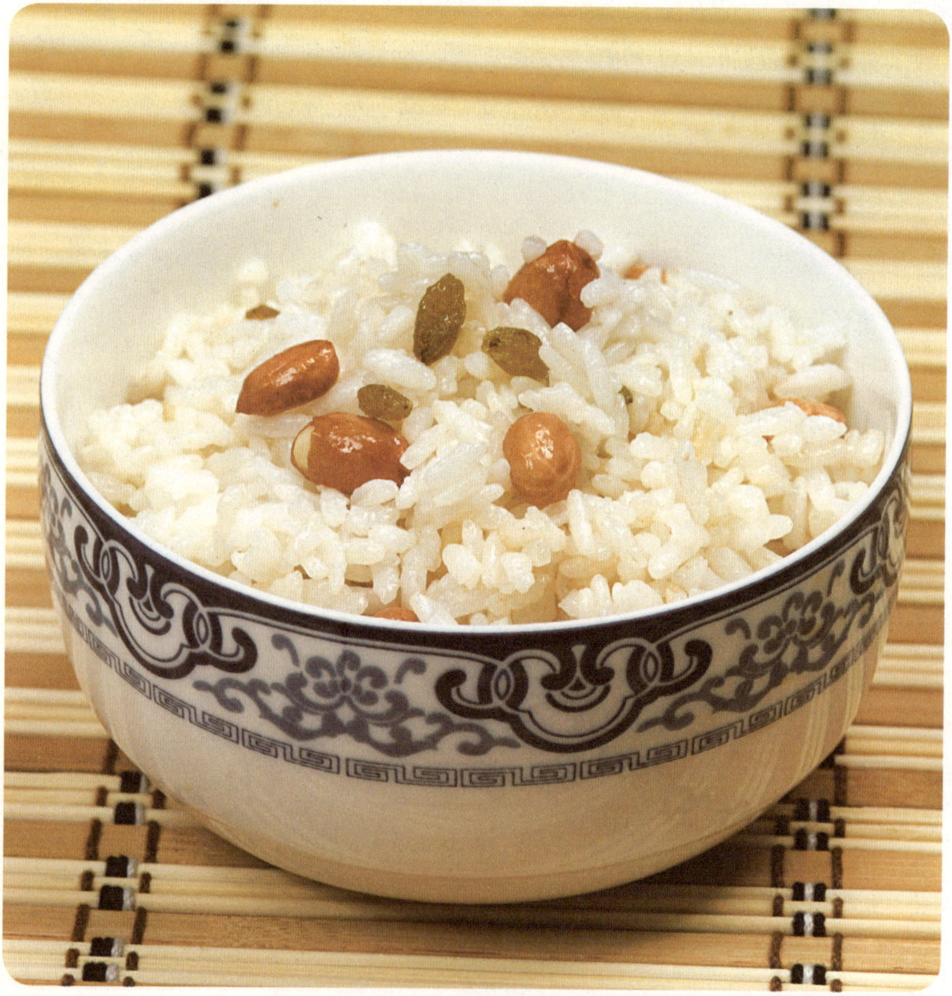

花生还可以这样吃 ································

花生猪蹄汤

材料： 花生米200克，新鲜猪蹄1只，葱、姜、料酒（黄酒为宜）、盐各适量

做法： ❶将猪蹄净毛，刮洗净，剁成块。
❷猪蹄放入汤锅内，加入足够的清水，放入花生米，加入葱、姜、料酒、盐各适量，锅置火上，大火将水烧沸后转小火炖两小时，至猪蹄、花生米烂熟即可。

花生还可以这样吃 ································

花生大米粥

材料： 生花生米（带红衣）100克，大米（糯米也可以）200克

做法： ❶将花生米切碎；大米淘洗干净。
❷将切碎的花生米放入大米里煮粥（粥好后可加入少许冰糖或白糖）。

最营养的催奶美味

当归鱼汤

材料： 鳗鱼150克，当归5克，黄芪3克，枸杞3克，香油半小匙

做法：
① 将所有材料洗净放入炖锅，加水至盖住全部药材。
② 放入电锅中，外锅加1杯水蒸至完全熟透。
③ 取出滴上少许香油即可。

功效解析： 当归有补血止痛的功效，并能镇静神经，通乳催乳。

虾仁镶豆腐

材料： 豆腐100克，虾仁40克，青豆仁1大匙，蚝油1小匙

做法：
① 将豆腐洗净，切成四方块，再挖去中间的部分；虾仁洗净剁成泥状，填塞在豆腐块空的部分中间，并在豆腐上面摆上几粒青豆仁作装饰。
② 将做好的豆腐放入蒸锅蒸熟；蚝油加适量水在锅中熬成糊状，然后均匀淋在蒸好的豆腐上即可。

功效解析： 虾仁豆腐含油量较低，是优质的蛋白质来源，可以增加母乳的营养含量。

鲫鱼汤

材料：鲫鱼1条，葱2根，白糖1小匙，五倍子末3小匙，姜、胡椒粉、盐各少许

做法：❶将鲫鱼去鳞、鳃、内脏，洗净血污备用；生姜切片，葱洗净切花，姜片与五倍子末共同置于布袋中。

❷将布袋与鲫鱼一起放入沙锅内，加水5碗煮煲两小时。

❸加入盐、胡椒粉、白糖调味，撒上葱花即可。

功效解析：鲫鱼汤味美，营养丰富，可补阴血，通血脉，消积滞，通络下乳。

金针黄豆排骨汤

材料：黄花菜50克，黄豆150克，排骨100克，红枣4粒，生姜2片，盐1小匙

做法：❶将黄豆用清水泡软，清洗干净；黄花菜的头部用剪刀剪去，洗净打结；红枣洗净去核；排骨用清水洗净，放入滚水中烫去血水备用。

❷汤锅置火上，倒入适量清水，用大火烧开，放入所有材料。

❸用中小火煲3小时，起锅加盐调味即可。

功效解析：这道菜能够给妈妈补充优质蛋白质，并能通乳。

芝麻黑豆泥鳅汤

材料：泥鳅250克，黑芝麻30克，黑豆30克，枸杞5粒，盐少许

做法：❶将黑豆（黑豆最好用清水浸泡一晚）、黑芝麻洗净备用。
❷将泥鳅放冷水锅内，加盖，加热烫死，然后取出，洗净，沥干水分后下油锅稍煎黄，铲起备用。
❸将所有材料放入锅内，加清水适量，大火煮沸后，再用小火继续炖至黑豆熟烂时，加入盐调味即可。

功效解析：芝麻含有维生素E和芝麻素，能防止细胞老化，有养血、通乳的功效。

豌豆炒鱼丁

材料：豌豆仁200克，鳕鱼肉200克，红椒少许，盐适量

做法：❶将鳕鱼去皮，去骨，切丁。
❷将豌豆仁洗净，红椒洗净，切丁。
❸锅置火上，放油烧热，倒入豌豆仁翻炒片刻后倒入鳕鱼丁、红椒丁，加适量盐一起翻炒，待鱼丁熟即可。

功效解析：此菜有补益胃气、通利小便、通乳催乳的功效。

五花肉丸子汤

材料：五花肉末300克，木耳菜叶、番茄皮各2片，鸡蛋清1个，葱花、姜末各半大匙，鲫鱼高汤2碗，盐2小匙，水淀粉适量

做法：❶将五花肉末加盐、鸡蛋清、水淀粉、葱花、姜末充分搅拌均匀，分次加入清水，成馅料。

❷锅内加鲫鱼汤烧开，将五花肉馅用手或勺子挤成丸子，依次下入锅中烧开至熟，加适量盐调味，装碗。

❸将木耳菜、番茄皮氽烫后加入作点缀即可。

功效解析：此汤味美香醇，清食祛热，并能通乳催乳。

0~3个月宝宝的关键饮食

橘子汁

材料：橘子1个，清水适量，白糖少许
做法：❶将橘子外皮洗净，切成两半。❷将每半个置于挤汁器盘上旋转几次，果汁即可流入槽内，过滤后即可给宝宝喂食。每个橘子约得果汁40毫升，饮用时可加1倍水和少许白糖。

功效解析：酸甜可口，为宝宝补充丰富的维生素C。

苹果汁

材料：苹果半个，温开水适量
做法：❶选用熟透的苹果洗净，去皮、核，切片。❷将苹果用擦板擦成泥状，用纱布挤出汁液。以2~3倍的比例向果汁中倒入温开水调匀即可。

功效解析：苹果含有碳水化合物、蛋白质、脂肪、多种矿物质、维生素和微量元素，可补充人体足够的营养。

黄瓜汁

材料：黄瓜半根，白糖少许，温开水适量
做法：❶将黄瓜去皮、切片。
❷将黄瓜用擦板擦成泥状，用纱布挤出汁液（可用榨汁机）。

功效解析：黄瓜清热利尿，含有丰富维生素和矿物质，榨汁给宝宝服用，可以给宝宝提供丰富的营养。

番茄汁

材料：番茄1个，白糖10克，温开水适量
做法：❶将成熟的新鲜番茄洗净，用开水烫软后去皮切碎。
❷将切碎的番茄用清洁的双层纱布包好，把番茄汁挤入小盆内，放入白糖，再用适量温开水冲调即可。

功效解析：番茄味酸微寒，有生津止渴、健胃消食之功效，并含有糖类、矿物质及维生素等多种营养素。

甜瓜汁

材料：甜瓜1/8个

做法：❶将甜瓜去皮并将瓤剜出之后切成小块。
❷用勺子将甜瓜捣碎，再倒入纱布里挤出汁液（可用榨汁机）。

功效解析：甜瓜味道甜美，含有丰富的维生素和矿物质，榨汁给宝宝服用，可以给宝宝提供丰富的营养。

山楂水

材料：山楂片50克，水适量

做法：❶将山楂片用凉水快速洗净，除去浮灰，放入杯内。
❷将开水沏入盆内，盖上盖焖10分钟，待水温下降到微温时，搅匀至溶化即可。

功效解析：酸甜可口，健胃消食，生津止渴，对增进宝宝食欲大有益处。

青菜水

材料：青菜（油菜、小白菜均可）50克，清水适量

做法：❶将青菜洗净后浸泡1小时，然后捞出切碎。
❷把不锈钢锅（不要用铁、铝制品）置火上，加入1小碗清水，煮沸后放入碎菜，盖紧锅盖再煮5分钟，将锅离火，焖10分钟，待温度适宜时去菜渣留汤即可。

功效解析：菜汤淡绿色，有清香味，含有钙、磷、铁、维生素C、胡萝卜素等，可以给宝宝提供多种营养。

胡萝卜汤

材料：胡萝卜50克，白糖1大匙，清水适量

做法：❶将胡萝卜洗净后切成丁，放入锅内加适量清水煮，煮约20分钟，至熟烂。
❷用清洁的纱布过滤去渣，滤下的汤中加入白糖调匀即可。

功效解析：味略甜，含丰富的β-胡萝卜素，有助于促进宝宝消化。

PART 2

味蕾萌发，断奶初步准备关键期（4~6个月）

4~6个月宝宝营养关键

制造宝宝血液的铁元素

营养解读

铁是造血原料之一，可以治疗并预防宝宝缺铁性贫血，帮助宝宝生长发育，提高宝宝对疾病的抵抗能力。宝宝出生后体内贮存有从母体处获得的铁，可供3~4个月之需。4~6个月后，宝宝体内贮存的铁已消耗得差不多，而宝宝自身由于生长迅速，血容量增加，所需要的铁就更多了，但是母乳、牛奶中含铁量都比较低，因此，不论是人工喂养还是母乳喂养的宝宝均需添加含铁食物。如果4个月后不及时添加含铁丰富的食品，宝宝就会出现营养性缺铁性贫血。

宝宝需求标准

这个时期宝宝每天所需要铁的供给量为10~12毫克，每100克黑木耳含铁187毫克，每100克猪肝含铁25毫克，一份黑木耳猪肝泥粥就能满足宝宝一日铁的需求量了。妈妈要记住，食补是最安全的，只要在宝宝的辅食中多添加含铁饮食，就足够宝宝的需求量。妈妈不要自作主张给宝宝添加铁制剂，对宝宝过多补充铁不仅不必要，而且会干扰乳铁蛋白的抗病能力，摄取铁过量，还有可能引起中毒症状。

富含铁的食物

动物的肝、心、肾，蛋黄、瘦肉、黑鲤鱼、虾、海带、紫菜、黑木耳、南瓜子、芝麻、黄豆、绿叶蔬菜等。富含维生素C以及蛋白质的食物能促进铁的吸收，故动、植物食品混合吃，可将铁的吸收率增加1倍。

贴心小提示

用铁锅煮番茄或其他酸性食物，也可增添铁质，因为有益于健康的铁会深入食物内。吃含铁丰富的食物时不宜饮茶。

为宝宝长牙和长高作准备的**钙元素**

营养解读

钙是人体内含量最多的矿物质，大部分存在于骨骼和牙齿之中，是构成骨骼、牙齿的主要成分，能够帮助建造骨骼及牙齿并维持骨骼的强健，降低人体内的胆固醇，帮助宝宝维持正常的血压。钙还是多种酶的激活剂，能调节人体的激素水平。

4~6个月的宝宝骨骼生长迅速，同时开始出牙。因此，这个阶段保证宝宝能够摄取充足的钙尤为重要。

宝宝需求标准

4~6个月的宝宝每天需要400毫克钙。母乳中含有一定量的钙，每100克含钙约为34毫克，且大部分能存留于宝宝体内，只要妈妈多吃含钙食物，坚持母乳喂养，每日都给宝宝补充适量鱼肝油，多晒太阳，同时多吃含钙辅食的话，宝宝就不会缺钙。

富含钙的食物

海产品如鱼、虾皮、虾米、海带、紫菜；豆制品；鲜奶、酸奶、奶酪等奶制品；蔬菜中的金针菜、胡萝卜、小白菜、小油菜等；另外，鸡蛋中含钙量也较高，可均衡摄取。

贴心小提示

1. 需要注意的是很多妈妈会盲目补充鱼肝油和钙制剂，希望奶水更营养，这是不可取的，因为这些能造成妈妈食欲不振，反而影响哺乳。

2. 由于奶制品中的脂肪酸会影响钙的吸收，因此给宝宝补钙最好安排在每天的两次喂奶之间。如果上午7点第一次喂奶，11点第二次喂奶，那么补钙时间最好在9点左右。

促进宝宝神经细胞和脑细胞发育的叶酸

营养解读

叶酸掌管着血液系统，是制造红细胞不可缺少的物质，起到促进宝宝神经细胞与脑细胞发育的作用，能够改善宝宝的肤色，促进宝宝食欲，还能有效预防宝宝贫血。

国外研究表明，在宝宝的食品中添加叶酸，有助于促进其脑细胞生长，并有提高智力的作用，因此，是宝宝成长过程中不可缺乏的营养元素。

宝宝需求标准

4~6个月宝宝每日叶酸的需求量为35微克，这个时期宝宝爱吃的食物如橙子、香蕉等就含有丰富的叶酸，100克橙子中含叶酸34微克，100克香蕉含叶酸22微克，给宝宝喂食适量的新鲜的香蕉泥或者柳橙汁，就能补充宝宝所需的叶酸。

需要注意的是由于叶酸易被紫外线破坏，新鲜蔬菜在室温下贮藏2~3天，其中的叶酸含量会损失50%~70%，因此，尽量做到当天购买、当天食用。另外，食物中50%~95%的叶酸会在烹调时被破坏，要想要留住叶酸，应尽量缩短食物的加热时间，因此将水果直接榨汁或者打泥给宝宝食用，可为宝宝补充更多的叶酸。

豆类、坚果类食品如黄豆、豆制品、核桃、腰果、栗子、杏仁、松子等。

谷物类如大麦、米糠、小麦胚芽、糙米等。

富含叶酸的食物

绿色蔬菜如莴苣、菠菜、番茄、胡萝卜、青菜、龙须菜、花椰菜、油菜、小白菜、扁豆、豆荚、蘑菇等。

新鲜水果如香蕉、橘子、草莓、樱桃、柠檬、桃子、李、杏、阳梅、海棠、红枣、山楂、石榴、葡萄、猕猴桃、梨、胡桃等。

动物食品如动物的肝脏、肾脏、禽肉及蛋类，如猪肝、鸡肉、牛肉、羊肉等；

贴心小提示

宝宝缺乏叶酸会引起发育不良，出现头发变灰、脸色苍白、身体无力等症状。因此，有些妈妈会擅自给宝宝补充叶酸制剂，其实这些都是不必要的，虽然叶酸目前没有任何已知的毒性反应，但是有一些宝宝摄入叶酸制剂后会出现皮肤过敏现象。

在宝宝缺乏叶酸的时候，妈妈需要注意宝宝的饮食结构，多喂食含叶酸丰富的食物。

4~6个月宝宝身体发育情况

宝宝在4~6个月的时候，身体生长发育极为迅速，肌肉力量有所加强，趴着时可以长时间抬头，能用胳膊支撑起上半身，做出要爬的姿势；手脚也开始变得有力量，会用双手抓取东西，转动手腕，还能自主翻身；躺着时可以抬起头来看自己的脚趾，喜欢吃自己的脚丫子。由于宝宝的活动量增大，妈妈要保证给宝宝足够的营养。到6个月的时候，有的宝宝开始长乳牙，要给宝宝吃豆制品、奶制品等含钙丰富的食物。

此期宝宝的眼睛可以看清细微的变化，能够分辨出不同的表情，听力更加发达，听到不同的音乐会有不同的反应。含维生素A的食物如猪肝等，能够促进宝宝视力的发育；而山药、莲子等食物能够保护宝宝的听力。

4~6个月宝宝营养新知快递

❀ 宝宝一日饮食安排

每天上午： 6:00、10:00
下午： 14:00
晚间： 18:00、22:00
各喂1次母乳或母乳＋配方乳，每次喂150~200毫升

在两次喂奶之间添加1/4个蛋黄、宝宝营养米粉、菜泥、果泥等辅食，每天2~3次，每次20~30克即可

另外每天1次给宝宝喂食适量鱼肝油，并保证宝宝饮用适量白开水或菜水、果水

上班妈妈该如何给宝宝喂母乳

许多妈妈在宝宝4个月或6个月以后就要回单位上班了，然而这个时候并不是让宝宝断掉母乳的最佳时间。那么怎样才能喂母乳呢？

让宝宝提前适应

在上班前半个月就应作准备，可以给宝宝一个适应过程，妈妈要根据上班后的休息时间调整，安排好哺乳时间。在正常喂奶后，开始练习挤奶，家人学会喂奶。挤出部分奶水，让宝宝学会用奶瓶吃奶，每天1~2次。

上班时携带奶瓶，收集母乳

在工作休息时间及午餐时挤奶，然后放在保温杯中保存，里面用保鲜袋放上冰块，或放在单位的冰箱中。妈妈在白天工作时间，应争取3小时挤1次奶。下班后携带奶瓶仍要保持低温，到家后立即放入冰箱。

储存挤下来的母乳要用干净的消过毒的容器；给装母乳的容器留有空隙，以免结冰而胀破；把每次挤出来的母乳，贴上标签记上日期，也可以将母乳分成若干小袋保存，方便家人帮宝宝喂奶；母乳储存时间不宜过长，室温（25℃）可储存8小时，冰箱（4℃~8℃）存48小时，-18℃以下存3个月。

为什么要给宝宝添加辅食

通常宝宝在出生4~6个月后要添加辅食，那是因为宝宝在4~6个月大的时候，唾液分泌和胃肠道消化酶的分泌明显多了，消化能力比以前强，胃容量也日渐增大，有能力消化吸收奶以外的其他食品。

另外，尽管母乳、牛奶等乳制品仍是这个年龄宝宝的最佳食物，但它们所含的营养素已不能完全满足宝宝生长发育的需要。因此，父母要在宝宝4~6个月大的时候，开始给他添加乳制品外的辅食。

给宝宝添加辅食有什么好处

给宝宝添加辅食好处多多。

辅食可以补充母乳的营养不足

尽管母乳是宝宝的最佳食物，但对4~6个月以后的宝宝来说，有一些宝宝所需要的营养素母乳中的量不足，比如维生素B_1、维生素C、维生素D、铁等，这些相对缺少的营养素宝宝需要通过吃辅食来弥补，而吃配方奶的宝宝更需要添加辅食。

辅食能够增加营养以满足宝宝迅速的生长发育

随着宝宝的逐渐长大，宝宝从饮食中获得的营养素的量必须按照其生长发育的速度来增加。可是，母乳的分泌总量和某些营养素的成分并不会随着宝宝的长大而相应地增多。因此，宝宝除了继续吃母乳外，必须要添加一定量的辅食以满足其生长发育的营养需求。特别是一些妈妈奶量少的宝宝，更要及时添加辅食。

添加辅食也可为宝宝日后的断奶作准备

在宝宝断奶前让他适应和练习吃辅食，完成从吃流质到吃固体食物的转变，将有助于宝宝顺利地断奶。

宝宝辅食添加要循序渐进

5个月的宝宝生长发育迅速，应当让宝宝尝试更多的辅食种类。辅食添加的原则是由稀到稠，由少到多，由细到粗，由一种到多种，根据宝宝的消化情况而定。每加一种新的食品，都要观察宝宝的消化情况，如果出现腹泻，或者大便里有较多黏液的情况，就要立即停止添加这种食物，等宝宝恢复正常后再重新少量添加该食物。

在第四个月添加果泥、菜泥和蛋黄的基础上，这个阶段可以再添加一些稀粥或汤面，还可以开始添加鱼肉。当然，宝宝的主食还应以母乳或配方奶为主。

4~6个月宝宝的辅食应富含铁、钙等营养元素

4个月宝宝继续提倡纯母乳喂养，但由于宝宝的体内铁、钙、叶酸和维生素等营养元素会相对缺乏，有些代乳品已经不能完全满足其生长需要，因此对辅食提出了更高的要求。应适当增加淀粉类和富含铁、钙的食物，如动物肝脏、豆腐等，特别是人工喂养的宝宝。要注意的是，最好宝宝6个月的时候再添加动物肝脏。

6个月的宝宝可以吃泥状辅食了

从第六个月起，宝宝身体需要更多的营养物质和微量元素，母乳已经逐渐不能完全满足宝宝生长的需要，所以，依次添加其他食品越来越重要。这个阶段的宝宝还可以开始吃些肉泥、鱼泥、肝泥。

宝宝不爱吃辅食怎么办

很多宝宝不爱吃辅食,怎么办呢? 不要着急,辅食添加是有小诀窍的。

示范如何咀嚼食物

有些宝宝因为不习惯咀嚼,会用舌头将食物往外推,你在这时要给宝宝示范如何咀嚼食物并且吞下去。可以放慢速度多试几次,让他有更多的学习机会。

不要喂太多或太快

按宝宝的食量喂食,速度不要太快,喂完食物后,应让宝宝休息一下,不要有剧烈的活动,也不要马上喂奶。

品尝各种新口味

饮食富于变化能刺激宝宝的食欲。在宝宝原本喜欢的食物中加入新材料,分量和种类由少到多。逐渐增加辅食种类,让宝宝养成不挑食的好习惯。宝宝讨厌某种食物,你应在烹调方式上多换花样。宝宝长牙后喜欢咬有嚼感的食物,不妨在这时把水果泥改成水果片。食物也要注意色彩搭配,以激起宝宝的食欲,但口味不宜太浓。

重视宝宝的独立心

半岁之后,宝宝渐渐有了独立心,会想自己动手吃饭,你可以鼓励宝宝自己拿汤匙进食,也可烹制易于手拿的食物,满足宝宝的欲望,让他觉得吃饭是件有"成就感"的事,食欲也会更加旺盛。

准备一套宝宝餐具

大碗盛满食物会使宝宝产生压迫感而影响食欲;尖锐易破的餐具也不宜使用,以免发生意外。宝宝餐具有可爱的图案、鲜艳的颜色,可以促进宝宝的食欲。

不要逼迫宝宝进食

若宝宝到吃饭时间还不觉得饿的话,不要硬让他吃。常逼迫宝宝进食,会让他产生排斥心理。

不要在宝宝面前品评食物

宝宝会模仿大人的行为,所以妈妈不应在宝宝面前挑食及品评食物的好坏,以免宝宝养成偏食的习惯。

学会食物代换原则

如果宝宝讨厌某种食物,也许只是暂时性不喜欢,可以先停止喂食,隔段时间再让他吃,在此期间,可以喂给宝宝营养成分相似的替换品。

宝宝不爱吃辅食时,不妨试一下上面的方法。

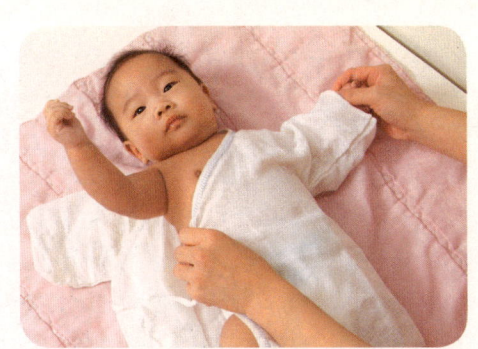

宝宝容易贫血怎么办

随着宝宝的快速成长,宝宝体内的铁元素已经消耗得差不多,因此,这个阶段的宝宝极易贫血。患贫血的宝宝脸色青白,没精神,经常发烧,易出青肿,当宝宝出现这些情况后,应先去检查,如确定为贫血,可根据医生意见服用药物,此外日常膳食中要注意食疗。

宝宝贫血大多数是由于缺乏铁而引起的缺铁性贫血。铁是造血的主要原料,预防缺铁性贫血,要从以下饮食方面注意。

1 要及时给宝宝加辅食,因为奶类食品含铁量低,远不能满足宝宝发育需求。从3~4个月起添加辅食。一般可从3个月起加煮菜水,4个月加蛋黄,5个月加烂粥、蛋糕,6个月加菜泥、肉泥,7~8个月加菜末、肉末食品。

2 选择含铁丰富、铁吸收率高的食物。可以选择牛初乳,它对铁的吸收和运输、血液指标、肠道和呼吸道健康均有所改善。牛初乳强化人体从消化道捕获铁质的能力有两大作用,一是剥夺了一些病原微生物生长所需的铁,二是为机体免疫反应等生理功能提供必要的铁。

怎样给宝宝补钙

宝宝缺钙的危害

在人体内，含有多种矿物质，其中钙是含量最多的一种。人的骨骼和牙齿之所以较硬，主要是里面含有较多钙质的关系，钙是构成骨骼和牙齿的主要成分。婴儿如果缺钙，牙齿生长发育会延迟，有些小儿2岁多还不长牙齿，骨骼也会变软，严重的形成软骨症、O形腿或X形腿。此外，在神经传导、肌肉运动、血液凝固和新陈代谢等方面都需要钙质的参与。婴儿正处于骨骼和牙齿生长发育的重要时期，对钙的需求量比成人多。因此，就要及时而适当地给婴儿补充钙质。

喝母乳的宝宝怎么补钙

许多妈妈自身就缺钙，所以我们提倡妈妈在孕期和哺乳期应注意钙的补充，多吃些含钙多的食物，如海带、虾皮、豆制品、芝麻酱等。牛奶中钙的含量也是很高的，可以每日坚持喝500克牛奶，也可以补充钙质，另外多晒太阳促进钙的吸收。如果母乳不缺钙，母乳喂养儿在3个月内可以不吃钙片，只需要从出生后两周或3周开始补充鱼肝油，尤其是寒冷季节出生的宝宝。

人工喂养的宝宝怎么补钙

如果是人工喂养的宝宝，应在出生后两周就开始补充鱼肝油和钙剂。鱼肝油中含有丰富的维生素A和维生素D，我们通常食用的是浓鱼肝油，开始时可每日1次，每次两滴，根据宝宝的消化状况，如果食欲、大小便等无异常改变，逐渐增至每日两次，每次2~3滴，平均每日5~6滴。维生素D的补充每日不能超过800国际单位，否则长期过量补充会发生中毒症状。如果是早产儿更应及时、足量补充。补充鱼肝油滴剂时，可以用滴管直接滴入婴儿口中。

有的家长误解了钙的作用，以为单纯补钙就能给宝宝补出一个健壮的身体，把钙片作为"补药"或"零食"长期给宝宝吃是错误的。盲目地给宝宝吃钙片，很有可能造成体内钙含量过高而引起宝宝身体不适。

长期过多饮用酸奶会有损宝宝身体健康

目前市面上的酸奶是用乳酸杆菌加入鲜奶中,使奶中乳糖变化成乳酸而制成,它的营养成分也不完全同于牛奶,三大营养素中的糖分明显减少,如果制作时用的不是全奶,营养成分更低。

再加上酸奶中含有乳酸,如果长期食用,这种乳酸会由于新生儿肝脏的不成熟而不能将其处理,其结果是乳酸堆积在新生儿体内,会引起宝宝呕吐、腹泻、肠胃功能紊乱,有损新生儿的身体健康,故不能用酸奶来长期喂养宝宝。

如果宝宝发生腹泻或宝宝消化力比较弱,可以给宝宝少量饮用酸奶,待宝宝消化功能恢复以后,再用牛奶喂养。

炼乳代替牛奶不能满足宝宝的营养需求

炼乳虽然是乳制品,但在制作过程中使用了加热蒸发、加糖等工艺,因而更易保存,但这使得炼乳中水分仅为牛乳的2/5,蔗糖含量却高达40%。按这个比例计算,婴儿吃炼乳时要加4~5倍水稀释甜度才合适,但此时炼乳中的蛋白质、脂肪含量却又很低了,不能满足宝宝的营养需求。

你在给宝宝选择代乳品时,必须考虑到营养素齐全,比例适当,符合宝宝生长发育的需要。炼乳不能满足宝宝生长发育的需求,不能给宝宝选用,只能作为较大宝宝的辅食。

水果不能代替蔬菜

每天吃点蔬菜的目的是为了摄入维生素和矿物质,但是在添加辅食的过程中,有的父母看见宝宝不喜欢吃蔬菜而喜欢吃水果,于是就用水果代替蔬菜喂食婴儿,这是极不恰当的。

水果不能代替蔬菜,虽然水果中的维

生素含量不少,足以能代替蔬菜,然而水果中钙、铁、钾等矿物质的含量却很少。此外,蔬菜中含纤维素多,纤维素可以刺激肠蠕动,防止便秘,减少肠对人体内毒素的吸收。再有,蔬菜和水果含的糖分存在明显的区别,蔬菜所含的糖分以多糖为主,进入人体内不会使人体血糖骤增,而水果所含的糖类多数是单糖或双糖,短时间内大量吃水果,对宝宝的健康不利,过多的水果会导致宝宝膳食的不平衡,有的宝宝多吃水果还会腹泻或容易发胖。

母乳喂养的宝宝5~6个月每日可吃水果25克,7~9个月的宝宝一天可吃50克,到1岁时每天吃75~100克就足够了,新鲜蔬菜宝宝可以天天吃,顿顿吃最好,尤其是那些大便较干燥的宝宝,更要多吃新鲜蔬菜。

为什么不要给这个时期的宝宝喂蛋清

很多妈妈给宝宝做辅食时,总会选择营养丰富的鸡蛋。不过要注意的是1岁以内的宝宝最好只吃蛋黄,别吃蛋清,以免过敏。

因为宝宝消化系统发育尚不完善,肠壁的通透性较强,而鸡蛋清中的蛋白分子较小,有时可以通过肠壁直接进入宝宝血液,使宝宝机体产生过敏症状,导致湿疹、荨麻疹等疾病。

如何给宝宝添加蛋黄

鸡蛋是宝宝生长发育所必需的食物，蛋黄中含有的铁、卵磷脂等都是宝宝十分需要的营养。刚开始给宝宝添加辅食时，你可以每天喂宝宝 1/4 个蛋黄，同时要注意观察宝宝是否有恶心、呕吐等不良反应。如宝宝无不良反应，一个星期后可以增加到 1/2 个蛋黄，宝宝适应一段时间后，再喂整个蛋黄。

给宝宝补充含铁强化食品能预防宝宝贫血吗

不要盲目给宝宝选用强化铁的食品，因为含铁强化食品既不是营养药，也不是预防和保健药品，不能当做一般食品给宝宝吃，否则会引起铁过量。

婴幼儿作健康检查后，可根据检查结果和饮食情况，在医生指导下，适当服用铁强化食品。服用前要了解食品中铁的含量和每日用量，避免因成人没有控制宝宝食量，短时间内进食大量铁强化食品而引起的铁中毒。

提倡给宝宝吃大自然提供给人类的各种食物来补充铁元素，如蛋黄泥、肝泥、鱼等，每周 1~2 次。宝宝的膳食中只要做到食物品种多样化、数量足、烹调方面科学，通常不会发生营养性贫血，此时，根本不必吃含铁强化食品。

如何给宝宝补维生素 D 和钙

维生素 D 的作用是促进钙的吸收，一般建议给宝宝补充到 2 岁左右。夏秋季节宝宝户外活动比较多，皮肤通过日晒可以产生一部分的维生素 D，所以可以不补充维生素 D，或减半量，比如隔天吃一次，冬春季节再恢复到原量。

至于宝宝是否需要补钙，不能一概而论，喂母乳的过程中建议妈妈补钙至少每日 600 毫克，宝宝没有特殊情况可以不补钙。人工喂养的宝宝如果饮食正常，生长发育良好也不需要常规补钙，建议满 6 个月后给宝宝查血中微量元素，如果钙在正常范围内也可以不补。

宝宝头发又稀又黄是缺锌吗

宝宝的头发发黄与基因遗传有密切的关系，很多宝宝小时候头发的颜色与父母小时候头发的颜色是一样的，随着年龄的增长，会逐渐变黑。同时，宝宝的头发稀黄也和营养元素有关系，缺锌、缺铁的宝宝，头发容易发黄、稀疏。

你应该密切关注宝宝所摄取的营养成分，保证宝宝的进一步生长所需。

饮食均衡，不要养出肥胖宝宝

肥胖宝宝因体重增加，行动不便，不爱活动，结果越胖越不爱活动，从而就更胖，成为恶性循环。要知道肥胖会伴发很多种疾病，将来可发展成高血压、冠心病等，所以你要注意，宝宝从小就要饮食均衡防止肥胖。

预防肥胖的方法

1 按生长发育需要供给食物，不可超量喂养。如果宝宝体重每天增长大于20克，必须控制饮食，从减少牛奶入手。如果体重仍然增长过多，应限制食物的摄入量。

2 饮食要有规律，不可用食物逗哄宝宝。

3 多吃蔬菜、水果，少吃奶油食物，少吃糖，就餐时要细嚼慢咽。

你要掌握宝宝的肥胖度，1岁以内婴儿标准体重简易测量方法为：1~6个月婴儿体重（千克）= 足月数 ×0.6+3，7~12个月婴儿体重（千克）= 足月数 ×0.5+3。婴儿的肥胖度 = 婴儿体重／标准体重 ×100-100。其中超过20以上可能为肥胖。

宝宝不爱喝水怎么办

很多宝宝就爱喝饮料、汽水，不爱喝水，有的家长就变着花样给宝宝喝饮料，其实这些饮品中有些成分对宝宝有益，有些并没好处，并大大破坏了宝宝的"胃口"。怎样使宝宝爱喝水呢？

千万不要强迫宝宝喝白开水，要有耐心，适当引导。一开始先减少饮料的摄入量，买一个宝宝喜欢的水壶或水杯，还可以把葡萄糖加入温开水中给宝宝喝，或者适量喝一点蜂蜜水，不要等宝宝喝饱奶粉再喂，在宝宝饿的时候先喂水，然后才吃奶粉，吃饱后再喂一点水，每次都要这样做，让宝宝养成喝水的习惯。

宝宝5个月大了，可以榨果汁喝，还可以每天用一个苹果煲水给宝宝喝。苹果含有更多果糖，并含有多种有机酸、果胶及微量元素，而且苹果还能调理肠胃，因为它的纤维质丰富，有助排泄，宝宝喝最好了。

总之，通过以上方式，久而久之，宝宝就会养成爱喝水的好习惯了。

宝宝消化不好腹泻，该如何用药

6个月的宝宝，消化系统尚未发育成熟，胃酸和消化酶分泌少，消化酶活力也比较低。因此，很容易受多种因素的影响，出现消化功能紊乱的症状，最常见的如吐奶、腹泻等。

如果宝宝腹泻，建议仔细观察一下宝宝的大便，如果大便中总有奶瓣或有酸味，说明宝宝的消化不好，应该调整辅食，比如是否喂养不当？辅食搭配是否合理？如果排除了喂养因素，最好先带着宝宝的大便到医院检查，在医生的指导下，给宝宝喂食一些健脾消食的药物，也可以到中医院检查宝宝是否有脾胃不和的症状，在医生指导下使用一些外治方法。

宝宝的辅食为什么不要加味精

一般来说成人适量食用味精是有益的，而婴幼儿则不宜食用。

因为味精的化学成分是谷氨酸钠，大量食入谷氨酸钠，能使血液中的锌变成谷氨酸钠，从尿中排出，造成急性锌缺乏。

锌是人体内必需的微量元素，宝宝缺锌会引起生长发育不良、弱智、性晚熟，同时，还会出现味觉紊乱，食欲不振。因此，宝宝食用菜肴不宜放味精，尤其是对偏食、厌食、胃口不好的宝宝更应注意。如果在宝宝菜肴中加入适量味精，那么在平时的膳食中，应给宝宝多吃含锌的食物，如鱼、瘦肉、猪肝、猪心及豆制品，以免缺锌。

同样，哺乳妈妈也不要多吃味精。因为母乳中含有过量的味精，也会使谷氨酸钠进入宝宝体内，与宝宝血液中的锌发生特异性结合，随尿排出体外，使婴儿缺锌。

要保持出牙前的宝宝口腔清洁

大多数宝宝6个月的时候就会开始出牙了，很多宝宝出牙无特别反应，但也有少数会呈现低热、临时性流涎、焦躁、睡眠不安等症状。宝宝牙齿发育得好不仅关系到面部的美，更直接影响宝宝的生长发育。所以，作好宝宝出牙前后的家庭护理特别关键。

宝宝的牙齿快萌出时，要格外注意宝宝的口腔洁净。方法很简单，在喂奶或食用其他辅食后喝几口白开水，用以冲刷口腔内残留的食物残渣。切忌让宝宝含着盛有奶液或其他饮食的奶瓶入睡。

该给出牙期的宝宝准备磨牙棒了

快出牙的宝宝会呈现经常性流涎、牙肉痒、抓什么咬什么的现象。这时，可以利用由硅胶制成的牙齿练习器，让宝宝放在口中咀嚼，以磨炼宝宝的颌骨和牙床，使牙齿萌出后排列整洁。也可以买磨牙棒或者磨牙饼干，用以促进牙齿萌出。

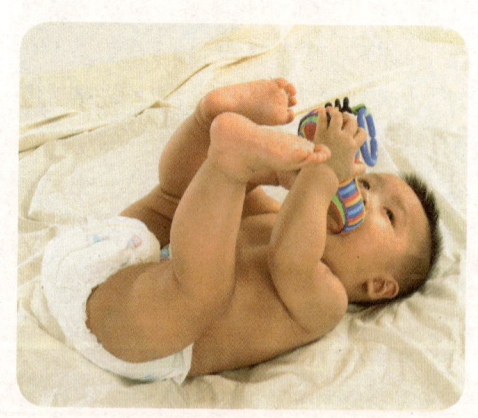

4~6个月宝宝护理课堂

宝宝为什么爱流口水

口水是人体口腔内唾液腺分泌的一种液体,含有丰富的酶类,是促进食物消化吸收的一种重要物质。那么,为什么很少见新生儿流口水,大人也不流,只有此时的宝宝才流呢?这与宝宝此阶段的发育特点有关。

3个月以下的宝宝,中枢神经系统和唾液腺发育尚未成熟,唾液分泌量很少。而成人呢,口腔唾液分泌与吞咽功能协调,多余的口水在不知不觉中就咽下去了。

宝宝在3~4个月的时候,中枢神经系统与唾液腺均趋向于成熟,唾液分泌逐渐增多,再加上宝宝到第四个月有的已长出了牙,对口腔神经产生刺激,使唾液分泌增加了。宝宝的口腔较浅,吞咽功能又差,不能将分泌的口水吞咽下去或贮存在口腔中,口水就不断地顺嘴流出来。这是一种生理现象,不是病态。

怎样给宝宝按摩

1. 把宝宝放在小床上,也可让宝宝躺在妈妈的大腿上,然后以轻柔的声音对宝宝说话,令宝宝放松下来。握住宝宝的小脚,使妈妈的大拇指可以自如地在宝宝脚底来回揉搓,用轻柔的力道,按摩几分种。随后可以握住宝宝的小腿和大腿,让膝盖来回伸展几次,再用手掌在大腿和小脚丫之间抚摸。

2. 按摩宝宝的上肢。先握住宝宝的小手,用大拇指按摩掌心,其他指头按摩手背;然后分别握住宝宝的上臂和前臂,按摩几个来回；再在肩膀和指尖之间轻柔地按摩。这种按摩会促进宝宝的血液循环，如果一边按摩一边和宝宝说话，更能增加母子间的亲密感。

3 抚摸宝宝的脸。妈妈用柔软的食指和中指，由中心向两侧抚摸宝宝的前额。然后顺着鼻梁向鼻尖滑行，从鼻尖滑向鼻子的两侧。

4 摸摸宝宝的小肚子。从宝宝的肩膀开始，由上至下按摩宝宝的胸部和肚子，然后用手掌以画圆圈的方式按摩，这种按摩方法可以促进宝宝呼吸系统的发育，增

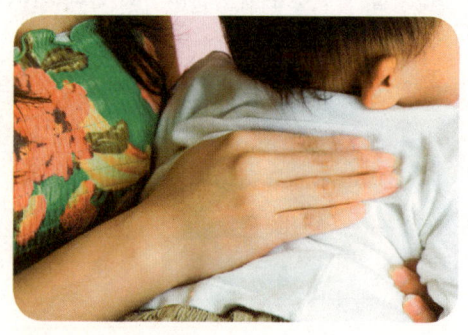

大肺活量。随后让手掌以宝宝的肚脐为圆心按摩至少40次，对于常常肚子疼或是常常便秘的宝宝，这种按摩非常有效。

5 按摩宝宝的侧身。当宝宝转身的时候，不要错过按摩体侧的好时机：妈妈可以用虎口穴按着宝宝的侧面，从肩胛部开始，经胯骨再按摩至锁骨。

6 按摩宝宝的背部。如果宝宝趴在床上，如果轻轻抚摸宝宝，宝宝会觉得非常舒服。给宝宝按摩背部的话，记得让宝宝抬起头来。

7 给宝宝作个全身按摩。全身按摩就是给宝宝热身。妈妈坐在地板上，伸直双腿，为了安全起见可在腿上铺一块毛巾，让宝宝脸朝上躺在妈妈的腿上，头朝妈妈双脚的方向。在胸前打开再合拢宝宝的胳膊，这样做能使宝宝放松背部，并使肺部得到更好的呼吸。然后上下移动宝宝的双腿，模拟走路的样子，这个动作能使宝宝大脑得到刺激。

怎样防止宝宝长痱子

生痱子主要是因为汗液中含有氯化钠等无机盐，夏季由于温度过高出汗较多，当汗水蒸发后留下的盐会刺激皮肤，导致周围组织发炎而起痱子。

宝宝皮肤娇嫩，往往很容易生痱子，家长一定要特别注意。痱子初起时是一个针尖大小的红色丘疹，突出于皮肤，圆形或尖形。月份较大的宝宝会用手去抓痒，皮肤常常被抓破，发生继发皮肤感染，最终形成疖肿或疮。痱子的防治方法主要有：

经常用温水洗澡，浴后揩干，扑撒痱子粉。痱子粉要扑撒均匀，不要过厚。不能用肥皂和热水烫洗痱子。出汗时不能用冷水擦浴。如出现痱疖时，不可再用痱子粉，可改用0.1%升汞酒精。此病痛痒时应防止搔抓，可将宝宝的指甲剪短，也可采用止痒敛汗消炎的药物，以防继发感染引起痱疖。宝宝应避免吃、喝过热的食品，以

免出汗太多。如果宝宝因缺钙而引起多汗，应在医生的指导下服用维生素D制剂、钙剂。在暑伏季节，宝宝的活动场所及居室要通风，并要采取适当的方法降温。不要让宝宝在日光直晒处活动时间过久。宝宝衣着应宽大通风，保持皮肤干燥，对肥胖儿、高热的宝宝，以及体质虚弱多汗的宝宝，要多洗温水澡，加强护理。

家里有个"夜哭郎"怎么办

减少宝宝白天睡眠的时间

减少宝宝白天睡眠的时间，减少白天的哺乳量，一次不让宝宝吃得过饱，妈妈给宝宝喂完奶要多逗宝宝玩，待宝宝玩累了再睡。宝宝白天睡觉时间不宜过长，以1~2个小时为好，超过两小时，就应叫醒宝宝，喂奶、玩耍。

夜里为宝宝营造最好的睡眠环境

1. 夜幕降临，先给宝宝洗一个温水澡，再为宝宝进行按摩，能帮助宝宝安静下来。

2. 睡前让宝宝喝一些奶，有助于宝宝心满意足地入睡，但要注意千万不能让宝宝含着奶头入睡。

3. 睡前将宝宝用被单裹紧，会使宝宝有安全的感觉，利于宝宝入睡。

4. 妈妈可以轻轻地抚摸宝宝的头部，从头顶向前额方向，同时可小声哼唱催眠曲。为宝宝营造一个宁静、美好、和谐的入睡环境。

解决。这样极易造成消化不良，久之，不是大便秘结，就是腹泻不止。结果导致宝宝胃肠功能紊乱，引起腹部不适，更会使宝宝哭吵厉害。

总之，如果宝宝夜哭，先要找出原因，才能针对情况来解决问题。切勿每当宝宝哭就以为是肚子饿了，就用吃奶的办法来

宝宝可以看电视吗

让婴儿看电视，会引起一些人的反对，怕对婴儿的视力有不良影响。其实让婴儿看电视的方法正确，对婴儿还是有很多好处的，可以发展婴儿的感知能力，培养注意力，防止怯生。4~5个月的宝宝已有了一定的专注力，而且对图像、声音特别感兴趣。这时，不妨让宝宝看看电视。

宝宝看电视的时间不要超过2~10分钟。看电视的内容要有选择，一般来说婴儿喜欢看图像变换较快、有声、有色、有图的电视节目，如儿童节目、动画片、动物世界，甚至一些广告节目等，这些电视内容都可作为婴儿看电视的内容。但要注意，每次看电视可选择1~2个内容，声音不宜过大或过于强烈，以使婴儿产生愉快情绪，而且不疲劳。

宝宝不宜长时间看电视

1 宝宝长时间看电视不利于视力发育。婴儿眼睛还在发育中，视力还未完善，不断闪烁的电视光点会造成屈光异常、斜视、内斜视，尤其是近距离大电视屏幕造成的损害更大。

2 看电视时电视机放射的电磁波对宝宝健康也是有害的。

3 看电视是一种被动性经历，会导致宝宝形成一种"缺乏活力"的大脑活动模式，而这与智力活动的迟钝有直接关系。

4~6个月宝宝明星食材推荐

蛋黄

蛋黄是鸡蛋中最富于营养的部分。很多人都知道鸡蛋中的蛋白质含量很高,而鸡蛋中80%以上的蛋白质都是来自蛋黄。蛋黄中的脂肪含量也很丰富,并且多为不饱和脂肪酸,对宝宝的生长发育极为有益。

鸡蛋中的维生素大部分也来自蛋黄。蛋黄中所含的维生素有维生素A、维生素D、维生素E、维生素K、维生素B_2等,对帮助宝宝预防佝偻病、夜盲症、角膜炎、溶血性贫血、口角炎、舌炎等疾病具有重要意义。

蛋黄中还含有大量的铁,是宝宝补充铁质的一个重要来源。蛋黄中的卵磷脂,具有促进宝宝大脑发育的作用。蛋黄中的叶黄素和玉米黄素,还可帮助宝宝的眼睛过滤紫外线,帮助宝宝预防视网膜黄斑变性和白内障等眼疾。

烹调的要点

1. 未煮熟的蛋黄不能给宝宝吃。因为未煮熟的蛋黄中的营养物质不但难以被吸收,还更容易引起过敏反应。

2. 蛋黄不可和含草酸、植酸比较多的蔬菜一起吃。因为这些蔬菜中的草酸、植酸会和蛋黄中的铁结合,生成不易溶解的草酸铁、植酸铁,影响宝宝对铁的吸收。

推荐食谱

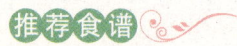

蒸蛋黄

材料：蛋黄1个，水适量

做法：❶蛋黄打散，与适量水混合（蛋黄与水的比例为1:3），调稀。

❷放入蒸笼中，用略小的中火蒸5分钟左右即可。

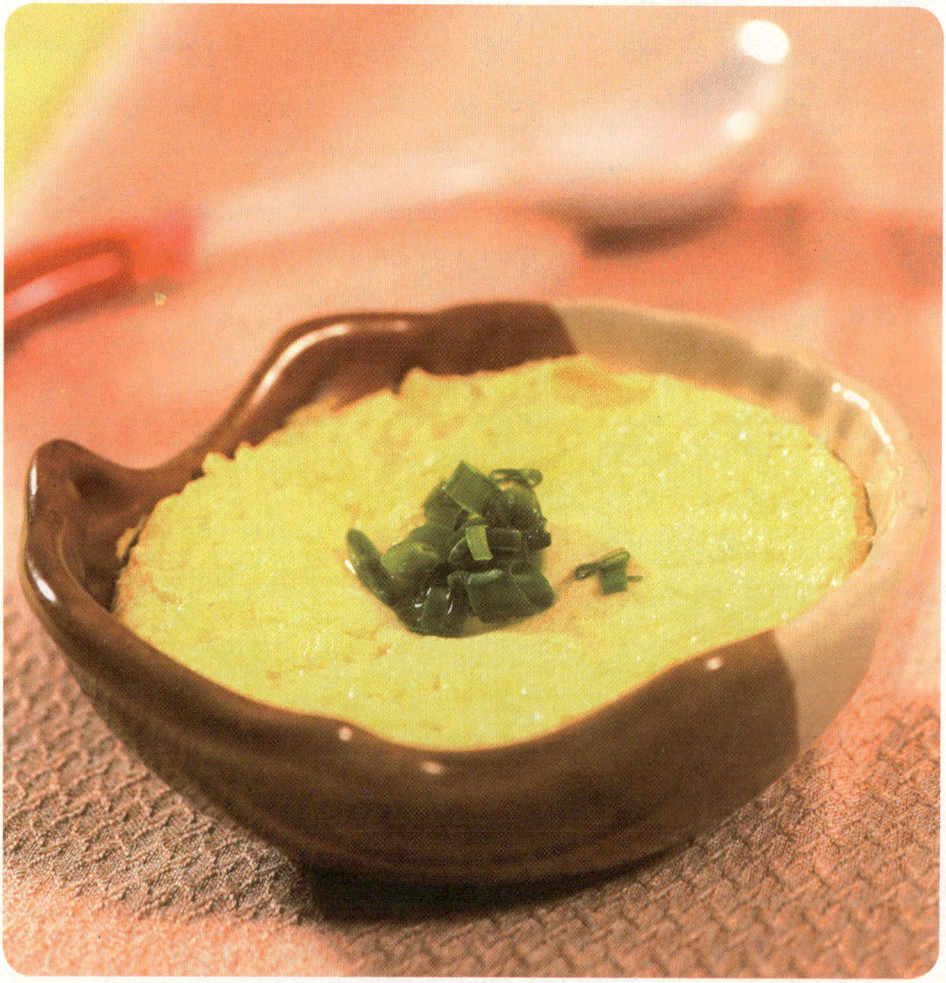

蛋黄还可以这样吃

猪肝蛋黄粥

材料：鸡蛋100克，大米25克，猪肝50克，料酒和盐各少许

做法：❶将猪肝洗净，剁成末，加少量料酒和盐腌10分钟。❷大米淘洗干净，放入锅内加水煮成粥待用。❸鸡蛋煮熟后去蛋白，将蛋黄压成泥，与肝泥同时加入煮烂的大米粥中，调味后再用小火煮约15分钟即可。

蛋黄还可以这样吃

蛋黄南瓜

材料：小南瓜200克，咸鸭蛋黄2个，葱段、料酒、盐各少许

做法：❶将咸鸭蛋黄和料酒放入小碗中，入蒸锅隔水大火蒸8分钟，取出趁热用小勺研散，呈细糊状；小南瓜去皮，切薄片。❷炒锅置火上，放入油烧热，下葱段爆香，加入南瓜煸炒，约两分钟，南瓜熟后（边角发软即为熟），倒入蒸好的咸鸭蛋黄，加入少许盐，再翻炒匀即可。

土豆

土豆是一种营养齐全、淀粉含量高的食物,并且是目前除了谷物以外可以作为人类主食的最重要的粮食作物。除了含有丰富的碳水化合物,可以为宝宝提供丰富的热量,土豆还含有比较丰富的蛋白质、B族维生素、维生素C、钙、磷、钾、镁、钠、碘等营养素,并具有容易消化吸收的特点,非常适合肠胃功能比较弱、消化能力不高、对食物的接受能力有限的宝宝。

土豆中的膳食纤维具有吸附肠道毒素、刺激胃肠蠕动、宽肠通便的功效,对帮助宝宝预防和治疗便秘、帮助宝宝排出体内的毒素具有很大的帮助,是便秘宝宝进行食疗的好食物。

烹调的要点

1. 腐烂、发霉或生芽较多的土豆含有大量有毒的龙葵碱毒素,极易使宝宝中毒,坚决不能给宝宝吃。

2. 吃土豆前最好削掉土豆皮,并把有芽眼的部分挖去,以免使宝宝中毒。

3. 切好的土豆如果在水中浸泡,注意不要泡得太久,致使土豆中的水溶性维生素等营养成分流失。

推荐食谱

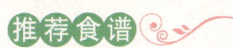

土豆泥

材料： 土豆 1/4 个

做法： ❶将土豆洗净，放锅内蒸（或煮）软，剥去皮。

❷用勺研成细泥后加适量纯净水拌匀即可。

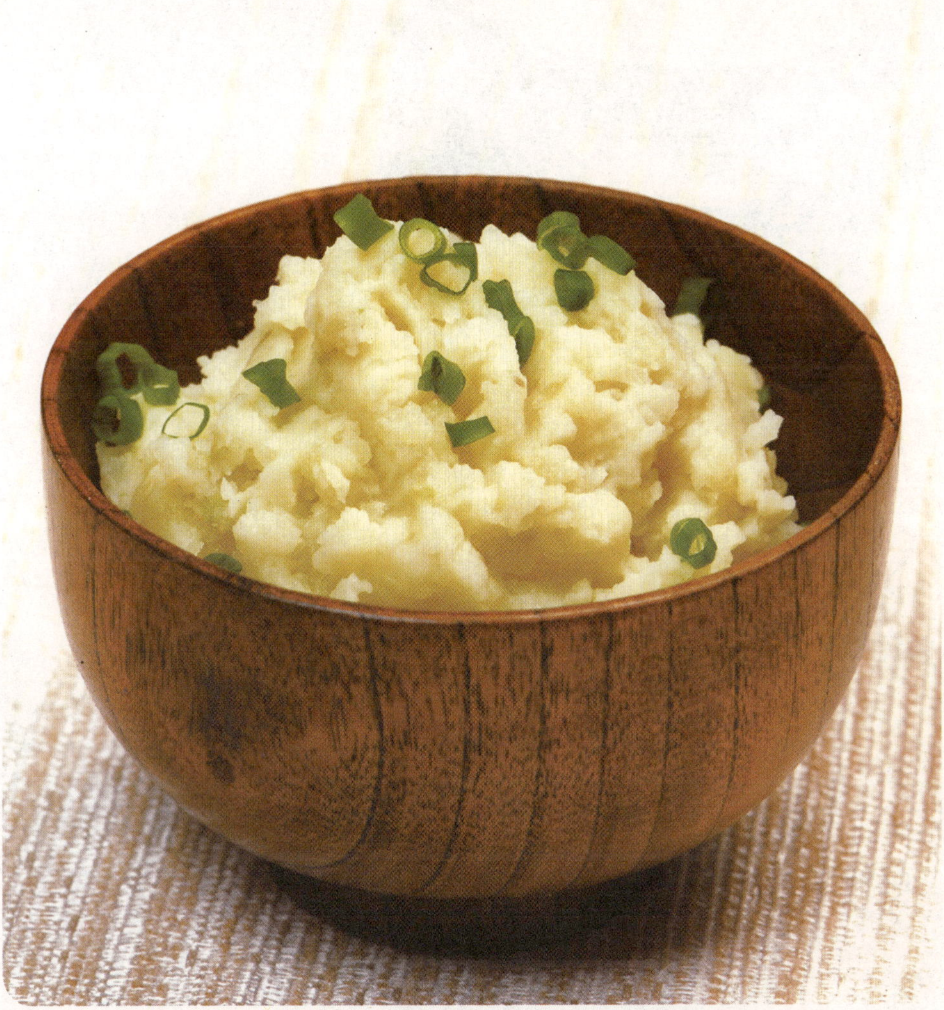

土豆还可以这样吃 ·· **鸡汁土豆泥**

材料：土豆半个，鸡汁适量

做法：❶ 将土豆洗干净，去皮，用清水蒸熟。
❷ 用勺子将土豆研碎，放入鸡汤中，煮沸并搅匀即可。

土豆还可以这样吃 ·· **土豆牛奶糊**

材料：中等个头的土豆1/4个，牛奶2大匙，黄油半小匙

做法：❶ 将土豆洗净，削去皮，放锅内煮或蒸。
❷ 熟后用勺子将土豆研成泥状（也可用市场上卖的现成土豆泥），再加入牛奶和黄油，边煮边搅拌，至黏稠状即可。

鳕鱼

鳕鱼是一种生活在寒冷地带的海洋深水鱼，因为营养丰富、比例合理，被人们称为"餐桌上的营养师"。

鳕鱼肉中含有丰富的蛋白质、钙、镁、烟酸、维生素A、胡萝卜素、钾、磷、钠、硒等营养物质，可以为宝宝补充各种所需的营养素，使宝宝能够更加健康地成长；鳕鱼中还含有丰富的不饱和脂肪酸，特别是对宝宝的大脑发育具有重要促进作用的DHA，能够促进宝宝的大脑和视网膜发育，是宝宝成长过程中重要的益智食物。

烹调的要点

1 最适合宝宝的做法是清蒸，因为这种做法可以最大限度地保留鳕鱼肉中的各种营养物质，为宝宝的成长提供动力。

2 如果用鳕鱼肉做汤，一定要挑干净鱼刺，用刀背把鱼肉打成烂的泥，并充分煮熟，才能给宝宝吃。

推荐食谱  鳕鱼面

材料： 鳕鱼50克，婴儿面适量（面条可用干粉机打成颗粒状，也可掰碎）

做法： ❶将鳕鱼连皮一起放水中煮10分钟，然后取出，去皮去刺。

❷锅（最好用不粘锅）置火上，放入少许植物油，放入鱼肉稍煎一下，用铲子压碎，加入适量清水，煮沸后，再煮两分钟，捞起过滤，去鱼肉留汤。

❸把刚煮鱼的汤放入煮熟的面条中，煮10分钟即可。

鳕鱼还可以这样吃 —— 鳕鱼苹果糊

材料：新鲜鳕鱼肉25克，苹果1小片，婴儿营养米粉2匙，冰糖1小块，清水适量

做法：❶ 将鳕鱼肉洗净，挑出鱼刺，去皮，煮熟，研碎成泥状。
❷ 苹果洗干净，去皮，放到榨汁机里打成糊（或直接用小勺刮出苹果泥）备用。
❸ 锅里加上水，放入准备好的鳕鱼泥和苹果泥，加入冰糖，煮开，加入米粉，调匀即可。

鳕鱼还可以这样吃 —— 鳕鱼菠菜

材料：鳕鱼25克，菠菜、金针菇、盐各少许，米粉或面粉适量

做法：❶ 将菠菜用水烫软，过水去涩味（也是为了去除草酸），取汁；金针菇煮烂，研碎。
❷ 锅置火上，加入适量水，煮开后，倒入鳕鱼（切小块），煮熟后加入菠菜汁及金针菇，加少许盐调味，放入米粉或面粉调成稍稠的汁即可。

菠菜

菠菜的茎叶柔嫩易食，味美色鲜，营养丰富，很适合刚开始添加辅食的宝宝吃。菠菜中含有丰富的维生素C、胡萝卜素、维生素B_6、叶酸、蛋白质、铁、钙、钾、磷等营养物质，可以帮助宝宝补充铁质，预防缺铁性贫血、口角炎、夜盲症等疾病。菠菜中还含有比较丰富的膳食纤维，可以促进肠道蠕动，帮助宝宝预防便秘。

需要注意的是：菠菜里虽然含有大量的铁，但真正能被宝宝吸收的却不多。因此，为宝宝补铁的时候，不能只吃菠菜，还要吃其他富含铁质的食物，否则不但达不到补铁的目的，反而可能影响宝宝的生长发育。

烹调的要点

1 选购菠菜的时候，最好挑选菜梗红短、叶子新鲜、有弹性的菠菜；如果菠菜的叶片变黄、变黑、变软、萎缩，茎秆受损，根部已经不新鲜，最好不要使用。

2 菠菜中含有较多草酸，容易和宝宝体内的钙结合形成草酸钙，降低宝宝对钙的吸收率。所以，在用菠菜给宝宝做食物时，一定要将菠菜先用开水烫一下，除去菠菜中的大部分草酸，再进行下一步烹调。

3 菠菜中的维生素C会随着时间的推移逐渐流失，购买菠菜后应该尽快食用，不要储存太久。

推荐食谱

菠菜汁

材料：菠菜2棵，盐或白糖少许

做法：❶将菠菜切除根部后剥开，用清水彻底洗净，用开水氽烫后切小段备用。

❷锅置火上，加入适量清水，煮沸后，放入菠菜，煮约1分钟后熄火，捞出放进消毒过的纱布里，用力拧纱布，滤出菠菜汁，加少许盐或白糖即可。

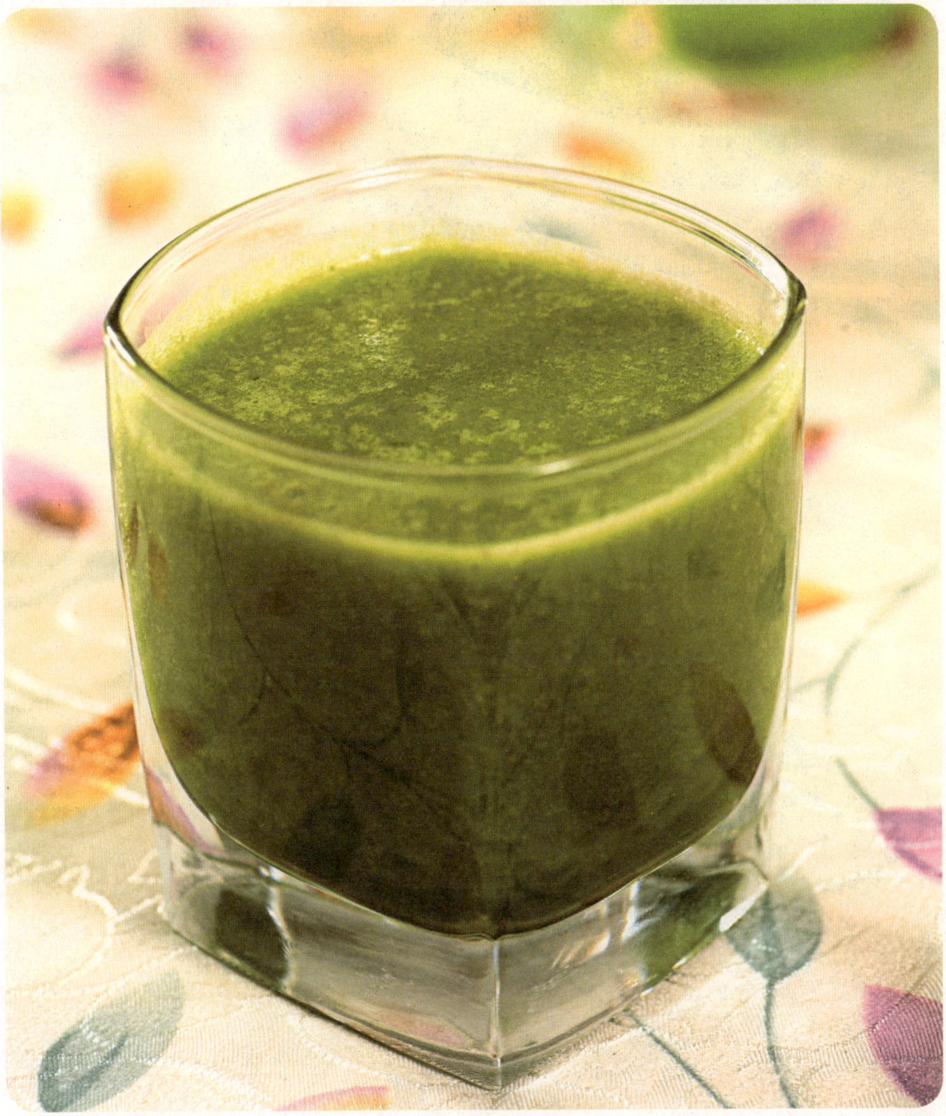

菠菜还可以这样吃 ························· **菠菜糊**

材料：菠菜2棵，米粉适量，香菇粉、盐各少许

做法：❶将菠菜用开水余烫过后，切小，打汁，米粉加菠菜汁调成稀糊状。
❷锅置火上，加入少量清水，水开后倒入调好的糊，边倒边搅拌，沸后加少许盐、香菇粉，淋上植物油再烧一会儿即可。

菠菜还可以这样吃 ························· **菠菜粥**

材料：菠菜100克，粳米50克

做法：❶将菠菜洗净，在沸水中烫一下，切段。
❷粳米淘净置锅内，加水适量，熬至粳米熟，然后加入菠菜，继续熬，直至成粥时停火。

胡萝卜

胡萝卜的营养比较丰富，含有丰富的糖类、挥发油、胡萝卜素、维生素A、维生素B_1、维生素B_2、维生素C、花青素、钙、铁、钾、钠及纤维素等营养成分，另外还含有果胶和多种氨基酸，向来有"小人参"的美称。

对宝宝的生长发育来说，胡萝卜中最具有价值的营养素是胡萝卜素（维生素A原）。胡萝卜素能够在人体内还原成维生素A，不但可以促进宝宝骨骼和上皮组织的正常发育，还具有维持正常的视觉反应，帮宝宝预防夜盲症、干眼病和角膜炎的功效。胡萝卜中的膳食纤维，具有吸水性强、在肠道中容易体积膨胀的特点，可以促进肠道的蠕动，帮助宝宝预防便秘。

此外，胡萝卜味甘，性平，还有健脾和胃、补益肝肾、清热解毒、透疹、降气、止咳等多种功效，对肠胃不好、食欲不振、咳嗽、正在出麻疹的宝宝来说是非常好的食疗食物。

烹调的要点

1 胡萝卜以表皮光滑、形状整齐、"心"柱小、肉厚质细、味甜多汁、不糠心、没有裂口和病虫害的为佳。橘红色越深、柱心越细的胡萝卜含的胡萝卜素越多，营养价值也越高。

2 维生素A属于脂溶性维生素，只有和油脂一起摄入才能够被充分吸收。将胡萝卜和猪、牛、羊肉一起煮成肉汤，不但味道鲜美，而且提高了胡萝卜中维生素A的吸收利用率，一举两得。

3 有的胡萝卜根部发绿，有苦味，不能吃，最好削去。

 推荐食谱

胡萝卜汁

材料：胡萝卜1根

做法：❶将胡萝卜洗净，切小块。
❷小锅置火上，放入胡萝卜块，加适量水煮沸，小火煮10分钟，过滤后将汁倒入小碗即可。

胡萝卜还可以这样吃 ········· **番茄胡萝卜汁**

材料：胡萝卜半根，番茄半个

做法：❶将胡萝卜洗净，去除外皮，切成块状；番茄洗净，用沸水烫后去皮，切块。❷将胡萝卜和番茄一起放入榨汁机内，榨出汁即可。

胡萝卜还可以这样吃 ········· **胡萝卜奶羹**

材料：胡萝卜25克，炼乳10克，婴儿米粉25克

做法：❶将胡萝卜洗净，去皮，切丝，煮熟，捣成泥。❷在米粉中加入炼乳和胡萝卜泥调成糊状即可。

豆腐

豆腐是一种既营养丰富，又对宝宝的健康具有诸多好处的食物。豆腐中含有丰富的植物蛋白质、脂肪、碳水化合物、卵磷脂、钙、铁、磷、镁等多种营养物质，对宝宝生长发育具有很好的促进作用。

此外，豆腐还具有清热润燥、生津止渴、清洁肠胃、补中益气的作用，特别适合体质燥热的宝宝食用。但是，脾胃虚寒、容易腹泻的宝宝最好少吃，以免引起或加重腹痛、腹泻的症状。

烹调的要点

1. 豆腐本身的颜色略带微黄色，如果颜色过白，则有可能是用漂白剂处理过的豆腐，不宜做给宝宝吃。盒装豆腐的包装如果出现凸起，豆腐周围的水如果出现水泡，都说明豆腐已经不新鲜，千万不要购买。

2. 豆腐中所含的大豆蛋白缺少一种必需氨基酸——蛋氨酸，如果单独食用，蛋白质的利用率比较低。如果和鸡蛋、鱼、肉等富含蛋白质的食物搭配则可以提高豆腐中蛋白质的利用率，从而提高豆腐的营养价值。

3. 豆腐很容易腐坏，买回家后应该立即浸泡到水中并放到冰箱里冷藏，烹调时再取出来，以保持新鲜。

4. 最好是当天买当天吃，不要吃隔夜的豆腐。

5. 如果不喜欢豆腐的腥味，可以在烹调前将豆腐放到开水中焯一下，可以使豆腐没有任何异味。

推荐食谱

豆腐羹

材料：嫩豆腐50克，蛋黄半个，香油、盐各少许

做法：❶将嫩豆腐、蛋黄放在一起打成糊状。
❷放少许盐，加入白开水搅拌均匀，蒸10分钟，加点香油即可。

豆腐还可以这样吃 ································· **南瓜豆腐糊**

材料：豆腐 50 克，南瓜 25 克，肉汤 2 小匙，黄油半小匙

做法：❶ 将豆腐放热水中煮后过滤去水；南瓜煮软过滤去水，然后放入过滤后的豆腐锅内。
❷ 加入肉汤，均匀混合后放火上煮，煮片刻后加入黄油即可。

豆腐还可以这样吃 ································· **豆腐拌沙拉**

材料：捣碎的豆腐 2 大匙，沙拉酱 1 小匙，鸡蛋 1 个

做法：❶ 将豆腐用开水氽烫 1 分钟左右，捞起来沥干水再捣碎；鸡蛋 1 个煮熟后取出 1/4 个蛋黄，捣碎。
❷ 将沙拉酱加入捣碎的豆腐里，充分拌匀。
❸ 最后将捣碎的熟蛋黄倒在上面。

橙子

橙子的营养极为丰富,含有丰富的B族维生素、维生素C、维生素E、尼克酸、β-胡萝卜素、碳水化合物、钙、磷、钾、镁、铁、锰、锌、铜、硒、柠檬酸、橙皮甙及醛、醇、烯等营养物质,维生素C的含量尤其高,是宝宝补充维生素C的理想食物。此外,橙子中还含有丰富的纤维素和果胶,可以吸附宝宝肠道内的有毒物质,促进肠道蠕动,帮助宝宝排出毒素和预防便秘。

橙子并不是颜色越鲜艳越好。那些看起来颜色漂亮的橙子往往是用色素处理过的。购买橙子前用湿纸巾在橙子表面擦一擦,如果湿纸巾上有颜色,就说明橙子是用色素染过的,实际上质量并不好。

饭前或空腹时不宜给宝宝吃橙子或喝橙汁,以免橙子中的有机酸刺激宝宝的胃黏膜,对宝宝不利。

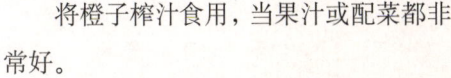

烹调的要点

将橙子榨汁食用,当果汁或配菜都非常好。

 推荐食谱

橙子汁

材料：橙子1个，白糖少许

做法：❶将橙子对切成4瓣，去皮。❷将橙子放入榨汁机内榨汁，加入白糖少许搅匀即可。

橙子还可以这样吃 —— 橙汁红薯泥

材料：红薯半个，橙子半个，黄油 1 小匙

做法：❶将红薯去皮，切成小块，用少许水煮熟，沥干后，加入少许黄油制成红薯泥。❷把橙汁挤入薯泥中，搅拌均匀即可。

橙子还可以这样吃 —— 橙汁香蕉泥

材料：香蕉半根，橙子半个

做法：❶橙子洗净切开，去皮，切成小块。❷将橙块放入榨汁机中加适量纯净水榨汁，橙汁倒入杯中。❸香蕉去皮，用汤匙刮泥置入橙汁中即可。

香蕉

香蕉是便秘宝宝最好的食物。因为香蕉中含有丰富的膳食纤维，能够刺激肠壁，增加肠蠕动，促进排便，达到治疗便秘的效果。除了通便，香蕉还具有非常高的营养价值。香蕉中的蛋白质、糖类、维生素A、维生素C、叶酸、钾、磷、钙、镁等营养物质的含量都很高，不但能为宝宝提供丰富的能量，还具有促进宝宝的生长发育、增强宝宝的免疫力、保护宝宝的神经系统、帮宝宝维持正常视力、促进消化、增强宝宝食欲的作用。香蕉肉质软滑，味道香甜可口，也是深受宝宝喜爱的水果之一。

但是，因为香蕉属于寒性水果，体质燥热的宝宝和由于患热病而出现烦渴、便秘的宝宝吃香蕉，具有清热除烦、消炎解毒、解除便秘的功效。脾胃虚寒和因受寒而腹泻的宝宝则不适合吃香蕉，以免加重原有的病症，对宝宝的健康不利。

烹调的要点

1 香蕉适宜的储存温度是11℃~18℃，最好不要放到冰箱里保存，否则会使香蕉快速变质。正确的储存方法是：把香蕉放进塑料袋里，再放进去一个苹果，然后排干净袋子里的空气，扎紧袋口，放在家里最凉爽的地方，至少可以保存一个星期不变质。

2 一定要选熟透的香蕉给宝宝吃。因为生香蕉里含有大量的鞣酸，会抑制胃酸和肠道消化液的分泌，不但没有润肠通便的作用，反而会引起或加重便秘。

推荐食谱　　　　　　　　　　　　　　　　　　　香蕉泥

材料：香蕉1/4根（最好是香蕉的中段）

做法：❶将香蕉去皮，切碎，放入小碗。❷用勺研成泥即可。

香蕉还可以这样吃 ·· **香蕉牛奶糊**

材料： 香蕉半根，牛奶30克，玉米面1小匙，白糖1小匙

做法： ❶ 将香蕉去皮后，用勺子研碎。
❷ 将牛奶倒入锅里，加入玉米面和白糖，边煮边搅均匀。
❸ 煮好后倒入研碎的香蕉中调匀即可喂食。

香蕉还可以这样吃 ·· **香蕉土豆糊**

材料： 香蕉半根，鸡蛋1个，土豆1/4个，牛奶适量

做法： ❶ 将土豆去皮切粒，隔水蒸20分钟，压成泥；香蕉去皮，压成泥。
❷ 把鸡蛋煮熟，去壳，取出1/4个蛋黄，压成泥。
❸ 把蛋黄泥、土豆泥及香蕉泥拌匀，再加入牛奶拌匀即可。

4~6个月宝宝的关键饮食

乳类

4个月宝宝

母乳或母乳＋配方奶

每天上午：6:00、10:00

下午：14:00

晚间：18:00、22:00

各喂1次，每次喂120~180毫升

5个月宝宝

母乳或母乳＋配方奶

每天上午：6:00、10:00

下午：14:00

晚间：18:00、22:00

各喂1次，每次喂150~200毫升

6个月宝宝

母乳或母乳＋配方奶

每天上午：6:00、10:00

下午：14:00

晚间：18:00、22:00

各喂1次，每次喂150~200毫升

米汤

材料：大米3大匙

做法：❶将大米洗净用水泡开，放入锅中加入三四杯水，小火煮至水减半时关火。
❷将煮好的米粥过滤，只留米汤，微温时即可喂食。

功效解析：大米含有丰富的碳水化合物，能给宝宝补充能量。

蔬菜泥

材料：嫩叶蔬菜（如小白菜）50克，牛奶半杯，玉米粉少量

做法：❶将蔬菜嫩叶部分煮熟或蒸熟后，磨碎、过滤。
❷取碎菜加少许水至锅中，边搅边煮。
❸快好时，加入牛奶和玉米粉及适量水，继续加热搅拌煮成泥状即可。

功效解析：可补充各类维生素如：胡萝卜素、维生素A、维生素C等，能促进骨髓与牙齿的发育，有助于血液的形成。

香蕉苹果泥

材料：香蕉半根，苹果半个

做法：❶将香蕉去皮；苹果去皮去核。
❷用榨汁机将果肉打成泥状即可。

功效解析：水果泥能提供维生素、矿物质及高量酵素等，促进宝宝生长发育。

鱼汤粥

材料：大米2小匙，鱼汤半碗

做法：❶将大米洗净后放在锅内浸泡30分钟。
❷加入鱼汤煮沸，然后继续用小火煮40~50分钟即可。

功效解析：鱼汤中含有丰富的营养物质，特别是钙、磷等，经常食用，宝宝会越来越聪明。

蛋黄粥

材料：大米适量，肉汤半碗，熟鸡蛋黄1/4个，清水适量

做法：❶煮大人饭时，放米及水在煲内，用汤匙在中心挖一个洞，使中心的米多些水，煮成饭后，中心的米便成软饭，把适量的软饭研成糊状。
❷将适量的肉汤滤去渣，如果用鱼汤要特别小心以防有幼骨，除去汤面的油。
❸将汤和饭糊放入小煲内煲滚，用小火煲成稀糊状，然后放入熟鸡蛋黄（要搓成糊），搅匀煮沸即可。

功效解析：鸡蛋黄中含有丰富的维生素A、维生素B_2、维生素D、铁及卵磷脂。卵磷脂是脑细胞的重要原料之一，能够促进宝宝智力发育。

番茄鱼泥

材料: 净鱼肉100克,番茄50克,鸡汤1小碗

做法: ❶将鱼肉煮熟后切成碎末;番茄用开水烫后剥去皮,切成碎末。
❷锅内放入鸡汤,加入鱼肉末、番茄末,煮沸后用小火煮成泥状即可。

功效解析: 鱼肉中含丰富的蛋白质,蛋白质是宝宝代谢反应不可缺少的酶素、神经递质、基因、血液成分、免疫抗体,同时也是能量来源。

核桃仁粥

材料: 核桃仁10克,粳米或糯米30克,清水适量

做法: ❶将米洗净放入锅内,加适量清水用小火煮至半熟。
❷核桃仁炒熟后碾成粉状,拣去皮后放入粥里,煮至黏稠即可食用。

功效解析: 核桃仁富含丰富的蛋白质、脂肪、钙、磷、锌等微量元素以及不饱和脂肪酸,对宝宝的大脑发育极为有益。

PART 3

好吃的越来越多，固体辅食添加关键期（7~9个月）

7~9个月宝宝营养关键

让宝宝高效生长的**脂肪**

脂肪是一种对宝宝的生长发育具有重要作用的营养素，可以为宝宝的生长发育提供能量。脂肪中的一些不饱和脂肪酸，具有促进宝宝的大脑和视网膜发育，维持宝宝正常发育的重要作用，在宝宝的生长过程中扮演着重要角色。脂肪还具有缓解外力冲击、减少内部器官之间的摩擦，保护内脏的作用，为宝宝的健康成长提供帮助。

对宝宝而言，不论是身体的发育、各种生理功能的正常进行，还是脑部的发育，都需要脂肪的参与。所以，在宝宝满2岁以前，不应该刻意限制宝宝的脂肪摄入量，以免对宝宝的生长发育产生不利影响。

宝宝的需求量

1~12个月的宝宝，每千克体重每天需要摄入4克左右的脂肪。

富含脂肪的食物

含脂肪丰富的食物主要是食用油、肉类、蛋黄和坚果。食用油中所含的脂肪最多，几乎达到100%的脂肪含量。肉类中所含的脂肪虽然比较丰富，但大多是饱和脂肪酸，如果吃得过多，反而对宝宝的成长不利。蛋黄中的脂肪含量比较高，并且主要是不饱和脂肪酸，很适合宝宝。家禽、鱼类的肉中虽然脂肪比较少，但其中所含的很多都是不饱和脂肪酸，比较适合宝宝的需要。植物性的食物中，坚果所含的脂肪最多，并且脂肪组成以亚油酸为主，是多不饱和脂肪酸的重要来源。

贴心小提示

1 母乳中含有丰富的脂肪，并且所含的大多数是人体必需的不饱和脂肪酸，是1岁以内宝宝获取脂肪的最好来源。

2 婴儿期的宝宝长期食用过多的动物脂肪会影响钙的吸收，并容易使宝宝在成年后出现血脂与胆固醇不正常，导致心血管疾病。植物油中所含的脂肪不饱和脂肪酸比较多，能够促进宝宝的大脑和神经的发育。所以，在给宝宝添加辅食的时候，不宜让宝宝吃动物油，而应该多让宝宝吃植物油。

构筑宝宝生命支柱的**蛋白质**

蛋白质是生命的物质基础。宝宝体内每一个细胞和所有重要组成部分都有蛋白质参与，宝宝身体中的每一种组织——毛发、皮肤、肌肉、骨骼、内脏、大脑、血液、神经、内分泌器官等都是由蛋白质组成的。可以说，没有蛋白质就没有生命。

除了构造人的身体，蛋白质对促进宝宝的生长发育，维持宝宝新陈代谢的正常运行也起着非常重要的作用。因为蛋白质不仅能够为宝宝的生长发育提供能量，还具有修补人体组织、运载体内的各种物质、维持体液的酸碱平衡和体内的渗透压平衡等重要的生理作用。

蛋白质还是构成人体必需的具有催化和调节功能的各种酶和激素的主要原

料，在帮助宝宝增强体内各种器官的活性、促进食物的消化吸收、提高免疫力、提高宝宝的反应能力等方面都具有十分重大的作用。

蛋白质还是构成乙酰胆碱、五羟色氨等神经递质的重要材料，对帮助宝宝维持神经系统的正常功能，形成味觉、视觉和记忆能力具有重要的促进作用。

宝宝的需求量

7~9个月的宝宝每千克体重每天需要1.5~3克的蛋白质补充，大概是成人的3倍。

富含蛋白质的食物

蛋白质的主要食物来源是肉、蛋、奶和各种豆类食品。对1岁以内的宝宝来说，母乳是最好的蛋白质来源。不吃母乳的宝宝可以从牛奶、配方奶粉、鸡蛋、肉类、豆制品和芝麻、核桃等各种干果里获取所需要的蛋白质。

贴心小提示

1. 1岁以内的宝宝肠胃、肾脏等器官发育还不完全，消化、排泄等生理机能也比较弱，如果突然补充大量的蛋白质，很容易引起湿疹、腹泻等过敏反应。所以，给宝宝添加富含蛋白质的食物的时候，一定要循序渐进，注意不要补充过量。

2. 相比较而言，动物性食品里所含的蛋白质含有比较全面的人体必需氨基酸，质量更高一点。植物性食物中所含的蛋白质里通常会有1~2种必需氨基酸含量不足，只有和含有其他类型蛋白质的食物搭配食用，才能给宝宝提供比较全面的营养。

给宝宝提供运动能量的**碳水化合物**

碳水化合物就是糖类，主要功能是为宝宝的生长发育提供能量。母乳和牛奶中的乳糖、配方奶粉中的蔗糖、葡萄糖、玉米糖浆，还有淀粉中被人体内的淀粉酶分解后产生的麦芽糖和葡萄糖，都是宝宝可以获得和吸收的碳水化合物。大米、面粉等食物中所含的碳水化合物主要是多糖，除了提供能量，还可以为宝宝补充蛋白质、脂类、维生素、矿物质、膳食纤维等其他营养物质。而蔗糖和葡萄糖之类的双糖或单糖，则只能为宝宝补充热量，不能提供其他营养素。

除了提供能量，碳水化合物还具有构成细胞和组织、调节细胞膜的通透性、帮助人体节约蛋白质、维持脑细胞的正常功能、调节脂肪代谢等生理功能，对宝宝的生长具有非常重要的促进作用。

宝宝的需求量

7~9个月的宝宝每天每千克体重需要90~100千卡的能量，其中通过碳水化合物所获得的能量应该占总能量的50%~55%。一般来说，每天摄入50~100克可以消化的碳水化合物，就可以满足宝宝的需求。

富含碳水化合物的食物

大米、小麦、玉米、大麦、燕麦、高粱等谷类食物，甘蔗、甜瓜、西瓜、香蕉、葡萄等水果，胡萝卜、番茄等有甜味的蔬菜，蔗糖、坚果等食物中都含有丰富的碳水化合物。

贴心小提示

蔗糖是各种碳水化合物中最容易引起蛀牙的一种。为了使宝宝的牙齿得以健康发育，最好尽量避免给宝宝添加含蔗糖的食物。

增强宝宝免疫力的**核苷酸**

核苷酸是一种重要的生命物质。它是人类生命中遗传物质DNA和RNA的基本组成单位，在人体内的各器官、组织、细胞核及胞质中都有分布，对人的生长、发育、遗传等基本生命活动都有重要的参与作用。

核苷酸的另一个重要功能是可以提高免疫力，减少宝宝患病的机会。核苷酸可以促进宝宝消化系统的功能，促进双歧杆菌在宝宝肠道内的繁殖，帮助宝宝减少腹泻和肠炎的发生机会，还可以促进宝宝对铁的吸收，预防缺铁性贫血。此外，核苷酸还可以帮助宝宝调节血液中的脂质水平，促进宝宝的大脑发育。

宝宝的需求量

为了保证婴儿每天摄取合理的核苷酸，建议所有的妈妈都应该尽量做到母乳喂养。在母乳不足的情况下，应该选择添加了核苷酸的婴儿代乳品。辅食添加以后让宝宝每天吃到含核苷酸丰富的食物。

富含核苷酸的食物

母乳中含有宝宝所需的足量核苷酸，牛初乳中所含的核苷酸也非常丰富。此外，动物肝脏、海产品中核苷酸含量最丰富，豆类次之，谷物类食物含量较低。

贴心小提示

母乳中含有丰富的可利用核苷酸，可以帮宝宝提高免疫力。母乳喂养的宝宝抵抗力比较强，而一旦进入转奶期，宝宝的抵抗力就开始降低，很大程度上就是核苷酸摄入不足的缘故。

促进宝宝智力发育的 DHA

DHA俗称脑黄金,是一种对宝宝的大脑和视网膜发育具有重要促进作用的不饱和脂肪酸。

DHA是构成细胞及细胞膜的主要成分之一。在大脑皮质中,DHA是构成神经传导细胞的主要成分,对脑细胞的分裂、增殖、神经传导、神经突触的生长和发育都起着极大的促进作用,在宝宝的大脑发育过程中扮演着极为重要的角色。宝宝的视网膜感光细胞中也含有大量的DHA。这些DHA可以使宝宝的视网膜细胞变得更加柔软,进而使视觉信息更快地传递到大脑,提高宝宝的视觉功效。

此外,DHA还具有促进宝宝的生长发育、提高宝宝的机体免疫力、防止宝宝出现智力障碍等重要作用。

如果宝宝出生后不能获得足够的DHA,将会出现脑发育过程受阻或延缓、智力发育水平低下、身高及体重增长缓慢、活动能力差、视觉敏锐性差、免疫力低下等问题。就脑发育而言,大脑发育成熟后再补充DHA,并不能使宝宝大脑组织中的脂质成分发生变化,对智力改善的作用不大。所以,为宝宝提供足够的DHA,必须在宝宝的大脑发育完成之前进行。

宝宝的需求量

世界卫生组织建议婴幼儿期的宝宝每天补充100毫克DHA,以满足宝宝智力及身体发育的需要。

富含DHA的食物

除了母乳,蛋黄和海洋鱼类(如秋刀鱼、沙丁鱼、鱿鱼、鲑鱼、鲭鱼、鲣鱼等)中都含有丰富的DHA。鱼体内含量最多的则是眼窝部分,其次是鱼油。谷物、大豆、薯类、奶油、植物油、蔬菜、水果等食物中几乎不含DHA。

贴心小提示

1. 母乳是宝宝出生后获得DHA的最好来源,正常用母乳喂养的宝宝一般不需要补充DHA。如果已经开始给宝宝断奶,也可以选择添加DHA的配方奶粉或富含DHA的辅食为宝宝补充DHA。

2. 过量补充DHA,会产生免疫力低下等一系列副作用,反而对宝宝有害。

3. 最好不要用成人服用的深海鱼油为宝宝补充DHA。因为深海鱼油中含有大量的EPA,很容易造成宝宝摄入EPA过量,对宝宝的健康不利。

7~9个月宝宝身体发育情况

这个时期宝宝最显著的特点就是乳牙冒出了,而且可以用小手支撑着身体手膝爬行,匍匐取物,到八九个月的时候,有的宝宝可以自己不靠着物体坐起来了。

这个阶段宝宝的饮食,除了可以添加磨牙饼干、肉末等固体辅食来帮助宝宝磨牙外,还要给宝宝补充含碳水化合物丰富的食物,如米饭、稀粥等,给宝宝提供活动的能量。

7~9个月宝宝营养新知快递

宝宝一日饮食安排

每天白天3次，晚上两次，给宝宝喂母乳或母乳＋配方奶200~220毫升，白天的两次喂奶之间给宝宝添加馒头片（面包片）、鸡蛋羹、蛋糕、肉末、胡萝卜之类的辅食，每次50克。此外，每天1次给宝宝喂食适量鱼肝油，并保证饮用适量白开水。

添加固体辅食为断奶作准备

这个时期你可以试着给宝宝添加固体辅食了，如鸡肉、面包片等，因为宝宝口腔唾液淀粉酶的分泌功能日趋完善，神经系统和肌肉控制等发育已较为成熟，舌头的排解反应消失，可以掌握吞咽动作，而且唾液能将固体食物泡软而利于宝宝下咽。

宝宝从吸吮乳汁到用碗、勺吃半流质食物，直到咀嚼固体食物，食物的质和饮食行为都在变化，这对宝宝断奶成功是大有益处的，同时对宝宝掌握吃的本领也是个学习和适应的过程。

给出牙宝宝准备手指饼干、面包片等

这个时期的宝宝大部分长有两颗牙，咀嚼能力提高了，这时正是给宝宝吃条形饼干、条形面包或馒头干的好时机，并且此时宝宝已经可以用手抓住食物往嘴里塞，虽然掉的食物比吃进嘴里的要多。

你需要逐一加以训练，使宝宝养成

吃固体食物的习惯，因为此期宝宝乳牙萌出逐渐增多，要逐渐增加固体辅助食品，这可以训练宝宝的咀嚼动作、咀嚼能力，并且可以通过咀嚼刺激唾液分泌，促进牙齿的生长。

自制磨牙美味

宝宝牙床开始痒痒，变得喜欢咬这儿咬那儿。与其让宝宝乱啃东西，不如自己动手，做些硬度适当的食物，不仅能缓解宝宝牙床的不适，还有助于其营养的摄入。

地瓜干

原料：地瓜干

做法：将地瓜蒸熟，去皮，切成手指大小的条形，放在暖气上凉干，干透后放入保鲜袋中，存在干燥的地方，随吃随拿。

注意：如果妈妈觉得宝宝特别小，地瓜干又太硬，怕伤害宝宝的牙床，你只要在米饭煮熟后，把地瓜干放在米饭上焖一焖，就会变得又香又软。但因为地瓜有滑肠的作用，所以不要吃太多。

双色咬"胶"

原料：胡萝卜半根，黄瓜半根

做法：把胡萝卜切成成人手指粗细和长度的条，放到开水中煮熟，熟后放进凉开水中；黄瓜洗净后切成同样大小的长条，将胡萝卜捞出，与黄瓜同放小碗中。

注意：胡萝卜煮时必须等水滚开后才能下锅，如果水没烧开就下锅，胡萝卜的艳红色便会褪减，同时还必须注意不要加盖焖煮。因为胡萝卜属于脂溶性的，因此，可随餐吃些含油的食物，如一块曲奇。若把胡萝卜条放到冰箱里稍微冻一下，更适合那些对食物硬度要求高的宝宝。

怎样给宝宝作口腔保健

妈妈要尽量避免将食物咀嚼后再喂食宝宝,因为蛀牙的细菌会通过照顾者(父母或保姆)的唾液传染给宝宝。

牙齿的健康需要均衡及足够的五大类营养素,所以应从添加辅食时,就让宝宝养成多吃纤维食物、多喝水、少吃含糖食物的饮食习惯。

避免宝宝含着奶瓶睡觉或喝完牛奶就睡觉,宝宝长时期含着奶瓶睡觉,或喝完牛奶就睡,会造成牙齿长时间浸泡在酸性环境中,久而久之,便会造成乳牙脱钙,进而导致蛀牙,因此应该避免。

每半年带宝宝进行一次口腔检查。

宝宝一吃辅食就吐该怎么办

有时候宝宝不喜欢吃辅食的原因是他不喜欢用勺子或者吃干性的食物,其实他吃的米汤或鸡汤已经证明他是可以接受除奶以外的食物的。

解决的办法是把米粉、蛋黄等从少量开始加入宝宝吃的鸡汤或者米汤中,让宝宝继续用他的奶瓶,不知不觉中让他接受这些食物的味道。

也可以先从米汤或者鸡汤开始,让宝宝逐渐适应勺喂的方式,因为勺子比奶头硬,会引起宝宝不愉快,可能他会拒绝食用或者一吃就吐,因此你需要一定的时间和耐心,千万不可强迫宝宝吃。

宝宝不喜欢吃蔬菜怎么办

宝宝在第八个月的时候，对于食物的好恶也逐渐明显起来了。不喜欢蔬菜的宝宝，给他喂菠菜、卷心菜或胡萝卜等时就会用舌头向外顶。因此，给宝宝吃这类食物时，就要想办法做成让宝宝不能选择形式的食物来喂，如切碎放入汤中或做成菜肉蛋卷等让宝宝吃。

对于宝宝的偏食嗜好，不必急着在婴儿期就去强行改变，在一定程度上努力是可以的，但不能过于勉强，有许多在婴儿期不爱吃的东西，到了幼儿期，宝宝就会高高兴兴地吃。

为什么宝宝缺钙会引起腹痛

因为人体中1%的钙存在于软组织和细胞外液中，这部分钙量虽小，作用却很大。如果血液中游离钙离子偏低，神经肌肉的兴奋就会增高，此时，肠壁的平滑肌受到轻微的刺激就会产生强烈收缩，即肠痉挛而引起腹痛。

为防止宝宝缺钙性腹痛，平时要多吃些富含钙的食物，如乳类、蛋类、豆制品、海产品等。

宝宝容易食物过敏怎么办

食物过敏是这个阶段较为常见的小儿过敏性疾病的一种。表现为吃了易过敏的食物而发病。这种病情有两种类型：一种是速发型过敏反应，表现为吃了过敏食物两小时内出现呕吐、腹痛、腹泻，可能会发热，甚至呕血、便血、过敏性休克；另一种为缓发型过敏反应，在吃了过敏性食物后两天内出现荨麻疹、血尿、哮喘发作等。常见的易引起过敏的有鸡蛋、牛奶、花生、大豆、小麦、鱼、虾、鸡肉等含蛋白质较丰富的食物。第一种情况少见，可一旦发生危险极大；第二种较为常见。如果怀疑宝宝有食物过敏，要及时到医院确诊，并采取相应措施，如暂时不再喂这种食物等。

宝宝爱吃罐头，可以经常喂食吗

罐头食品和密封的肉类食品加工时都要加入一定的防腐剂、色素等添加剂。由于宝宝身体各组织对化学物质的反应及解毒功能都较低，食入了上述成分，会加重脏器的解毒排泄负担，甚至会因为某些化学物质的积蓄而引起慢性中毒。因此尽量不要给宝宝食用此类食品，可以花点时间做些美味的辅食喂宝宝。

如何面对宝宝的厌奶期

宝宝厌奶的现象普遍发生在6个月之后，甚至有的宝宝在4个月左右便有厌奶的现象。要让宝宝度过厌奶期，妈妈要做到：

不宜随意更换牛奶

考虑替宝宝换奶时，须采用渐进式的添加方式（每天半匙添加新奶粉直至全部更换为止）。

了解原因，补充需求

如果宝宝的厌奶现象是因为生病了，那就必须先依症状的不同给予适当的食物。

营养足够的替代品

宝宝不喜欢喝富含钙质的牛奶，父母可提供一样含钙的食物替代品，如：小鱼干、骨头汤等以补其不足。

减少外界的刺激

宝宝容易因分心而忘记"吃"，因此给宝宝一个安静的进食环境，是非常重要的。

留意奶嘴的设计

有的宝宝厌奶可能是因为奶嘴的口径大小不适合吸吮，使他无法顺利喝奶，把奶瓶倒过来，标准口径的牛奶会成水滴状陆续滴出，奶水滴得太快或太慢都容易造成宝宝的不适感，从而引起厌奶。

宝宝挑食怎么办

这个时期的宝宝爱挑食，今天挑选这个吃，明天挑选那个吃，这一餐饭这种食品多吃一点，那一餐饭另一种食品多吃一点。其实，宝宝这时表现出来的挑挑拣拣，是一种无意识的、毫无目的的，其中包含着一定的游戏成分。当宝宝表现出不喜欢某种饮食时，有的家长就会一味地迁就，这些家长常常是以满足宝宝的好恶为己任，从而忽略了劝说和引导。当宝宝表现出喜欢吃某种食品时，父母马上就会心领神会，迫不及待地专程去采买，只顾让宝宝能多吃一些，就会感到心安理得，而忽略了对宝宝饮食习惯的培养。久而久之，家长的行为强化了宝宝的行为，宝宝便养成吃饭挑食的坏习惯。所以归根结底，宝宝之所以养成挑食的不良习惯，与家长照料失误有直接的关系。

经常挑食的宝宝，会造成某种或几种营养素的缺乏，直接影响宝宝的健康和正常的生长发育。所以，一定要帮助宝宝纠正挑食的坏习惯。

如何让宝宝不挑食

1. 避免边进食边做其他事情，创造一个良好的进食环境。
2. 用语言赞美宝宝不愿吃的食物，并带头品尝，故意表现出很好吃的样子。
3. 宝宝对吃饭有兴趣后，你要经常变换口味，以防宝宝对某种食物厌烦。
4. 适时给宝宝添加蔬菜类辅食，蔬菜汁或蔬菜水。
5. 包子、饺子等有馅食物大多以菜、肉、蛋等做馅，这些食物便于宝宝咀嚼吞咽和消化吸收，且味道鲜美、营养全面，对于不爱吃蔬菜的宝宝不妨给他们吃些带馅食品。

宝宝的食欲也会像大人那样随着情绪而变化，如宝宝不喜欢某种食物的颜色而不愿意吃它，或跟大人闹情绪而影响食欲，这些是正常的现象，家长不用担心。只要在辅食添加方面逐渐让宝宝接受就好了。

为什么不宜常用豆奶喂宝宝

豆奶是以豆类为主要原料制成的,豆奶含有较多的蛋白质及镁、B族维生素等,是一种较好的健康饮品。

但是妈妈不宜常用豆奶喂婴儿,因为研究证明,喝豆奶长大的宝宝,成年后引发甲状腺或生殖系统疾病的风险系数较大。豆奶所含的蛋白质主要是植物蛋白,而且豆奶中含铝较多,如果经常喝豆奶可使体内铝增多,影响大脑发育。

大豆能使体内的胆固醇降低,保证体内激素的平衡等,然而婴儿食用大豆则会产生相反的效果。大豆中含大量植物雌激素,成人所摄入的一般植物雌激素可在血液中与雌激素受体结合,从而有助于防止乳腺癌的发生,而婴儿摄入体内的植物雌激素只有5%能与雌激素受体结合,使其他未能吸收的植物雌激素在体内积聚,这样就有可能对每天大量饮用豆奶的婴儿将来的性发育造成危害。

所以宝宝必须少喝豆奶。

宝宝爱吃甜食怎么办

对宝宝来说,可以从甜食中得到蛋白质、脂肪、碳水化合物、无机盐、维生素、膳食纤维、水和微量元素。对于甜食,不是说宝宝绝对不能吃,而是应给予一个合理的比例。

宝宝甜食吃得太多,他的味觉会发生改变,他必须吃很甜的食物才会有感觉。导致宝宝越来越离不开甜食,甜食也越吃越多,而对其他食物缺乏兴趣。

过多地吃甜食还会影响宝宝的生长发育,导致营养不良、龋齿、"甜食依赖"、精神烦躁、加重钙负荷、降低免疫力、影响睡眠以及出现内分泌疾病。

要培养宝宝的口味,让宝宝享受食物天然的味道,给宝宝提供多样化的饮食,保证营养的均衡,控制宝宝每天吃甜食的量。

饭前饭后以及睡觉前不要给宝宝吃甜食,吃完甜食后要让宝宝漱口。父母榜样的力量是无穷的。想让宝宝少吃甜食,父母首先要控制自己吃甜食的量。

开始训练宝宝自己吃饭

八九个月的宝宝在吃饭的时候总想自己动手,这时可以手把手地训练宝宝自己吃饭。妈妈要与宝宝共持勺,先让宝宝拿着勺,然后妈妈帮助把饭放在勺子上,让宝宝自己把饭送入口中,但更多的是由你帮助把饭送入口中。

注意不要让宝宝躺着或边玩边吃,以免噎着宝宝或使食物掉得到处都是。好的餐桌礼仪和饮食习惯是需要从小培养的。

怎样培养宝宝定时、定点吃饭的好习惯

这个时期是培养婴儿定时、定点吃饭的好机会,可以让他养成良好的就餐习惯。

八九个月的宝宝大多数可以通过餐具进食了,妈妈可以每次让宝宝坐在固定的场所和座位上(一般常选在推车上或宝宝专用椅上)来喂饭,让宝宝使用自己专用的小碗、小匙、杯子,让宝宝明白,坐在这个地方就是为了准备吃饭,每次坐下后,看到这些餐具便通过条件反射知道该吃饭了。

这时婴儿对吃饭的兴趣是比较浓的,急于想吃到东西,很愿意听从父母的安排,坐在自己的饭桌前,高兴地等待香甜的饭菜。久而久之,坐在一处吃饭的良好习惯就养成了。

如果到了1岁多再来培养就晚了。1岁的宝宝兴趣日益广泛,再也不把大部分精力集中在吃饭上而是玩上,根本不会老老实实地坐着吃饭,绝大多数宝宝也就养成了边吃边玩的习惯。

7~9个月宝宝护理课堂

宝宝晚上睡觉为什么爱出汗

有些1岁以下的宝宝晚上睡觉总是出汗，夏季自然是大汗淋漓，有时冬季寒冷的时候甚至也会看到入睡后宝宝的额头上会布满一层小汗珠，这是什么原因造成的呢？

一般而言，如果宝宝只是出汗多，但精神、面色、食欲均很好，吃、喝、玩、睡都正常，就不是有病。那是因为宝宝新陈代谢旺盛，产热多，体温调节中枢又不太健全，调节能力差，只有通过出汗来进行体内散热，这是正常的生理现象。父母要做的，就是经常给宝宝擦汗。

但若宝宝出汗频繁，且与周围环境温度不成比例，尤其是夜间入睡后出汗多，同时伴有其他症状，如低热、食欲不振、睡眠不稳、易惊等，就说明宝宝有些缺钙。如还有方颅、肋外翻、O形腿、X形腿症状，则说明缺钙较严重，需合理补充钙及鱼肝油。此外也有可能是患有结核病和其他神经血管疾病以及慢性消耗性疾病造成的，这时父母应该带宝宝去医院检查，找出病因，及时治疗。

不要给宝宝盖厚穿多

如果宝宝在夜间睡着了之后总是踢被，父母应该注意不要给宝宝盖得太多、太厚。特别是在宝宝刚入睡时，更要少盖一点儿，等到夜里冷了再加盖。稍微盖薄一些，宝宝不会冻坏，盖得太厚，宝宝感觉燥热，踢掉了被子，反而容易着凉感冒。

宝宝穿的衣服薄厚也应适宜，穿得太少，宝宝的手、脚都发凉，容易生病，穿得太多，活动起来不方便，一动就会出汗。出汗之后，再一受风更容易着凉。

夏季可以给宝宝剃光头吗

夏天，宝宝的头发不宜留得过长，因为除了通过呼吸排出人体部分热量外，皮肤排汗是排出热量的主要途径。但给宝宝剃太短的头发或剃光头也不可取，那样会导致以下几种疾病发生：

1. 皮肤感染：剃短发或光头虽然在一定程度上可以帮助排汗，但汗液里的盐分也直接刺激皮肤，宝宝会觉得头皮瘙痒。另外，因宝宝头发较少，一出汗就会不自觉地用手去抓痒，一旦抓出伤痕，就很容易引起细菌感染。

2. 日光性皮炎：头发是天然"遮阳伞"，可以使头部皮肤免受强烈的阳光刺激。如果宝宝头发过短或根本没有头发，无疑等于失去"遮阳伞"保护，从而增加了患日光性皮炎的可能。

3. 损坏毛囊：剃短发或剃光头，增加了宝宝头部皮肤受创的机会。而宝宝头部皮肤的抓伤或玩耍时的磕碰所致的外伤，都可能会引发头部皮肤上出现细菌感染。如果细菌侵入宝宝头发根部，损坏毛囊，便会影响头发的正常生长，甚至导致谢顶。

宝宝被蚊虫叮咬后应该怎样处理

蚊叮虫咬是夏、秋季宝宝常见的皮肤损害。被叮咬的皮肤发生炎性反应，呈红色豆疹、风团或淤点状。仔细观察在被叮咬处中央可见到蚊虫叮咬点，针头大小，呈暗红色，豆疹散在于皮肤暴露部位，如头面、四肢等处，有奇痒、烧灼或疼痛感。宝宝则烦躁、哭闹。不要让宝宝抓丘疹或丘疱疹，否则可引起继发感染。

对于蚊虫叮咬的处理，一般处理方法主要是止痒，可外涂虫咬水、复方炉甘石洗剂，也可用市售的止痒清凉油等外涂药物。

同时，要注意经常给宝宝洗手，剪指甲，以防宝宝因为蚊虫叮咬后痒而搔抓叮咬处，导致继发感染。如果宝宝皮肤上被叮咬的数目过多，症状较重或有继发感染，最好尽快送宝宝去医院就诊，可遵医嘱内服抗生素消炎，同时及时清洗并消毒

被叮咬的部位，适量涂抹红霉素软膏。

如果家里没有准备止痒清凉油等药物，妈妈可以将适量肥皂泡沫给宝宝涂抹止痒。蚊虫叮咬时，在蚊子的口器中分泌出一种有机酸——蚁酸，这种物质可引起肌肉酸痒。肥皂含高级脂肪酸的钠盐，这种脂肪酸的钠盐水解后显碱性，可迅速消除痛痒。

如何清除宝宝耳屎

"耳屎"在医学上称为耵聍，是由外耳道中的耵聍腺分泌出来的浅黄色黏液状物质。当外界的灰尘进入外耳道时，被耳毛挡住，被黏液粘住，加上外耳道脱落的上皮细胞干燥以后形成一片片薄薄的耵聍附着在外耳壁上。由于人们不断地吃东西、说话，使下颌关节运动，把分泌的耵聍挤出去。

当外耳道患有慢性炎症或被堵塞时，外耳道的异物、分泌物增多，若与脱落的上皮细胞和进入外耳道的灰尘混合在一起，耵聍会很坚硬，如不及时清理，会使耵聍越积越多，堵塞了外耳道，还可以引起中耳炎，出现全身症状。耳朵内的炎症常常可以造成婴幼儿听力下降，甚至会造成耳聋，使宝宝落下终身残疾。因此有耵聍时应及时清理。

有些年轻父母喜欢用发夹、耳挖子给宝宝取耵聍，其实这是很不安全的，容易发生意外事故。耵聍会因人们的咀嚼动作和不断地说话，被移送到外耳道的外口附近，可以用棉签将其卷出来，若比较坚硬的耵聍，可滴少许苏打水或耵聍水将其泡松，再慢慢地取出。

怎样为学步的宝宝挑选鞋子

一般来说，穿鞋子除了美观之外，最主要的功能是保护脚。宝宝的脚长得快，特别是会站会走以后，选择一双大小合适的鞋子就非常重要了。因为宝宝还小，即使鞋子穿着不舒服也无法告诉妈妈，所以妈妈需要知道怎样为宝宝选择鞋袜才能有利于宝宝小脚的生长发育。

1. 看尺寸：宝宝的脚趾碰到鞋尖，脚后跟可塞进大人的一个手指为宜，太大与太小都不利于宝宝的脚部肌肉和韧带的发展。

2. 看面料：布面、布底制成的童鞋既舒适，透气性又好；软牛皮、软羊皮制作的童鞋，鞋底是柔软有弹性的牛筋底，不仅舒适，而且安全。不要给宝宝穿人造鞋、塑料底的童鞋，因为它不透气，还易滑倒摔跤。

3. 看鞋面：鞋面要柔软，最好是光面，不带装饰物，以免宝宝在行走时被牵绊，以致发生意外。

4. 看鞋帮：刚学走路的宝宝，穿的鞋子一定要轻，鞋帮要高一些，最好能护住踝部。宝宝宜穿宽头鞋，以免脚趾在鞋中相互挤影响脚的生长发育。鞋子最好用搭扣，不用鞋带，这样穿脱方便，又不会因鞋带脱落，踩上跌跤。

5. 看鞋底：会走以后，可以穿硬底鞋，但不可穿硬皮底鞋，以胶底、布底、牛筋底等行走舒适的鞋为宜。鞋底要富有弹性，用手弯可以弯曲，防滑，稍微带点鞋跟，可以防止宝宝走路后倾，平衡重心，鞋底不要太厚。

PART3 好吃的越来越多，固体辅食添加关键期（7~9个月）

7~9个月宝宝明星食材推荐

鸡胸肉

鸡胸肉是鸡胸部内侧的肉,不但肉质细嫩,味道鲜美,还含有丰富的蛋白质、磷脂、维生素A、B族维生素、维生素D、维生素K、磷、铁、铜、锌等营养物质,具有温中、益气、补虚、活血、健脾胃、强筋骨的功效,对营养不良、怕冷、容易疲劳、贫血的宝宝来说,鸡胸肉还是非常好的食疗食物。

鸡胸肉是鸡肉中蛋白质含量较多的部位,并且所含的蛋白质非常容易被宝宝消化和吸收,能够很好地为宝宝增强体力、强壮身体。鸡胸肉中的磷脂,不但是细胞膜的重要构成成分,还对促进宝宝的大脑和神经细胞发育、增强细胞的活力、维持正常的新陈代谢、调节基础代谢及内分泌平衡、增强宝宝的机体免疫力发挥重大的助益作用。鸡胸肉中的维生素A和B族维生素,具有维持宝宝正常的生长发育、帮助宝宝预防夜盲症、脚气病和帮助宝宝增强免疫力的作用。

烹调的要点

1 肉的表面比较干或者水分较多,肉质稀松的鸡肉是不新鲜的鸡肉,最好不要给宝宝吃。

2 鸡胸肉属于高蛋白、低脂肪的肉类,最好用煮或蒸的方式进行烹调,才能最大限度地保存肉中的营养。

鸡汤南瓜泥

推荐食谱

材料： 鸡胸肉1块，南瓜1小块，淡盐水适量

做法： ❶将鸡胸肉放入淡盐水中浸泡半小时，然后将鸡胸肉剁成泥，加入1大碗水煮；将南瓜去皮，放另一只锅内蒸熟，用勺子研成泥。

❷当鸡肉汤熬成1小碗的时候，用消过毒的纱布将鸡肉颗粒过滤掉，将鸡汤倒入南瓜泥中，再稍煮片刻即可。

鸡胸肉还可以这样吃

鸡茸玉米面

材料：鸡胸肉30克，玉米粒20克，干面条50克

做法：❶将鸡胸肉与玉米粒剁碎。
❷面条置于滚水中煮5分钟。
❸加入鸡胸肉与玉米碎粒，共同煮至面条熟烂即可。

鸡胸肉还可以这样吃

香菇鸡粥

材料：大米50克，鸡胸肉50克，香菇2朵，青菜1棵，葱、盐、酱油各少许

做法：❶将大米淘洗干净；香菇用温水泡软剁碎；鸡胸肉剁成泥状；青菜、葱切碎。
❷油锅烧热后，加入葱花、鸡胸肉、香菇末翻炒，滴入少许酱油炒入味，大米下入锅中翻炒几下，使之均匀地与香菇、鸡胸肉等混合。
❸加入适量清水于锅中，加盖熬煮成粥，待熟后再放入碎青菜稍煮，加入少许盐调味即可。

白米饭

白米饭就是用大米煮成的饭。白米饭中含量最高的营养物质是碳水化合物，可以为宝宝的生长发育提供足够的热量。此外，白米饭中还含有维生素A、B族维生素、维生素E、磷、铁、镁、钾、钙等多种营养物质，具有补中益气、健脾养胃、和五脏、通血脉的作用，是宝宝成长过程中必不可少的主食。

为宝宝煮米饭，首先要挑选适合宝宝吃的优质大米。优质大米的特点是：米粒整齐饱满，表面富有光泽，闻起来有清香味，放到口中嚼时能感觉到甜味，大小均匀，没有"腹白"或"腹白"很少（大米腹部不透明的白斑，部分米质蛋白质含量较低，含淀粉较多），糠屑、碎米少，没有粘连或结块，也没有虫害和其他杂质。陈化米，发黄的大米，外表过于鲜亮、光滑的大米，在闻或嚼的过程发现有异味的大米，经60℃的热水泡5分钟后能闻到农药味、矿物油味、霉味等气味的大米都会对宝宝的健康产生不利影响，不宜给宝宝食用。

7~9个月的宝宝消化能力还比较弱，还不能吃爸爸妈妈平时吃的米饭，只能吃煮得特别软的米饭，否则容易出现消化不良。

烹调的要点

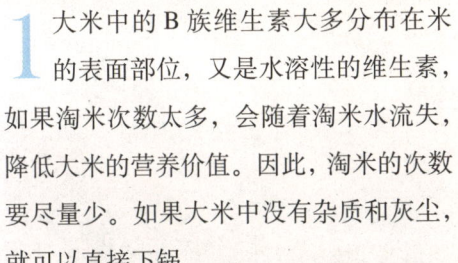

1 大米中的B族维生素大多分布在米的表面部位，又是水溶性的维生素，如果淘米次数太多，会随着淘米水流失，降低大米的营养价值。因此，淘米的次数要尽量少。如果大米中没有杂质和灰尘，就可以直接下锅。

2 没有经过精磨的大米一般很硬，不容易煮软，如果先把米泡上一段时间，就很容易煮软了。但是要注意：泡过大米的水一定不能扔，要和米一起下锅，因为水中含有很多水溶性的营养物质，扔了不利于提高大米的营养价值。

3 现在的自来水中一般加了氯气，对大米中的维生素B_1具有破坏作用。所以，煮米饭或煮粥的时候最好先把水烧开，再将米下入锅中。这样可以使水中的氯提前挥发掉，为宝宝保留更多的营养。

土豆稀饭

材料：土豆半个，粳米50克，盐或白糖少许

做法：❶ 土豆洗净，切块；粳米淘洗干净，放水在电饭煲内煮成软饭。
❷ 土豆加水煮至烂糊，加入少许盐或白糖搅匀，盖在软饭上边喂给宝宝吃边搅拌。

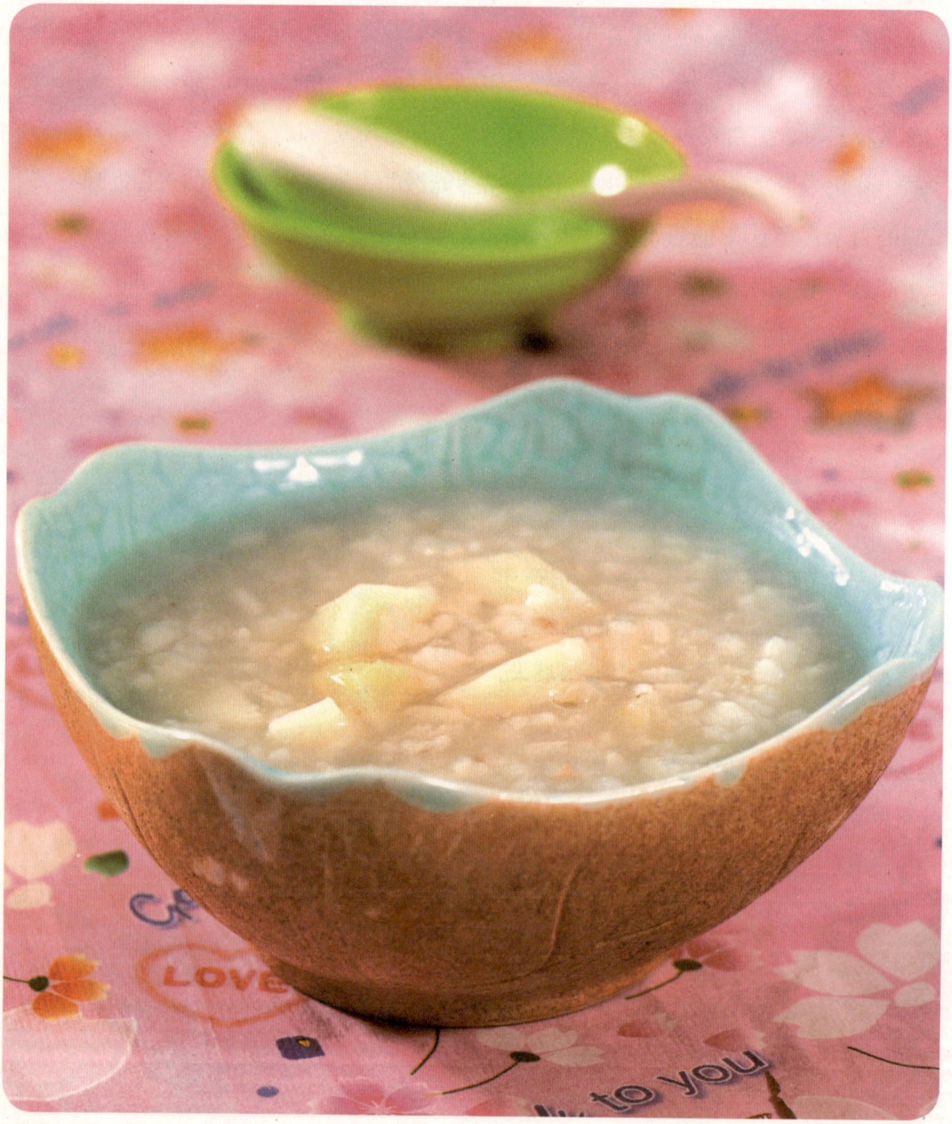

白米饭还可以这样吃 ························ 牛肉软饭

材料：白萝卜25克，牛肉50克，粳米50克

做法：❶牛肉洗净，切碎；白萝卜洗净，去皮，切小块；粳米淘洗干净，放水在电饭煲内煮成软饭。
❷将牛肉氽烫后煮熟，放入白萝卜，炖至软烂，加入少许盐，盖在软饭上边喂给宝宝吃边搅拌。

白米饭还可以这样吃 ························ 葡萄干软饭

材料：葡萄干25克，苹果1小块，糯米50克

做法：❶苹果洗净，去皮，切丁；葡萄干洗净；糯米淘洗干净。
❷锅中放入葡萄干和糯米，加入适量清水，同煮熟，放入苹果丁拌软饭。

面包

面包是一种用谷物（主要是小麦）磨成的粉和酵母、鸡蛋、油脂、果仁等辅料加水和成面团，经过发酵、整形、成形、焙烤、冷却等过程加工而成的焙烤食品。面包中主要营养物质是碳水化合物，此外还含有一定量的蛋白质、脂肪、维生素 B_1、维生素 B_2、维生素 PP（尼克酸）、维生素 E 和钙、铁、磷、钾、镁等矿物质，有养心益肾、健脾厚肠、除热止渴的功效。面包不但松软可口，容易消化，还能使宝宝在消化过程中提高对其他营养素的吸收和利用，并具有改善肠胃功能的效果，是一种非常适合宝宝的营养食物。

烹调的要点

1 不要给宝宝吃刚出炉的面包。由于刚出炉的面包还在发酵，马上吃容易使宝宝患胃病，所以坚决不能吃。一般来说，出炉两小时以后的面包才不至于对宝宝的胃产生伤害，并且还可以使宝宝品尝到面包本身的风味，比较适合宝宝吃。

2 不要给宝宝吃体积过大的面包。这种面包有发酵过度的可能，也有营养被破坏的可能，最好不要给宝宝吃。

3 面包中热量最高的是"丹麦面包"，它的特点是要加入20%~30%的黄油或"起酥油"，使面包中的饱和脂肪酸和热量的含量大大提高，并且可能含有对心血管健康非常不利的"反式脂肪酸"，最好不要给宝宝吃。

4 尽量给宝宝吃新鲜的面包。商场正在促销打折的面包很多都是即将过期的面包，购买时一定要睁大眼睛，看看是否已经临近过期。

推荐食谱

面包粥

材料：面包1片，肉汤2小匙

做法：❶将面包切成均匀的小碎块。
❷面包和肉汤一起放入锅内煮，面包变软后停火即可。

面包还可以这样吃 ················· ## 水果面包

材料： 面包1片，酸奶2小匙，宝宝喜欢的水果少许

做法： ❶将面包的硬边去掉，切片，涂上2小匙酸奶。
❷水果洗净，切薄片或切碎，放在面包上。
❸将面包卷起包好后切成适合宝宝入口的小块即可。

面包还可以这样吃 ················· ## 面包布丁

材料： 全麦面包15克，牛奶半杯，鸡蛋1个，白糖、色拉油各适量

做法： ❶将鸡蛋磕在碗内，搅散。
❷将面包切丁，与牛奶、白糖混合均匀。
❸取碗1只，内涂色拉油，放入上述材料，入屉蒸约10分钟即可。

牛奶

牛奶中除了含有丰富的优质蛋白质，还含有大量的脂肪、水、乳糖、B族维生素、钙、磷、铁、钾等营养物质，并且很容易被消化和吸收，是一种营养价值很高、值得宝宝享用一生的天然食品。

牛奶分为鲜牛奶和牛奶制品两种类型。鲜牛奶中含有比较多的大分子蛋白质（主要是酪蛋白），比较不容易被宝宝吸收利用，碘、镁、叶酸等营养物质的含量也比较少，特别是缺少能促进宝宝大脑发育的卵磷脂，比较不适合宝宝作为主食来喝。相对而言，配方奶粉对牛奶中的大分子蛋白质进行了分解，还添加了α-乳清蛋白、DHA、AA、牛磺酸、铁、锌等营养成分，比较适合1岁以内的宝宝作为母乳的主要替代品来饮用。

目前市场上出售的配方奶粉主要有高乳糖配方和低乳糖配方两种，高乳糖配方奶粉中的乳糖含量接近母乳，适合大部分宝宝食用；低乳糖配方奶粉中的乳糖含量仅在20%左右，比较适合喝牛奶会出现腹胀、腹泻等不适，对乳糖的耐受性较差的宝宝食用。患腹泻或短肠症的宝宝，可以选用水解蛋白配方奶粉。缺铁的宝宝则要选择高铁奶粉。

在为宝宝选择奶粉的时候，还要看奶粉中α-乳清蛋白的含量，尽量选择α-乳清蛋白含量接近母乳的配方奶粉。

烹调的要点

1 加热到60℃~62℃的时候，牛奶中的蛋白质就会变得不容易消化；高温加热的时间太长，还会使牛奶中的磷酸盐变成沉淀，并生成少量甲酸，使牛奶变酸。所以，煮牛奶的时候，千万不能使牛奶沸腾过久。

2 牛奶与糖同煮会使牛奶中的氨基酸和糖起反应，生成一种不容易被消化的果糖氨基酸，降低牛奶的营养价值，所以，煮牛奶的时候最好不要加糖。如果想为宝宝改善口味，应该在牛奶煮好、凉至微温时再加糖。加糖的时候也不能太多，一般每100克牛奶加5~8克糖（大约1/3汤匙）比较合适。

推荐食谱

红枣牛奶粥

材料：大米2大匙，牛奶半杯，水、红枣各适量

做法：❶将大米淘洗干净，用水泡1~2小时。

❷锅置火上，放入大米、红枣和适量清水，煮粥，煮开后用小火再煮40~50分钟，在停火前将牛奶放入粥锅内，再煮片刻即可。

牛奶还可以这样吃 ·· ### 蛋黄奶

材料：鸡蛋1个，牛奶200毫升。

做法：❶鸡蛋带壳水煮，熟后取出蛋黄，按照需要量用羹匙压成粉糊状。
❷牛奶煮熟，加入蛋黄糊，即成蛋黄奶。

牛奶还可以这样吃 ·· ### 牛奶藕粉

材料：藕粉2小匙，牛奶小半杯

做法：❶将藕粉和牛奶一起放入锅内，加水混合均匀。
❷锅置火上，用小火熬，边熬边搅拌，直到熬成透明糊状为止。

豆制品

豆制品是用大豆、小豆、绿豆、豌豆、蚕豆等豆类为主要原料,经加工而成的食品,主要有豆腐、豆浆、豆腐丝、豆腐皮、豆腐干、腐竹、素火腿、腐乳、豆豉等品种。其中腐乳、豆豉是经过微生物发酵制成的,不但含有丰富的蛋白质,并且由于大豆中的大分子蛋白质在发酵过程中被分解成小分子的肽和氨基酸,更容易被宝宝消化和吸收。发酵豆制品中的维生素 B_{12} 含量相对较高,对帮助宝宝提高造血机能、维护宝宝的神经系统健康、促进宝宝的生长发育具有重要作用。豆腐、豆浆、豆腐丝、豆腐皮、豆腐干、腐竹等非发酵豆制品除了含有丰富的蛋白质,还含有丰富的钙、磷、铁、维生素 B_1、维生素 B_2 和纤维素等营养物质,对帮助宝宝补充蛋白质、促进宝宝的骨骼生长、帮助宝宝预防缺铁性贫血、佝偻病、脚气病也具有十分重要的作用。

在宝宝生长发育的过程中,适当地为宝宝添加一些豆制品,对帮助宝宝补充营养,保证宝宝的健康成长具有十分重要的意义。

烹调的要点

1 选购豆制品时,要尽可能选择有品牌、有包装的豆制品。外观过于鲜亮的豆制品大多是经过漂白、染色等方式处理过的,安全隐患比较多,最好不要购买。

2 国内厂家制作发酵豆制品普遍存在含盐量高的问题,容易使宝宝摄入过量的钠,所以一定要注意控制宝宝的食量。

3 豆制品一定要充分加热后再给宝宝吃。因为豆类食品中的胰蛋白酶抑制剂、肠胃胀气因子等物质只有在高温下才能够被分解。吃烧不透的豆制品,不但影响豆制品中营养物质的消化和吸收,还容易使宝宝出现腹胀。

推荐食谱

什锦豆腐

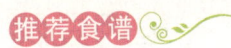

材料： 猪肉末25克，豆腐100克，海米汤半碗，碎木耳25克，白糖和酱油各少许

做法： ❶将洗干净的豆腐放入热水中汆烫后捞出，用勺研碎。

❷将肉末和碎木耳加海米汤放入锅内，上火煮一会儿后，加入切碎的豆腐和少许白糖，再煮片刻，加入少许酱油即可。

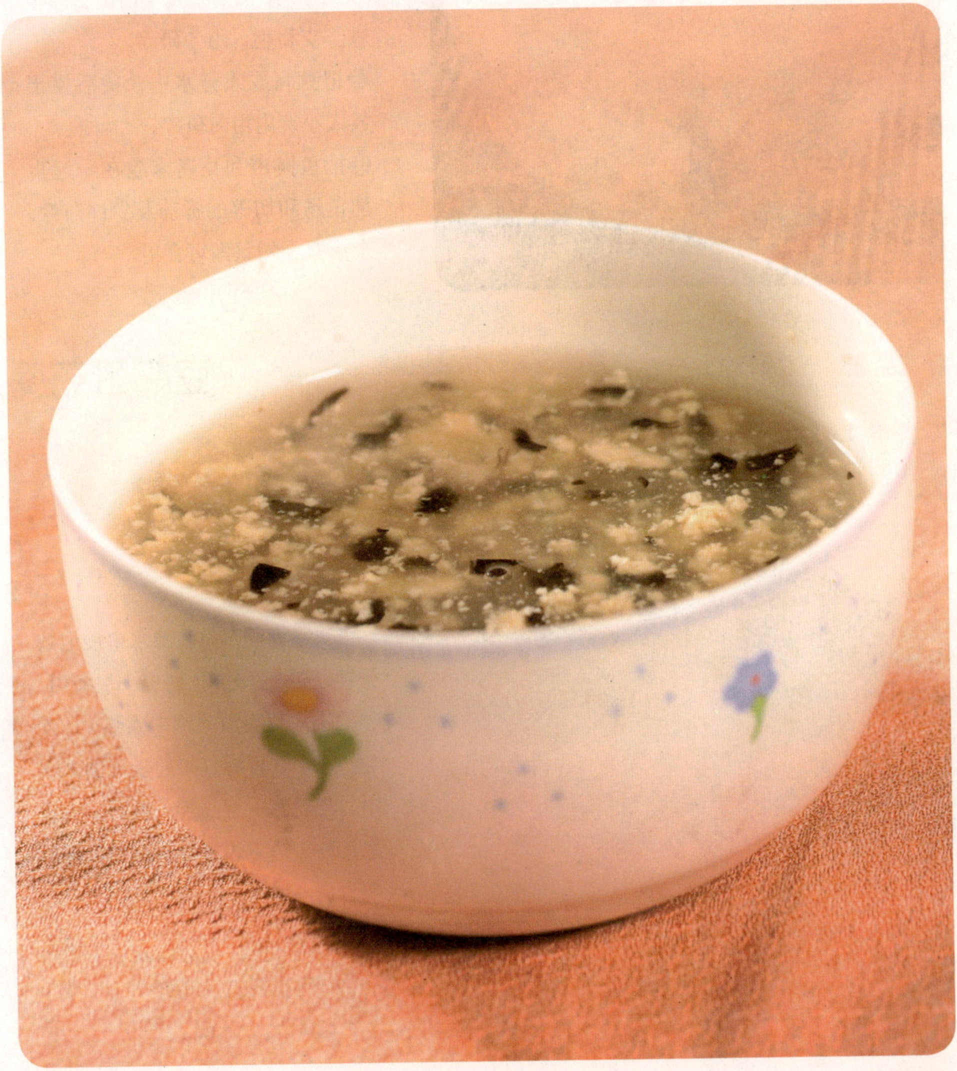

豆制品还可以这样吃 ·· ## 鱼肉豆腐

材料： 豆腐 100 克，鲜鱼 50 克，番茄 1/4 个，鱼汤半碗，白糖、葱、姜、料酒各少许

做法： ❶将鲜鱼洗净，切成小段，放入锅中加水、葱、姜、料酒上火煮至开锅，然后把鱼块捞出去掉鱼骨、皮和刺，用勺研碎。
❷把豆腐放入开水中余烫后捞出放入小碗内用勺研碎。
❸把鱼肉末和豆腐末放在一起再加鱼汤和切碎的番茄及少许白糖，上火煮至糊状即可食用。

豆制品还可以这样吃 ·· ## 豆腐蛋花羹

材料： 豆腐 100 克，蛋黄半个，水淀粉、葱末、盐各少许

做法： ❶将豆腐先在沸水中浸泡数分钟，去掉豆腥味，切成小块备用。
❷把小块豆腐放入锅中煮热，加入盐、葱末，再将打匀的蛋黄倒入锅中，与豆腐一起搅拌，最后加少许水淀粉，边煮边搅拌成羹状，即可喂食。

动物肝脏

动物肝脏是动物体内储存养料的重要器官，含有丰富的蛋白质、脂肪、维生素A、维生素 B_2、铁、锌等营养物质，可以很好地促进宝宝的生长发育，并具有帮助宝宝预防缺铁性贫血、夜盲症、干眼病、角膜炎等基本的作用。

动物肝脏中的维生素 A 含量很高，远远超过牛奶、鸡蛋、瘦肉、鱼等食物，对促进宝宝正常的生长发育，保护宝宝体内的黏膜和上皮组织，促进视网膜发育，预防夜盲症、干眼病、角膜炎等眼病具有明显的好处。肝脏还是一种含铁量非常丰富的食物。食用动物肝脏，可以促进宝宝体内的红细胞生成，帮助宝宝预防缺铁性贫血。动物肝脏中还含有维生素 B_2，可以帮助宝宝提高免疫力，预防各种疾病，更加健康快乐地成长。

一般来说，鸡肝、猪肝比较适合给宝宝吃。鱼肝、狗肝具有一定的毒性，坚决不能给宝宝吃。

烹调的要点

1 购买肝脏时，一定要注意选择健康、新鲜的肝脏。凡是出现淤血、异常肿大、肝内有白色结节、有肿块、干缩、坚硬、胆管明显扩张、流出的胆汁污浊、可以看到有虫等现象，都说明是有问题的肝脏，不宜食用。

2 肝脏是动物的最大解毒器官，食用前必须彻底消毒。消毒方法一般是用清水反复浸泡 3~4 小时，并在水龙头下反复冲洗，直到彻底去除肝内积血，才能烹饪食用。

3 肝脏一定要彻底煮熟，才能给宝宝吃。坚决不能给宝宝吃半生不熟的肝脏。

 ## 猪肝泥

材料： 新鲜猪肝50克，酱油少许，牛奶、菜水或米汤各适量，清水适量

做法： ❶将新鲜猪肝去筋，切成碎末，加少许酱油泡一会儿。
❷在锅内放少量水煮开，放入猪肝末煮5分钟。
❸加入牛奶、菜水或米汤混合均匀即可。

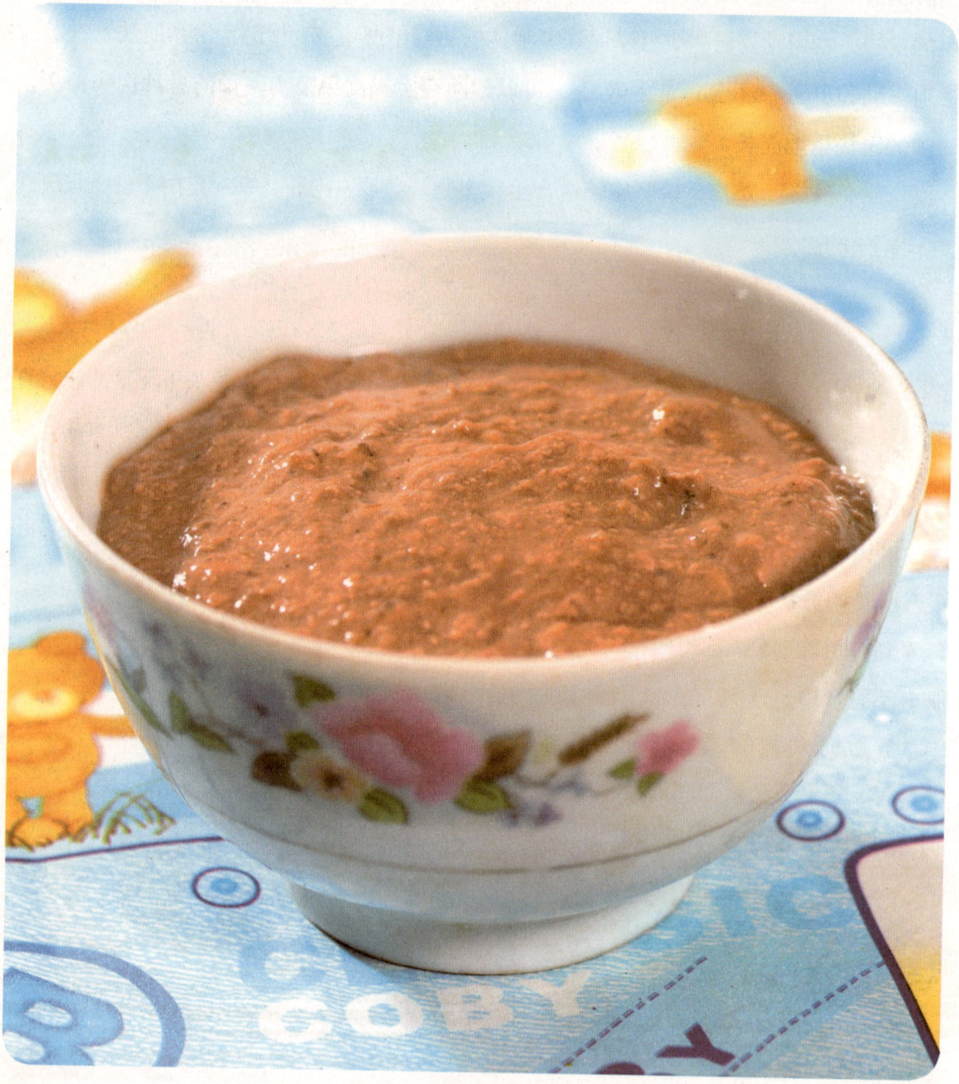

动物肝脏还可以这样吃

猪肝汤

材料： 猪肝 50 克，姜丝少许

做法： ❶将猪肝洗净，切片，泡在干净的水中备用。
❷锅置火上，放入适量清水烧开，再加入猪肝及姜丝煮约 15 分钟。
❸捞去猪肝及姜丝，待温度略微降低后，再捞去上方浮油即可。

动物肝脏还可以这样吃

鸡肝糊

材料： 鸡肝 25 克，鸡架汤 15 克，酱油、白糖各少许

做法： ❶将鸡肝放入水中煮，除去血后再换水煮 10 分钟，取出剥去鸡肝外皮，将肝放入碗内研碎。
❷将鸡架汤倒入锅中，加入研碎的鸡肝，煮成糊状，加入少许酱油和白糖，搅匀即可。

番茄

番茄是人们公认的维生素含量丰富的食物。除了含有维生素 B_1、维生素 B_2、维生素 C 等维生素外,番茄还含有烟酸、胆碱、胡萝卜素、苹果酸、柠檬酸、糖类、蛋白质、钙、铁、磷和谷胱甘肽、番茄红素等多种营养物质,并具有生津止渴、健胃消食的功效,很适合宝宝吃。

番茄中的苹果酸、柠檬酸等有机酸,能促进胃液分泌,加强宝宝对脂肪和蛋白质的消化吸收能力,对肠胃不好、食欲不振的宝宝来说是比较理想的食物。番茄中的果酸和纤维素有润肠通便的作用,对大便干燥、容易便秘的宝宝来说也比较适合。番茄还有清热生津、养阴凉血的功效,是发热烦渴、虚火上升的宝宝的食疗佳品。但是,由于番茄性凉,容易使人腹泻,患急性肠炎、菌痢的宝宝最好不吃或少吃,以免加重病情。

烹调的要点

1 不成熟的番茄里含有龙葵碱,容易使宝宝中毒。所以,在为宝宝制作辅食的时候,一定要选择熟透了的新鲜番茄。

2 番茄中的维生素 C 在高温条件下容易被破坏,所以烹调的时间不要太长,以免造成大量营养流失。

3 煮番茄的时候加入少量的醋,能破坏番茄里的有害物质——番茄碱,有利于宝宝的健康。

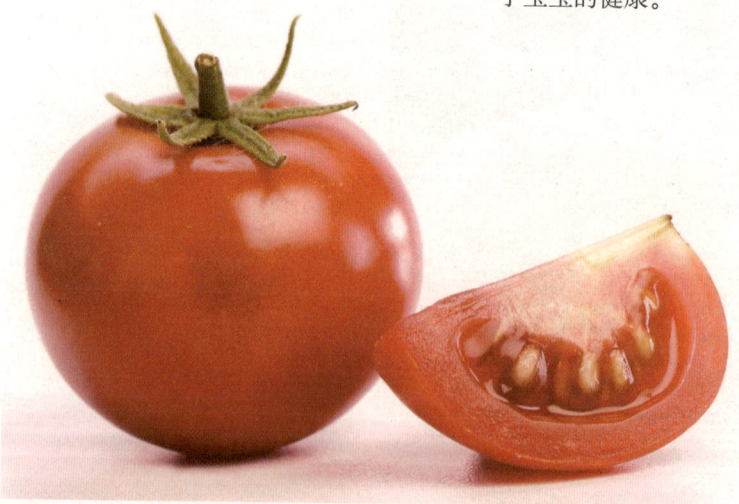

推荐食谱

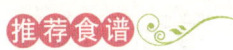

番茄浓汤

材料：番茄半个，高汤2大匙，水淀粉2小匙

做法：❶将番茄去皮，去子，切小块。❷放入高汤中煮到熟软为止，用水淀粉勾芡后，盛入碗中，待温后即可喂食。

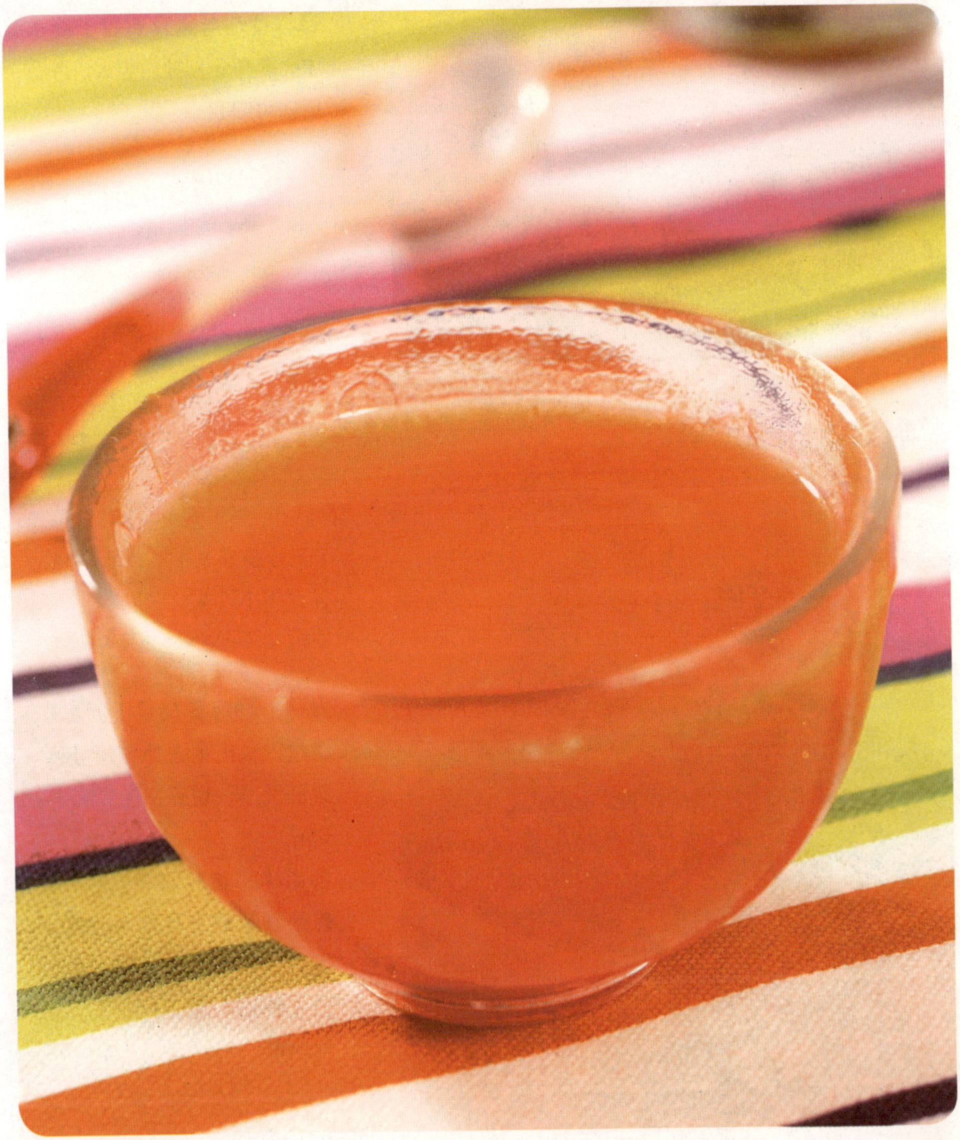

番茄还可以这样吃 ......

番茄豆腐汤

材料：番茄半个，嫩豆腐50克

做法：❶将番茄置于滚水中烫过，取出剥去外皮，切成小碎丁状；嫩豆腐切成小碎丁状。❷将番茄与嫩豆腐置于滚水中，煮开3分钟后熄火，待温后即可喂食。

番茄还可以这样吃 ......

番茄猪肝

材料：番茄半个，猪肝50克，洋葱半个，盐少许

做法：❶将番茄置于滚水中烫过，取出剥去外皮，切碎；猪肝洗净，切碎；洋葱洗净，切碎。❷切碎的猪肝取2小匙，切碎的洋葱取1小匙同时放入锅内，加水或肉汤煮，然后加入番茄，盐少许稍煮，搅匀即可。

豌豆

豌豆含有丰富的蛋白质、碳水化合物、脂肪、糖类、维生素C、烟酸、叶酸、钙、磷、钾、镁、纤维素等营养物质，并具有补中益气、止泻痢、消痈肿的保健功效，很适合脾胃不好，容易呕吐、泻痢的宝宝吃。豌豆中的胡萝卜素，能够在宝宝体内还原成维生素A，不但能帮宝宝维持骨骼的正常发育，还具有维持上皮组织的正常形态与功能、维持正常的视觉反应、帮宝宝预防夜盲症、干眼症的功效。豌豆中含有比较多的膳食纤维，能够促进大肠蠕动，帮助宝宝保持大便通畅。豌豆中的赤霉素和植物凝素等物质，还具有抗菌消炎，增强新陈代谢的功效。豌豆还是铁和钾的良好食物来源，对缺铁性贫血的宝宝和因缺钾而致使免疫力低下的宝宝来说是非常好的食疗食物。

烹调的要点

1. 选购豌豆的时候，首先要看豌豆新不新鲜。抓一把豌豆握一下，如果豆荚沙沙作响，说明豌豆很新鲜；如果没有响声，说明新鲜度不高，不宜购买。如果豌豆的荚果（豆粒处凸出来的部分）呈扁圆形，表示豌豆正处在最佳成熟期，很适合给宝宝吃；如果发现豌豆的荚果呈正扁圆形，背上的"筋"已经凹了进去，说明豌豆已经成熟过度，最好不要给宝宝吃。

2. 和其他富含氨基酸的食物一起烹煮，会在很大程度上提高豌豆的营养价值。

3. 不能给宝宝吃整粒的豌豆，否则容易使宝宝呛到。最好是把豆粒的皮去掉，挤成泥再给宝宝吃。

推荐食谱

豌豆泥

材料：豌豆20粒，白糖适量

做法：① 将豌豆洗净，并用开水煮熟。
② 将熟豌豆压成泥状，加入适量白糖拌匀即可。

豌豆还可以这样吃

蛋黄豌豆糊

材料：豌豆100克，蛋黄半个，大米50克。

做法：❶豌豆去掉豆荚，用刀剁成豆蓉，或者放进搅拌机中搅拌。
❷鸡蛋煮熟，去壳，取蛋黄，压成泥。
❸大米洗净，锅内加水放入大米、豆蓉，小火煨30分钟。
❹粥成半糊状时，拌入蛋黄泥。

豌豆还可以这样吃

豌豆粥

材料：米饭半碗，豌豆10粒，牛奶小半杯，盐少许

做法：❶将豌豆用开水煮熟，捣碎；将米饭放入小锅内加适量水煮沸。
❷加入牛奶和豌豆，并用小火煮成粥，最后加少许盐（也可用糖）调味即可。

草莓

草莓含有丰富的糖类、有机酸、胡萝卜素、B族维生素、维生素C、铁、钙、磷等多种营养成分，并且鲜嫩多汁、酸甜可口，具有润肺、生津、解热、消暑、健脾、利尿、止渴的功效，对因为体内有热而患风热咳嗽、咽喉肿痛、夏季烦热、便秘的宝宝特别有好处。

草莓中所含的胡萝卜素，能够在宝宝的体内转化成维生素A，不但能维持宝宝骨骼的正常发育，还具有明目养肝、帮宝宝预防夜盲症的作用。草莓中所含的铁，可以帮助宝宝补充铁质，预防缺铁性贫血。草莓中所含的维生素C，可以帮助宝宝提高对铁、钙的吸收利用率，并可以促进宝宝牙齿和骨骼的生长，还具有帮助宝宝提高机体免疫力，预防坏血病的作用。草莓中所含的天冬氨酸，可以清除人体内的重金属离子，是非常适合宝宝的水果。

买草莓时要注意看草莓的蒂。新鲜的草莓，蒂是新鲜的。如果果蒂发蔫或是已经干枯，说明草莓已经摘下来很长时间了，肯定不新鲜。另外，还要看草莓的颜色：一般大部分颜色鲜红、只有一小半颜色呈现出绿里发白的草莓是自然成熟的草莓，可以放心购买。如果草莓整个都是红的，很可能是用催红剂催出来的效果，最好不要购买。

烹调的要点

1 洗草莓的时候，最好用自来水不断冲洗，再用淡盐水或淘米水浸泡5分钟。这样既能保证洗得干净，还可以避免农药渗入果实中。最好不要用洗涤灵等清洁剂浸泡草莓，以免这些物质残留在草莓上，造成二次污染。

2 除去果蒂的草莓不能浸泡。因为这时候如果在水中浸泡，草莓上残留的农药就会随水进入草莓的内部，反而使草莓受到更多的污染。

3 最好不用铝质容器为宝宝制作和草莓有关的食物。因为草莓中含有大量有机酸，可以腐蚀容器，使它们在制作过程中溶出过多的铝，危害宝宝的健康。

推荐食谱

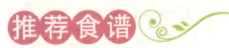

草莓汁

材料：草莓4颗，水半杯

做法：❶将草莓洗净，切碎，放入小碗，用勺研碎。

❷倒入过滤漏勺，用勺挤出汁，加水拌匀即可。

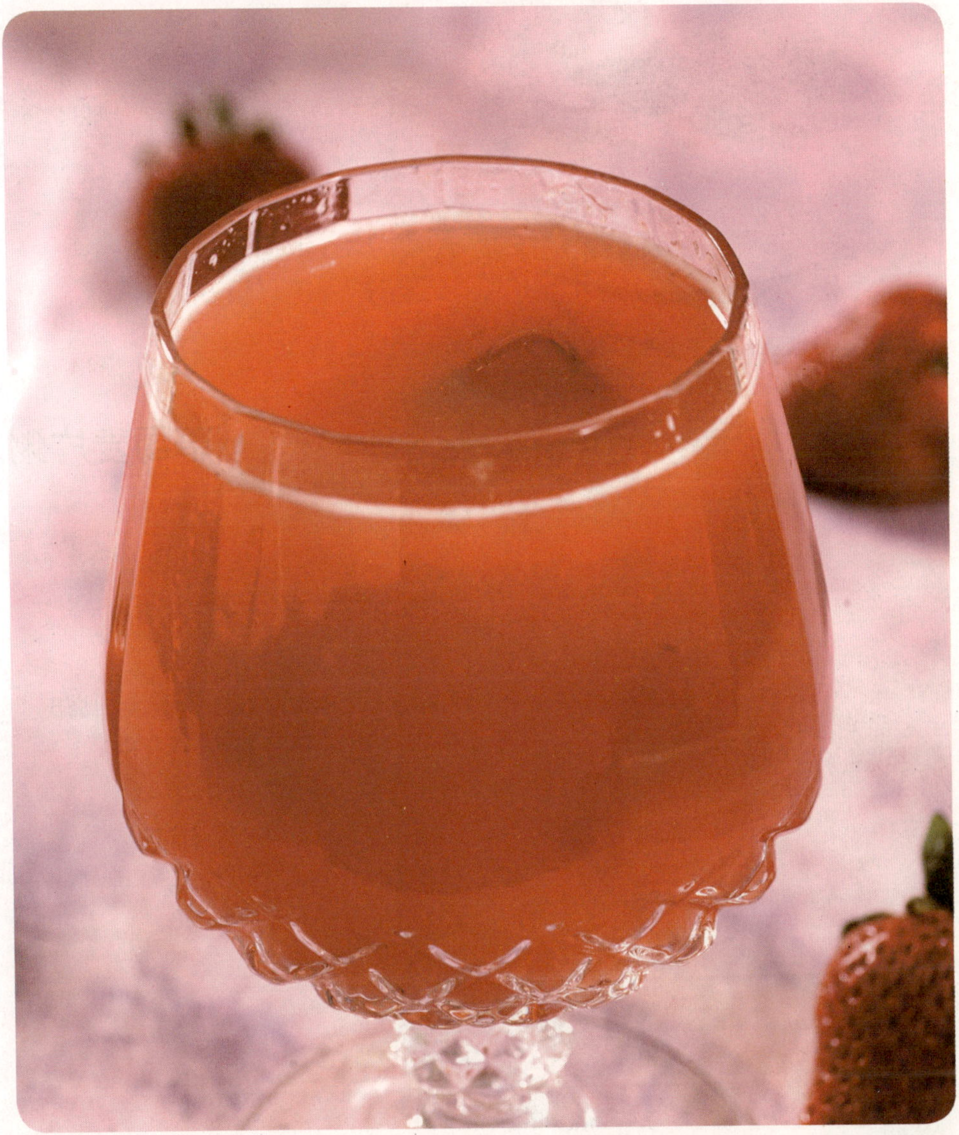

草莓还可以这样吃 ··

草莓酱豆腐

材料：米粉5大匙，豆腐2大匙，草莓酱2大匙，温开水半杯

做法：❶取米粉放入小碗中，加入温开水冲调，再加入煮熟捣烂的豆腐2大匙。
❷然后将草莓酱2大匙浇汁后即可食用。

草莓还可以这样吃 ··

草莓麦片粥

材料：麦片50克，草莓4颗，蜂蜜少许

做法：❶将水放入锅内烧开，下入麦片煮2~3分钟。
❷将草莓用勺子背研碎，再加入少许蜂蜜混合均匀，然后放入麦片锅内，边煮边搅拌，稍煮片刻即可。

7~9个月宝宝的关键饮食

玉米豌豆汁

材料：新鲜玉米100克，豌豆50克，清水适量

做法：❶将玉米、豌豆去皮、去蒂洗净。❷然后打成汁，只取汁，加一点水入锅煮，煮10分钟即可。

功效解析：玉米中的食物纤维含量很高，可起到刺激胃肠蠕动、加速粪便排泄的作用，可有效防治便秘。

炒面糊

材料：大米、小麦、黏米、大豆、芝麻各50克，温开水适量

做法：❶将大米、小麦、黏米等谷物以及大豆、芝麻等放在蒸锅里蒸，蒸后的食物在阳光下晾干并炒制。❷将其磨成粉，即制成炒面，然后用40℃的温开水冲开搅匀。

功效解析：此面糊含丰富的营养，有强身健体、促进消化、防止便秘等功效。

菠菜酸奶糊

材料：菠菜叶 5 片，牛奶 1 大匙，酸奶 1 小匙，清水适量

做法：❶ 将菠菜叶加水煮烂，过滤（留菜）并磨碎。
❷ 将熟牛奶与酸奶混合并搅匀，加入碎菠菜搅拌均匀即可。

功效解析：菠菜中含有大量的抗氧化剂如维生素 E 和硒元素，能促进细胞增殖作用，激活大脑功能。酸奶中的酪氨酸是一种保护大脑功能的物质。

鲜奶南瓜汤

材料：南瓜 200 克，鲜奶 1 杯

做法：❶ 将南瓜去皮，洗净后切片，放入锅屉内，加适量水，蒸熟取出。
❷ 稍凉时倒入果汁机，加鲜奶打匀。
❸ 倒入锅内用小火煮沸即可熄火，盛出食用。

功效解析：南瓜含有丰富的维生素 A，多吃可预防感冒。

骨汤面

材料：猪骨头200克，龙须面50克，青菜50克，清水适量，米醋和精盐各少许

做法：❶将猪骨头砸碎，放入冷水中用中火熬煮，煮沸后加入少许米醋，继续煮30分钟。
❷将骨弃去，取清汤，将龙须面下入骨汤中，将洗净、切碎的青菜加入汤中煮至面熟烂，加少许盐调味即可。

功效解析：此品含钙丰富，能有效预防小儿佝偻病。而且猪骨头中的脂肪可促进胡萝卜素的吸收。胡萝卜素能促进生长发育，维持和增强免疫功能。

菜花虾末

材料：虾10克，菜花30克，酱油和盐各少许

做法：❶菜花洗净，放入开水中煮透后切碎。
❷将虾放入开水中煮后剥去皮，切碎，加入酱油、盐少许，使其具有淡咸味，倒在菜花上即可。

功效解析：菜花含丰富维生素C、维生素E及胡萝卜素等；虾含丰富的蛋白质、不饱和脂肪酸、钙、维生素A、维生素B等。都是健脑的重要营养素，可提高智力。

三色肝末

材料：猪肝(或牛、羊肝)25克，胡萝卜、番茄、菠菜叶各10克，盐2克，肉汤适量，洋葱少许

做法：❶将猪肝洗净，去筋膜，切细末。❷将洋葱去外衣，切细末；胡萝卜洗净，切碎；番茄入沸水中略烫，捞出去皮，切碎。❸上述各料一起放入肉汤中煮沸，加少许盐拌匀即可。

功效解析：富含优质蛋白质、钙、磷、铁及维生素A、维生素B_1、维生素B_2、维生素B_{12}、维生素C和胡萝卜素、纤维素。可以补充营养、预防贫血。

肉蛋豆腐粥

材料：粳米30克，猪瘦肉25克，豆腐15克，蛋黄半个，盐少许

做法：❶将猪瘦肉洗净，剁成末，豆腐研碎；将蛋黄磕入碗里，打散。❷将粳米洗净，加入适量清水，小火煨至八成熟时下肉末，继续煮至粥成肉熟。❸将豆腐、蛋液倒入肉粥中，旺火煮至蛋熟，加入盐调味即可。

功效解析：蛋白质、脂肪、碳水化合物比例搭配适宜，还富含锌、铁、钠、钾、钙和维生素A、维生素B、维生素D。保障宝宝健康发育。

PART 4

开始像大人一样吃饭，彻底断奶关键期（10~12个月）

10~12个月宝宝营养关键

防止宝宝血液"叛变"的**维生素C**

营养解读

维生素C又叫抗坏血酸，是一种对宝宝的血液具有非常重要的保护作用的维生素。如果宝宝在生长发育的过程中缺乏了维生素C，很容易患上坏血病，严重危害宝宝的生命和健康。

由于母乳中含有丰富的维生素C，母乳喂养的宝宝通常不会得坏血病。喝牛奶、羊奶或吃没有添加维生素C的配方奶、奶糕、面糊等食物的宝宝，如果不及时补充维生素C，就会很容易因为维生素C缺乏而患上坏血病。

宝宝的需求量

一般的宝宝每天摄入30毫克维生素C，就可以满足正常生长发育的需要；

早产宝宝每天则应摄入100毫克维生素C，才能满足需要。宝宝患病时维生素C消耗较多，也应当适当增加摄入量。

富含维生素C的食物

维生素C广泛存在于水果及蔬菜中。猕猴桃、橙子、柑橘、红枣、葡萄、草莓等水果中的维生素C含量最丰富；蔬菜中则以绿叶蔬菜、出芽的菜或豆、块茎类、薯类的含量较多。

贴心小提示

1 母乳中含有丰富的维生素C，这也是提倡母乳喂养的理由之一。妈妈多吃维生素C含量丰富的食物，有助于提高乳汁中的维生素C含量，为宝宝补充足量维生素C。

2 维生素C是相当脆弱的维生素，遇到水、热、光、氧、烟都很容易被破坏。为宝宝制作食物的时候，水果、蔬菜不要切得太细太小，切开的果蔬不要长时间暴露在空气中，烧煮富含维生素C的食物时，时间要尽可能短，并盖紧锅盖，可以降低维生素C被破坏的程度，减少维生素C的损失。

3 维生素C大量摄取虽然对人体无害，却也不能全部被吸收，最后的结果还是被排出体外，造成浪费。所以，补充维生素C的方法最好是少量多次，分段补充，才能提高维生素C的吸收利用率。

促进宝宝大脑和视觉发育的**不饱和脂肪酸**

营养解读

由于不饱和脂肪酸的结构很不稳定，容易和其他物质发生化学反应，所以被称为不饱和脂肪酸。根据双键个数的不同，不饱和脂肪酸又分单不饱和脂肪酸和多不饱和脂肪酸两种。油酸就是一种单不饱和脂肪酸，多不饱和脂肪酸又分 ω-3 系列和 ω-6 系列两个类型。我们平时说的DHA（二十二碳六烯酸）就是 ω-3 系列不饱和脂肪酸的一种。而配方奶粉中添加的ARA（花生四烯酸），则属于 ω-6 系列的不饱和脂肪酸。对宝宝的成长发育具有重要促进作用的不饱和脂肪酸还有亚油酸（ω-6 系列）、亚麻酸（ω-3 系列）、EPA（ω-3 系列）等。不饱和脂肪酸是构成脑细胞的主要成分，并具有提高脑细胞活性、维持大脑细胞正常的生理功能、增强记忆力和思维能力等作用，对宝宝的智力发育具有非常重要的意义。0~3岁是宝宝智力发育的关键期，在这个阶段为宝宝补充足够的不饱和脂肪酸，对宝宝的一生具有非常重要的意义。

中ω-6系列不饱和脂肪酸的含量较高；亚麻油、苏子油中ω-3不饱和脂肪酸的含量较高。

宝宝的需求量

不饱和脂肪酸的摄入量应该占宝宝所摄入的脂肪总量的50%~60%。其中ω-6系列不饱和脂肪酸与ω-3系列不饱和脂肪酸的比例应该在4:1~10:1之间。

富含不饱和脂肪酸的食物

核桃油、花生油、大豆油、橄榄油等植物油里都含有丰富的不饱和脂肪酸。鱼类、鳄梨、坚果等食物中也含有大量的不饱和脂肪酸。豆油、玉米油、葵花子油

贴心小提示

1. 深海鱼的肉中不饱和脂肪酸的含量很丰富，多吃海鱼，可以为宝宝补充丰富的不饱和脂肪酸。
2. 不饱和脂肪酸极易氧化。富含不饱和脂肪酸的食物最好和富含维生素E的食物一起搭配食用。

帮助宝宝骨骼和牙齿生长的**钙和磷**

营养解读

钙是人体骨骼和牙齿的重要构成元素之一。人体中的钙有99%分布在骨骼和牙齿中，只有1%分布在血液、细胞间液及软组织中。在生长发育的过程中，如果不能摄入足够的钙，宝宝的骨骼和牙齿的发育将会受到影响，出现软骨病、佝偻病等骨骼疾病。

构成骨骼和牙齿的另一种重要元素是磷。磷在骨骼和牙齿中的分布量虽然没有钙那么多，却同样对宝宝的骨骼和牙齿发育起着不可替代的作用。如果宝宝体内缺磷，不但会患上佝偻病，还会出现牙龈溢脓等牙齿疾病。

虽然都是构成宝宝骨骼和牙齿的重要元素，钙和磷在吸收利用上却是互相排斥的。如果宝宝所吃的食物中钙的含量过高，将影响到宝宝对磷的吸收和利用；而如果宝宝所吃的食物中磷的含量过高，则会出现钙的吸收受到影响的情况。只有钙和磷的比例在1.2:1~2:1之间时，两者才能和平相处，互不影响。

宝宝的需求量

10~12个月的宝宝，每天需要摄入400毫克左右的钙和200毫克左右的磷，才能满足骨骼和牙齿正常发育的要求。

富含钙和磷的食物

虾米、虾皮、海带、紫菜等海产品，豆腐、豆浆等豆制品，核桃仁、芝麻、西瓜子、南瓜子等坚果类食物及各种乳制品中都含有丰富的钙。瘦肉、鸡蛋、牛奶、动物肝脏、动物肾脏、海带、紫菜、芝麻酱、花生、干豆类、坚果、粗粮等食物中都含有丰富的磷。

贴心小提示

1. 母乳中含有丰富的钙元素，并且钙、磷的比例比较适宜，有利于两者的吸收，是婴儿期宝宝补充钙和磷的主要来源。

2. 菠菜等含草酸、植酸较多的绿色蔬菜最好先用开水烫过后再给宝宝吃，以免其中的草酸和植酸与食物中的钙结合成不溶于水的草酸钙或植酸钙，影响宝宝对钙的吸收。

3. 维生素D可以促进钙的吸收。在为宝宝补钙的同时，最好给宝宝补充适量的维生素D，或及时带宝宝到户外晒晒太阳，有助于提高宝宝对钙的吸收利用率。

帮助宝宝吸收钙、磷的**维生素D**

营养解读

维生素D是一种对宝宝的骨骼和牙齿生长具有重要意义的维生素。它的主要作用是促进宝宝对食物中所含的钙和磷的吸收，还可以调节宝宝体内的钙、磷代谢，促进骨骼的钙化和牙齿的生长。如果出现维生素D缺乏，宝宝将会很容易患上佝偻病。但是，维生素D摄入过量也会对宝宝的健康产生不利影

响。最常见的情况是使宝宝出现口渴、眼睛发炎、皮肤瘙痒、厌食、嗜睡、呕吐、腹泻、尿频等急性中毒症状。过量的维生素D还会使宝宝体内的钙在血管壁、肝脏、肺、肾脏、胃等部位出现异常沉淀，并造成关节疼痛和弥漫性的骨质脱矿化。

除了通过食物补充，人体皮肤中的7-脱氢胆固醇在紫外线的照射下也可形成维生素D。

宝宝的需求量

一般宝宝每天对维生素D的推荐摄入量是400国际单位。生长发育比较快的宝宝可以适当增加，但以不超过800国际单位为宜。

富含维生素D的食物

大马哈鱼、红鳟鱼、鳕鱼肝油、比目鱼肝油、鸡鸭肝等动物肝脏、奶油、鸡蛋、牛奶等食物中都含有比较多的维生素D。

贴心小提示

人体内的胆固醇能在紫外线的照射下转化为维生素D。多带宝宝到户外晒太阳,有助于帮助宝宝自己将体内的胆固醇转化为维生素D。

10~12个月宝宝身体发育情况

宝宝要开始断奶了，主食开始逐渐代替辅食，妈妈要注意宝宝食物的多样化，还要培养宝宝良好的饮食习惯，防止宝宝偏食、挑食。

这个时候宝宝开始摇摇晃晃地试着走路，需要注意在宝宝饮食中多添加能够帮助骨骼发育和牙齿生长的食物，如牛肉、虾皮、牛奶等含钙和碳水化合物丰富的饮食。

10~12个月宝宝营养新知快递

🍀 宝宝一日饮食安排

早上喂食一次母乳或母乳＋配方奶，约200毫升。上午添加1次辅食，如菜泥、果泥、鸡蛋羹、馒头片等，每次150克左右。中午喂食母乳或母乳＋配方奶200毫升左右。下午添加1次辅食。晚上喂食母乳或母乳＋配方奶约200毫升

此外，每天给宝宝喂食1次适量鱼肝油，并保证饮用适量白开水

什么时候给宝宝断奶最好

随着宝宝逐渐长大，断奶也是必然的事。只是，断奶不像说说那么简单，几个月断奶最好？什么季节断奶最适宜？关于断奶，你准备好了吗？

断奶的最佳年龄

宝宝自从4个月开始添加辅食，随着年龄增大，品种也逐渐地增加，一般6~7个月就可以吃稀饭或面条，先从每天1次加起渐增至2~3次。随着辅食的增加，你可以相应地减去1~3次母乳，到10~12个月基本预备充分就可以断奶了。当然时间不一，最佳的断奶时间是宝宝10~12个月的时候，最迟不要超过2岁。

断奶的最佳季节

随着宝宝长大，母乳的营养成分和量已经满足不了宝宝生长发育的需要。随着宝宝咀嚼、消化功能的成熟，妈妈们就要及时让宝宝断奶了。

断奶的最佳时间应选择在春秋季节。如果按时间推算，宝宝的断奶时间正好赶在夏季的话，可以适当往后推一两个月。另外，宝宝的身体出现不适时，断奶时间也应当适当延后。

如果这个时间宝宝生病了，妈妈可以适当把断奶的时间延后。

如何给宝宝断奶

最好的断奶过程应该是温柔的、循序渐进和充满爱的。

慢慢延长哺乳的间隔时间

妈妈要掌握循序渐进的方法，先考虑取消宝宝最不重要的那一顿母乳。如果你拿着奶瓶喂他，他不肯接受的话（他一定是因为能闻到你的气息，知道"他的"乳房就在附近），可以尝试由爸爸或者奶奶来喂他。最好是每隔一段时间取消一顿母乳，代之以奶瓶。这"一段时间"可能是几天，也可能需要几个星期。如果你觉得乳房胀得难受，可以适当挤掉一些。注意：只是挤出来一部分，而不是完全挤空。这样可以给你的身体传递一个信号，逐渐减少母乳的"产出"。

改变宝宝吃奶的习惯

宝宝会有习惯性的吃奶需求，这种吃奶习惯可以先移除。例如，宝宝早上起床习惯吃母乳、中午必须吃完母乳再睡觉。那么妈妈可以改变自己，让宝宝无法维持这些习惯。例如妈妈可以比宝宝更早起床，让宝宝无法直接在床上吃奶；中午可能是让宝宝边吃边睡，可以改成让宝宝到公园去玩耍，玩累了就回家睡觉，总之就是尽量让宝宝不要处在会让他想吃母乳的情境。对晚上睡觉前习惯吃过母乳再睡觉的宝宝来说，吃母乳代表他与妈妈之间的亲密，吃母乳也可以让宝宝停止哭泣，具有安抚的效果，因此，这一餐，可以放到最后再离。

让宝宝不容易吃到母乳

例如妈妈可穿上比较紧身的衣服，那么宝宝不容易随意掀开衣服吃母乳。

千万不要让宝宝有被遗弃或妈妈排斥他的感觉，也不要在乳头上涂刺激物质让宝宝不敢吃奶，这样不仅可能对宝宝造成伤害，有些宝宝反而更不愿意断奶。

断奶越果断越好吗

母乳喂养的宝宝，8~12个月是最适宜的断奶时期，如果在增加辅食的条件下仍保留1~2次母乳直到1岁半也是可以的。关键问题不在于硬性规定什么时候一定要断奶，而主要在于及早地、按时地去增加断奶食物即辅食，一方面让宝宝能得到充分的营养来满足宝宝生长发育的需要，另一方面让宝宝慢慢地习惯辅食，逐渐地自己就断奶了，即所谓的自然断奶。

断奶末期怎么喂宝宝

宝宝10个月时就进入了断乳末期。这个阶段可以把哺乳次数进一步降低为不少于两次，让宝宝进食更丰富的食品，以利于各种营养元素的摄入。可以让宝宝尝试软饭和各种绿叶蔬菜，既增加营养又锻炼咀嚼能力，同时仍要注意微量元素的添加。尝试正式断乳，如果错过了这一时期，宝宝就会依恋母乳的味道，使断乳变得更加困难。除了味道之外，宝宝还会领悟到吸吮母乳比咀嚼食物容易得多，因此更离不开母乳。

给宝宝做饭时多采用蒸煮的方法，比炸、炒的方式保留更多的营养元素，口感也较松软。同时，还保留了更多食物原来的色彩，能有效地激发宝宝的食欲。

宝宝断奶后的营养保证

宝宝断母乳后，其食物构成就要发生变化，要注意科学喂养。

选择食物要得当，食物的营养应全面和充分，除了瘦肉、蛋、鱼、豆浆外，还要有蔬菜和水果。断奶初期最好要保证每天加一定量的配方奶。食品应变换花样，巧妙搭配。

烹调要合适，要求食物色香味俱全，易于消化，以便满足宝宝的营养需求，适应宝宝的消化能力，并引起食欲。

添加辅食要循序渐进，即由稀到干、由细到粗、由少到多。由少到多含有两层意思，其一是品种由少到多，其二是食物量由少到多。

注意饮食卫生,食物应清洁、新鲜、卫生、冷热适宜。

断奶有适应期,有些宝宝断奶后可能很不适应,因而喂食要有耐心,让宝宝慢慢咀嚼。

怎样向幼儿的哺喂方式过渡

11个月的宝宝普遍已长出了上下切牙,能咬下较硬的食物。相应的,这个阶段的哺喂也要逐步向幼儿方式过渡,餐数适当减少,每餐量增加,除喝牛奶外,还应添加含碳水化合物、脂肪、蛋白质较为丰富的食物,如肉、鱼、鸡蛋、各种绿叶蔬菜等。

宝宝断奶了,但是拒绝奶粉怎么办

这种时候比较有效的方法有3个:

换奶嘴

通常母乳喂养的宝宝不肯吃奶粉,主要是对奶嘴不适应,你可以给宝宝用那种十字形NUK的自动进气仿真奶嘴,开始的时候可以用乳胶的,这种奶嘴的形状比较接近母亲乳头在婴儿口腔中的形状(扁状),符合婴儿的口腔,乳胶的比较柔软,接近乳头的口感,十字形的流量比较快,接近吸食乳头的感觉,这种奶嘴有进气口,吸吮乳头时不用停下来换气。你可以给宝宝多试试。

还有一点就是奶嘴压到宝宝的舌头了,宝宝很不舒服,一般奶瓶和宝宝的嘴巴大概成45°角就可以了。

换奶粉

每个宝宝喜欢的口味不同,你可以多试几种奶粉。还有就是冲泡奶粉的温度,一定要接近体温,宝宝吃母乳已经适应37℃的温度,如果比较热,宝宝也会拒绝。

饿

这个时期的宝宝光吃馒头喝粥营养跟不上,所以长痛不如短痛,该饿的时候也一定要饿。

不要用奶嘴来抚慰断奶宝宝

空奶嘴也叫安抚奶嘴,是宝宝重要的娱乐工具之一。6~7个月的时候,宝宝会形成习惯性地吮吸安抚奶嘴或者手指的倾向,这能让宝宝变得平静。但是,吮吸安抚奶嘴的缺点是,如果吮吸得太用力,就会影响到中耳里的耳膜,从而导致宝宝患上中耳炎,因此曾患中耳炎的宝宝绝对不能吮吸安抚奶嘴,牙齿长出来以后也不要继续使用安抚奶嘴,否则,会使牙齿的排列参差不齐。

为什么不要嚼饭喂宝宝

婴儿到10个月后,可吃的食物品种多了,但是婴儿的牙齿还没有几颗,父母既想给宝宝吃,又怕宝宝没能力去吃,于是把饭菜经自己的口嚼碎后再喂给宝宝。这是一种既不卫生,又不文雅的方法。

成人的口腔中常有一些细菌、病毒,往往会通过被咀嚼过的饭菜传给宝宝,宝宝的抵抗力差,对成人不致引起疾病的细菌、病毒却可以使宝宝患病。

另外,食物经嚼后,香味和部分营养成分已受损,留给宝宝的是一团烂糟糟的味道极差的食物,宝宝经常吃这种被咀嚼过的饭菜是会倒胃口的。嚼碎的食物,宝宝囫囵吞下去,未经自己的唾液充分搅拌,不仅食而不知其味,并且加重了胃肠负担,而使宝宝营养缺乏及消化功能紊乱。再说,也不利于小儿咀嚼肌和"下巴骨"的发育,影响宝宝口腔消化液分泌功能。所以不能把饭菜咀嚼后喂宝宝。

你可以花些时间单独为宝宝做些烂、碎的食物,让宝宝吃得既营养又卫生。

会走的宝宝喂饭难，怎么办

当宝宝会走以后，每次喂饭，都是你追在后面，小心翼翼地央求，宝宝则坚决不吃，每喂进一口，就仿佛是天大的胜利，一顿饭有时会喂上一两个小时。这是宝宝自我意识开始萌发，想自己动手吃饭、摆弄东西，到处试验自己的能力和体力的体现，你可以采取下面的方式来对付宝宝的这种行为。

培养好的饮食习惯

饭前1小时内不吃零食，平时零食不能吃得过多，热量不能过高；让宝宝养成定点吃饭的饮食习惯，固定餐桌和餐位；将宝宝的餐位放在最靠内侧的位置不方便宝宝进出。

进餐氛围要良好

要精心营造舒适的饮食环境，创造开心、轻松、愉快的进餐气氛来引起宝宝的食欲；要重视食物品种的多样化，饭菜花样经常更新，引起宝宝食欲；食物要软，易咀嚼，松脆，而不要干硬，应使宝宝吃起来方便；色彩鲜艳的食品更受宝宝的青睐；食物的温度以不冷不热微温为合适；饭前不要用激烈的言辞来训斥宝宝，若宝宝吃饭吵闹，应正确引导宝宝养成良好的按时吃饭的习惯；不要强迫宝宝吃某种自己不喜欢的食物，应多劝导，若能少量进食，应及时给予鼓励。

不要强迫宝宝进食

这个时期的宝宝饮食有较明显的变化，个体差异也越来越明显。宝宝的食量因人而异，每餐饭究竟该吃多少食物，你要有正确的估计，而不是按你希望宝宝吃的量来强迫他吃。让他自己动手会吃得更香。

尽量满足宝宝的愿望

让宝宝自己"吃"。正餐时，用安全的餐具盛上一点点饭，让宝宝自己拿勺吃（其实，宝宝不会自己盛饭，更不会把饭吃到口中）。趁宝宝不注意的时候，喂宝宝一勺饭，而宝宝呢，仿佛认为是自己吃到的食物，会感到很高兴。

为什么宝宝发烧时不要吃鸡蛋

宝宝发烧时,父母为了给虚弱的宝宝补充营养,使他尽快康复,就会让他吃一些营养丰富的饭菜,当然饮食中会增加鸡蛋数量。其实,这样做不仅不利于宝宝身体的康复,反而有损身体健康。

我们经常会有这样的感觉,饭后体温相对于饭前略有升高。这主要是由于食物在体内氧化分解时,除了食物本身放出热能外,食物还刺激人体产生一些额外的热量,这种作用在医学上叫做食物的特殊动力作用。人体所需的三种生热营养素的特殊动力作用是不同的,如脂肪可增加基础代谢的3%~4%,碳水化合物(糖)可增加5%~6%,蛋白质则高达15%~30%。

所以,发烧时食用大量富含蛋白质的鸡蛋,不但不能降低体温,反而使体内热量增加,促使宝宝的体温升高更多,不利于患儿早日康复。

正确护理方法是鼓励宝宝多饮温开水,多吃水果、蔬菜及含蛋白质低的食物,最好不吃鸡蛋。

10~12个月宝宝护理课堂

不要带宝宝到马路边玩

我们提倡宝宝多到户外玩，多晒太阳，但不赞成常抱宝宝在路边玩。

马路上车多人多，宝宝爱看，大人也爱看。父母认为，只要把宝宝看好，不碰着宝宝，在路边玩耍很省事。其实，马路两边是污染最严重的地方，对宝宝和大人都极有害。

汽车在路上跑，汽车排放的废气中含有大量的一氧化碳、碳氢化合物等有害气体，马路上含汽车尾气的污染是最严重的；马路上各种汽车鸣笛声、刹车声、发动机声等噪声影响宝宝的听力；马路上的扬尘，含有各种有害物质和病菌、微生物，会损害宝宝的健康。

带宝宝玩耍，要到公园、郊外等空气新鲜的地方。

带宝宝游泳要注意什么

游泳是非常适合宝宝的一项运动。经常让宝宝嬉水和游泳，能增进食欲和安静的睡眠，有利于体格发育，并可显著减少皮肤病和呼吸道感染等疾病。同时，游泳是水浴、空气浴、日光浴三者相结合的全面性运动，可以促进宝宝智力开发，培养勇敢、敏捷、意志顽强的个性。可见，宝宝游泳好处多多，但是妈妈也要掌握一些必要的注意事项，否则会给宝宝带来伤害。

1. 看宝宝是否吃饱，通常要在宝宝吃奶后半小时到1小时左右。

2. 水温要在36℃~38℃，月龄小的宝宝水温高一些，月龄大的宝宝水温低一些。

3. 宝宝游泳应在大澡盆或游泳池内进行，要由大人带着一起下水。开始扶住宝宝腋下在水中上下浮动，也可以平卧在水中而露出头部。宝宝习惯后，可以托住他的头和身体在水中移动前进，让四肢自由划动。让宝宝入水时有一适应的过程，千万不可直接放入水中，避免惊吓到宝宝。

4. 在宝宝游泳时，妈妈不能离开宝宝半臂之内，不能暂时丢下宝宝去接电话、开门、关火等，如果必须去，一定把宝宝用浴巾包好抱在怀里，以防止意外发生。

5. 用游戏圈的话，注意泳圈的型号和宝宝是否匹配，泳圈的内径要稍稍大于宝宝的颈圈。给宝宝套圈时动作要轻柔，入水时动作要缓慢。另外，在泳池里面放一些会发声的充气玩具，会给宝宝带来很多乐趣。

如何给宝宝喂药

宝宝喜欢吃甜的东西，而对苦、辣、涩等味会表现出难以下咽。

1. 喂药水时应首先摇匀；喂粉剂、片剂时，可将药用温开水调匀后再喂。

2. 家长可以让宝宝看着自己先吃点药，并说"哎呀，真好吃"，"吃了药，病就好了"，宝宝慢慢就会消除恐惧，变得爱吃了。

3. 喂药时最好抱起宝宝，取半卧位，防止药物呛入气管内。如果宝宝不愿吃，请扶住宝宝头部，用拇指和食指轻轻地捏宝宝双颊，使宝宝的嘴张开，用小匙紧贴嘴角，压住舌面，药液就会慢慢从舌边流入，直至宝宝吞咽药液后再把小匙从嘴边取走。

4 如果宝宝一直是又哭又闹，不肯吃药，只好采取灌药的方法。一人用手将宝宝的头固定，另一人左手轻捏住宝宝的下巴，右手拿一小匙，沿着宝宝的嘴角灌入，待其完全咽下后，固定的手才能放开。不要从嘴中间沿着舌头往里灌，因舌尖是味觉最敏感的地方，易拒绝下咽，哭闹时容易呛着，也不要捏着鼻子灌药，这样容易引起窒息。

给宝宝喂药时，如果宝宝开始作呕，就停下来，让他休息一会儿，安抚一下后再给他喂药。宝宝如果在服药后呕吐，就把他的头斜向一边，轻拍其背部。呕吐后把他的嘴洗干净，看看宝宝吐出来的药量有多少，问一下医生是否可以继续用这样的剂量给宝宝服。切忌给吃饱肚子的宝宝再喂什么药。

宝宝穿开裆裤好吗

传统习惯中，父母总是让宝宝穿着开裆裤，即使是寒冷的冬季，宝宝身上虽裹得严严实实，但小屁股依然露在外面冻得通红。这样容易使宝宝受凉感冒，所以在冬季要给宝宝穿满裆的罩裤和满裆的棉裤，或穿带松紧带的毛裤。

另外，穿开裆裤还很不卫生。宝宝穿开裆裤坐在地上，地表上的灰尘垃圾都可能粘在屁股上。此外，地上的小蚂蚁等昆虫或小的蠕虫也可能钻到外生殖器或肛门里，引起瘙痒，可能因此而造成感染。穿开裆裤还会使宝宝在活动时不便，如玩滑梯时不容易滑下来，并且宝宝穿开裆裤摔、跌倒后容易受外伤。

穿开裆裤的另一大弊处是交叉感染蛲虫。蛲虫是生活在结肠内的一种寄生虫，在遇到温度变化时便会爬到肛门附近产卵，引起肛门瘙痒，宝宝因穿开裆裤便会情不自禁地用手直接抓抠。这样，手指甲里便会有虫卵，宝宝吸吮手指时通过手又吃进体内，重新感染。而且还会通过玩玩具、坐滑梯使其他小朋友受蛲虫感染。

注意宝宝的玩具卫生

玩具是宝宝日常生活中必不可少的好伙伴。但是，宝宝玩耍时常常喜欢把玩具放在地上，这样，玩具就很可能受到细菌、病毒和寄生虫的污染，成为传播疾病的"帮凶"。根据细菌学家的一次测定：把消毒过的玩具给宝宝玩10天以后，塑料玩具上的细菌集落数可达3000多个，木制玩具上可达5000个，而毛皮制作的玩具上竟多达两万多个。可见，玩具的卫生不可忽视，妈妈要定期对玩具进行清洗和消毒。

1 一般情况下，毛皮、棉布制作的玩具，可放在日光下曝晒几小时；木制玩具，可用煮沸的肥皂水烫洗；铁皮制作的玩具，可先用肥皂水擦洗，再放在日光下暴晒；塑料和橡胶玩具，可用市场上常见的84消毒液浸泡洗涤，然后用水冲洗、晒干。

2 防止宝宝用口直接咬嚼未经消毒的玩具。

3 摆弄玩具时，不要让宝宝揉眼睛，更不能用手抓东西吃，或边吃边玩。

4 宝宝玩过玩具后，要及时洗手。

如何让宝宝自己坐便盆解大小便

9个多月的宝宝已经坐得很稳了，妈妈可以开始让宝宝自己坐便盆解大小便。

训练宝宝的排便习惯是有讲究的，排小便的习惯应从2~3个月开始，先减少夜间的喂哺次数，从而减少夜间的排尿次数。每天在宝宝睡觉前后或吃奶后给宝宝把尿，通过循序渐进的把尿训练，宝宝能将排尿的时间、姿势、声音有机地联系起来，形成排尿的条件反射，直至坐便盆自解小便。

宝宝坐的小便盆，最好选用塑料制品，且盆边要宽而光滑。因为这种便盆不论是夏天还是冬天都适用（搪瓷便盆夏天尚可，到了冬天很凉，宝宝不愿意坐）。

宝宝坐便盆大便时，父母不能让宝宝吃东西，也不能逗他玩耍，应该注意观察宝宝的面部表情。如果宝宝排便前使劲发呆、眼睛瞪大、定目凝视，父母应该以"嗯……"的声音给宝宝加把劲，用声音刺激助他排便。

宝宝坐便盆解大小便的时间每次以3~5分钟为宜。

10~12个月宝宝明星食材推荐

牛肉

牛肉是一种高能量、高蛋白质、低脂肪、味道鲜美的肉类,素有"肉中骄子"的美誉。它不但能为宝宝的生长发育提供充足的热量,还可以帮助宝宝补充蛋白质、维生素A、维生素B_6、维生素B_{12}、尼克酸、钙、磷、钾、钠、镁、铁、锌、铜、硒、锰等营养物质,是一种营养丰富的优质食品。

牛肉中的维生素B_6,可以帮助宝宝增强免疫力,促进身体对蛋白质的新陈代谢和合成,有助于满足宝宝快速生长对蛋白质的需要。牛肉中的维生素B_{12},可以促进细胞的生成,并能促进支链氨基酸的新陈代谢,从而为宝宝的生长发育提供足够的能量。牛肉中所含的铁是造血必需的矿物质,对帮助宝宝补充铁质、预防缺铁性贫血具有十分重要的意义。牛肉中所含的锌,具有促进蛋白质合成、帮助宝宝增强免疫力的作用,对宝宝的生长发育和健康都具有很大的促进作用。牛肉中所含的镁则具有支持宝宝体内的蛋白质合成、激活宝宝体内的300多个酶系统、促进和维持宝宝体内一系列的生物化学反应、参与宝宝的骨骼及细胞形成、预防心血管疾病的重要作用。

烹调的要点

1. 新鲜牛肉红色均匀并富有光泽,脂肪为洁白或淡黄色,外表微干或有风干膜,摸起来不粘手,弹性比较好,有一股新鲜的肉味。

2. 肉色浅红、肉质较细、富有弹性的牛肉是嫩牛肉,比较适合给宝宝吃。肉色深红、肉质粗糙、弹性差的牛肉是老牛肉,不容易消化,最好不要给宝宝吃。

3. 牛肉受风吹后易变黑,并很容易变质,保存的时候一定要特别小心。

4. 给宝宝吃的牛肉必须做成牛肉泥,并注意搭配其他蔬菜,才能既容易消化,又能为宝宝提供全面而丰富的营养。

5. 一次不要给宝宝吃太多牛肉,否则容易使宝宝消化不良。

推荐食谱

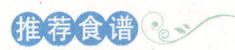

胡萝卜牛肉粥

材料： 胡萝卜3片，碎牛肉1汤匙，大米适量。

做法： ❶将胡萝卜磨成蓉。

❷将大米先浸半小时，淘洗干净，下锅加水煲，水滚后用小火煨粥。

❸烂熟时，加入胡萝卜蓉和碎牛肉，再煨粥片刻关火。

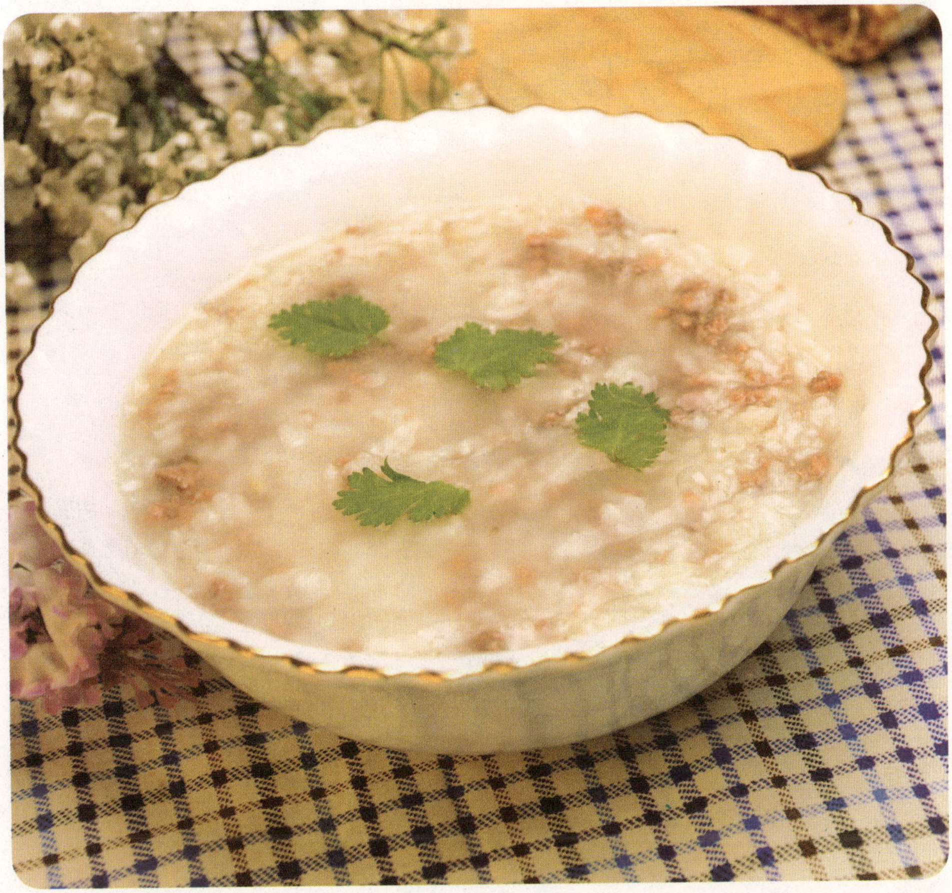

牛肉还可以这样吃 ································ ## 胡萝卜牛肉粥

材料：牛肉25克，胡萝卜25克，白米粥适量，盐少许

做法：❶牛肉洗净剁碎；胡萝卜去皮，切丁。
❷煮好白米粥后，把牛肉、胡萝卜放入粥内，煮熟并放盐调味即可。

牛肉还可以这样吃 ································ ## 牛肉蛋花汤

材料：剁碎牛肉150克，西芹50克，蛋黄1个，番茄1个，盐、胡椒粉、料酒、清水各适量

做法：❶将西芹洗净，切成小粒，用开水烫一下；番茄去皮切碎；蛋黄磕入碗内，搅散，备用。
❷将碎牛肉、清水放入锅内，烧滚后，改用小火炖熟，加入盐和胡椒粉调味，然后放入西芹粒、番茄末，待汤滚后淋入蛋液，烹入少许料酒即可。

猪肉

猪肉中含有丰富的蛋白质、脂肪、碳水化合物、维生素A、维生素B_1、维生素B_2、钙、磷、铁、镁、钾、铜、硒等营养成分,是我国餐桌上最为重要的动物性食品之一。除了为宝宝提供丰富的优质蛋白质和必需脂肪酸,猪肉中还含有大量的有机铁和促进铁吸收的半胱氨酸,对为宝宝补充铁质、预防和改善缺铁性贫血具有很大的帮助。猪肉中所含的维生素A,具有维持骨骼、牙齿、上皮组织的正常发育,维持正常的视觉反应,帮助宝宝预防夜盲症的作用。猪肉中所含的维生素B_1,具有促进宝宝体内的能量代谢、增强宝宝肠胃和心脏肌肉的活力、增加食欲、促进消化的作用。猪肉中所含的维生素B_2,具有促进宝宝的生长发育,帮宝宝维持正常的视觉功能,维持宝宝的皮肤、头发、指甲健康的作用。

烹调的要点

1 如果猪肉的皮肤部分有大小不等的出血点或斑块,说明是得了瘟病的病猪肉,绝对不能购买。还可以拔一根猪毛观察毛根:如果毛根发红,说明是病猪肉,坚决不要购买;如果毛根白净,则是正常的猪肉,可以放心购买。

2 优质的猪肉颜色淡红,肉质也比较柔软。如果发现猪肉的肉色特别红,摸起来感觉很硬,说明肉比较老,最好不要给宝宝吃。

3 猪脖子等部位的猪肉里经常有一些灰色、黄色或暗红色的肉疙瘩(通称为"肉枣"),这是猪的淋巴所在,含有很多病菌和病毒,绝不能给宝宝吃。

4 生猪肉如果粘上了脏东西,可以先用温淘米水洗两遍,再用清水冲洗,就能很容易地把脏东西清理干净。

 ## 猪肉猪肝泥

材料：猪肝 30 克，瘦猪肉 30 克，酱油少许。

做法：❶猪肝、瘦猪肉洗净，并制成肝泥、肉泥。
❷将肝泥和肉泥放入碗内，加水、酱油搅匀。
❸上笼隔水蒸熟，便可给宝宝食用。

猪肉还可以这样吃

紫菜猪肉汤

材料：紫菜15克，猪瘦肉150克，葱、姜、料酒、肉汤、盐各适量

做法：❶将紫菜用清水泡发后去杂；将猪瘦肉洗净，下沸水锅汆烫，捞出洗去血水剁成末。❷烧热锅放入肉末煸炒，放入料酒，炒至水干，注入肉汤，加入葱、姜、盐、料酒，煮至肉熟。❸加入紫菜煮沸，出锅装入汤碗即可。

猪肉还可以这样吃

肉末茄子

材料：茄子半只，肉末10克，海味汤、酱油和白糖各适量

做法：❶将茄子削皮后切成小块，下开水汆烫。❷将肉末和茄子块一起放锅中，加入海味汤、酱油和白糖用中火煮烂即可。

洋葱

洋葱有一股浓烈的辛辣气味，经常把切洋葱的人的眼睛呛得流出眼泪，于是很多妈妈就认为宝宝不能吃洋葱，怕对宝宝的肠胃产生刺激。其实，洋葱是一种对宝宝的生长发育极有好处的蔬菜。它不但含有蛋白质、碳水化合物、维生素 B_1、维生素 B_2、维生素 C、尼克酸、胡萝卜素、钙、磷、铁、硒等多种营养成分，还含有咖啡酸、芥子酸、桂皮酸、柠檬酸盐、多糖、多种氨基酸、大蒜素、硫醇、三硫化物等许多对宝宝的健康极有好处的化学物质，可以帮助宝宝预防和治疗很多种疾病。

洋葱中的硫醇、三硫化物等含硫化合物能刺激胃、肠及其他消化腺分泌消化液，促进消化，增进食欲，帮助宝宝治疗消化不良、食欲不振等病症。洋葱中的大蒜素是天然的广谱抗菌剂，不但可以抑制痢疾杆菌、伤寒杆菌等细菌的繁殖，还对葡萄球菌、肺炎球菌等细菌有明显的灭杀作用，在帮助宝宝预防痢疾、伤寒、肺炎等疾病方面具有重要的作用。大蒜素还可以和宝宝体内的其他化合物相互作用，产生防止血小板聚集、降低胆固醇、降低血压、保护肝脏、预防心血管疾病等多种保健功效。洋葱中所含的硒还是一种功效非常强的抗氧化剂，不但具有消除体内自由基、增强细胞活力和代谢能力的作用，还可以促使人体产生大量的谷胱甘肽，帮助宝宝增强免疫力。

洋葱中还含有钙，对促进宝宝骨骼和牙齿的正常发育、帮助宝宝预防佝偻病也有一定的功效。

烹调的要点

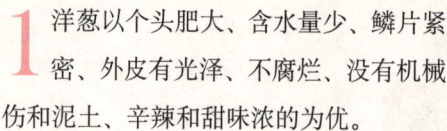

1. 洋葱以个头肥大、含水量少、鳞片紧密、外皮有光泽、不腐烂、没有机械伤和泥土、辛辣和甜味浓的为优。

2. 切洋葱时特别容易使眼睛受到刺激而流眼泪。只要在切洋葱之前把洋葱和刀放在冷水里浸一会儿，切的时候就不会流眼泪了。把洋葱放在冰箱里冷冻一会儿再拿出来切，也能使眼睛不受刺激。

3. 给宝宝吃洋葱不宜一次食用过多，否则容易引起目糊和发热，也容易使宝宝产生腹胀和排气过多的现象，令宝宝感到不适。

4. 给宝宝吃的洋葱一定要煮得烂一点，否则宝宝不容易消化。

推荐食谱

洋葱粥

材料：洋葱100克，粳米50克，枸杞适量，盐或白糖少许

做法： ❶ 洋葱洗净切成片；粳米、枸杞淘洗干净。
❷ 洋葱、粳米、枸杞一起入锅，煮成稀粥，加入盐或白糖调味即可。

洋葱还可以这样吃

洋葱奶酪汤

材料：洋葱1个，鸡汤半碗，奶酪1片

做法：❶将洋葱洗净，切成长条。
❷将鸡汤、清水、切好的洋葱一起倒入汤锅中，煮沸后，转小火继续熬煮大概40分钟至大部分的洋葱都化入汤中。
❸将奶酪片加进汤中搅拌至充分溶解即可。

洋葱还可以这样吃

洋葱菠菜粥

材料：胡萝卜20克，洋葱20克，菠菜20克，米粥1小碗，酱油1/2汤匙，清汤适量。

做法：❶将胡萝卜、洋葱、菠菜切成碎块。
❷将上述蔬菜加清汤煮制，随后放入米粥同煮。
❸煮好之后放酱油调味即可。

金针菇

金针菇是一种不但美味可口、营养价值还特别高的食用菌，非常适合宝宝食用。金针菇中含有丰富的蛋白质，并且其中的氨基酸种类丰富，人体必需的8种氨基酸在金针菇里都有分布，对促进宝宝的生长发育、维持宝宝的健康具有特别重要的意义。金针菇所含的各种氨基酸中，赖氨酸的含量特别高，这对促进宝宝对食物中蛋白质的吸收和利用、促进生长发育、增强免疫力、增强宝宝的中枢神经组织功能具有十分重要的意义。金针菇中还含有丰富的锌，这对帮助宝宝维持蛋白质、脂肪、糖、核酸等重要生命物质的正常代谢、增强免疫力、促进机体的正常发育和组织的再生、预防侏儒症、预防食欲不振等具有很大的帮助。金针菇中还含有一种朴菇素，可以增强机体对癌细胞的抵抗能力，帮助宝宝预防癌症。常食金针菇还具有预防肝脏和胃肠疾病、增强正气、防病健身的功效。

在日本，人们把金针菇视为"增智菇"，作为宝宝身体保健和智力开发的必需食品，从断奶期到学龄期，长期给宝宝添加食用。

烹调的要点

1. 新鲜的金针菇中含有秋水仙碱，如果生吃，很容易使人中毒。但是秋水仙碱有易溶于水、充分加热后可以被破坏的特点。所以，新鲜金针菇必须在冷水中浸泡两小时并充分加热煮熟后，才能给宝宝吃。

2. 金针菇性寒，脾胃虚寒、有腹泻症状的宝宝最好少吃。

推荐食谱　　　　　　　　　　　　　　　　**金针菇炖豆腐**

材料： 金针菇 150 克，豆腐 1 块，盐适量

做法： ❶ 将金针菇洗净，撕开，剁碎；豆腐洗净，切小块。

❷ 油锅烧热，先倒入金针菇炒片刻，然后加入豆腐块和适量水一起炒。

❸ 起锅前放盐调匀即可。

科学喂养 专家指导
KE XUE WEI YANG ZHUAN JIA ZHI DAO

金针菇还可以这样吃

菠菜金针菇汁

材料：金针菇100克，菠菜50克，葱白50克，蜂蜜少许

做法：
1. 将菠菜、葱白择洗干净，切段备用；金针菇撕开，清洗干净。
2. 将菠菜、葱白和金针菇放入榨汁机中，加入凉开水。
3. 搅打成汁后倒入杯中，加入蜂蜜调匀即可。

金针菇还可以这样吃

金针菇鸡汤

材料：金针菇100克，鸡肉200克，姜片、葱末、酱油、盐各适量

做法：
1. 将金针菇洗净，撕开，切碎；鸡肉洗净，切片。
2. 油锅烧热，将姜片、葱末爆香，倒鸡肉片炒，加酱油和开水烧，然后倒入金针菇一起煮。
3. 起锅时放盐调味即可。

西蓝花

西蓝花又名绿菜花,和我们平常吃的菜花同属十字花科,但营养价值比起菜花来可是要高出许多。西蓝花中含有丰富的钙、磷、铁、钾、锌、锰等矿物质,不但比其他蔬菜更加全面,含量也要高出许多。此外,西蓝花中含有丰富的碳水化合物、脂肪、胡萝卜素、叶酸等营养物质,营养价值在十字花科蔬菜中居于首位,并且口感脆嫩、味道鲜美,是蔬菜中的精品。

烹调的要点

1. 西蓝花不耐贮藏,容易变黄和花蕾开放,会导致营养损失,因此,西蓝花最好在购买后的两三天内吃完,不要存放过久。

2. 西蓝花上经常有农药残留,还特别容易生菜虫。吃之前最好将西蓝花在盐水里浸泡几分钟,既能赶出藏在花朵深处的菜虫,还可以去除残留在西蓝花上的农药。

3. 西蓝花烧煮的时间不宜过长,才不至于使其中的营养成分流失过多。

推荐食谱

西蓝花蛋黄粥

材料： 粳米 50 克，西蓝花 50 克，鸡蛋 1 个，盐少许

做法： ❶将鸡蛋煮熟，取出蛋黄压碎；西蓝花洗净后切碎备用。

❷粳米淘洗干净，放入沙锅，加水大火烧开，小火熬煮。

❸粥浓稠时加入蛋黄，最后放入西蓝花、盐，稍煮即可。

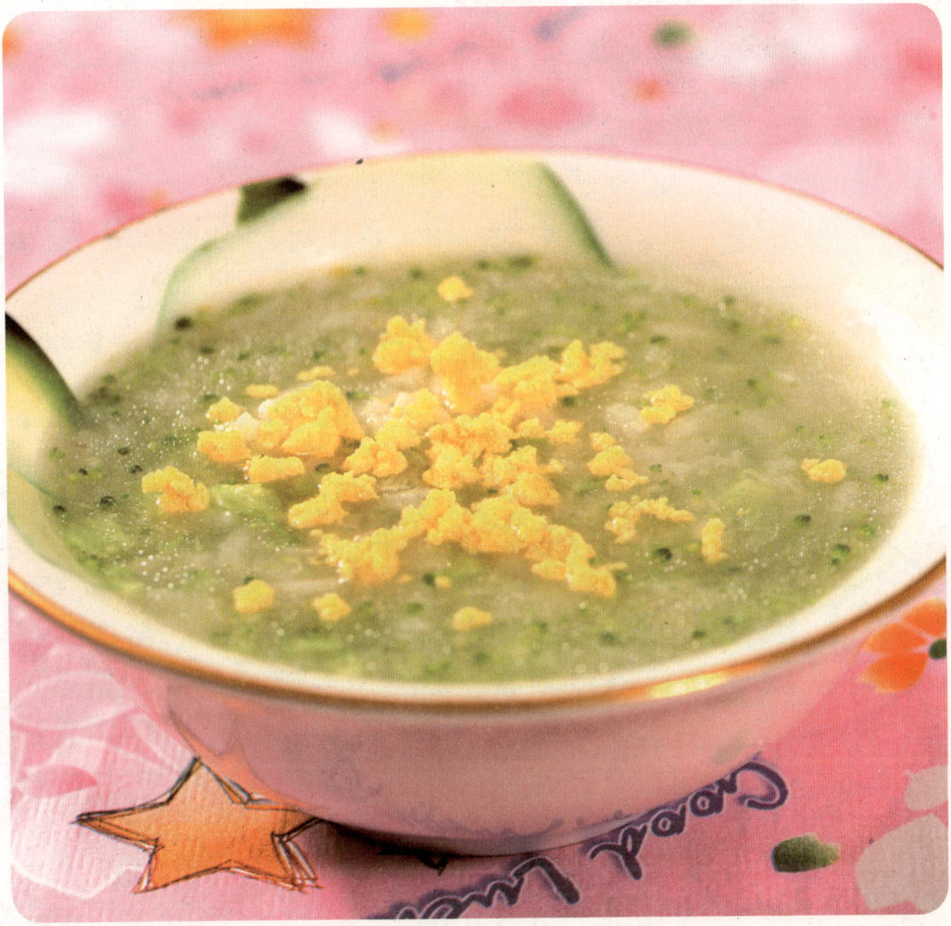

西蓝花还可以这样吃 ······

西蓝花浓汤

材料：西蓝花 50 克，牛奶 1 大匙，土豆 20 克，橄榄油 1 大匙，盐少许

做法：❶将西蓝花洗净，分成小朵；土豆洗净，煮熟，去皮后切成小块。
❷锅中倒入橄榄油，放入西蓝花和土豆翻炒均匀后，加入适量清水，滚开后转中火继续煮 5~8 分钟。
❸将煮好的西蓝花、土豆连汤倒入搅拌机中，搅拌成糊状，之后重新倒入锅中，加入牛奶再次煮开，加盐调味即可。

西蓝花还可以这样吃 ······

西蓝花牛奶羹

材料：西蓝花 50 克，牛奶半杯，盐、水淀粉各少许

做法：❶将西蓝花用水洗净，放入盐开水中煮软。
❷将煮过的西蓝花加入牛奶并用粉碎机粉碎。
❸将 2 料放入锅中煮，再加水淀粉煮至黏稠即可。

芦笋

芦笋是一种营养价值非常高的蔬菜。新鲜芦笋中所含的蛋白质、脂肪、碳水化合物、维生素、氨基酸等营养成分比一般的蔬菜要高出5倍以上，所以人们又给芦笋取了个十分形象的名字——"蔬菜之王"。除了蛋白质、脂肪、碳水化合物和多种维生素，芦笋中还含有丰富的钙、磷、铁、钠、镁、钾、铜等矿物质，营养成分十分全面。

芦笋中的维生素A，可以帮助宝宝维持骨骼、牙齿、上皮组织的正常发育，预防夜盲症。芦笋中的维生素C，可以帮助宝宝提高对铁的吸收利用率，预防缺铁性贫血，并能保护宝宝的血管，帮助宝宝预防坏血病。芦笋中的B族维生素，具有促进细胞的生长和分裂、调节新陈代谢、增强免疫系统和神经系统的功能、维持皮肤和肌肉健康的功效，对帮助宝宝预防贫血、脚气病、神经炎、角膜炎、口角炎、消化不良等多种疾病，具有十分重要的作用。芦笋中所含的天门冬酰胺、天门冬氨酸及其他皂甙物质，可以起到防癌、抗癌、预防心血管病、预防水肿、预防膀胱疾病的保健作用。

在宝宝生长发育的关键期内，多给宝宝吃一点芦笋，不仅对宝宝的生长发育有很好的促进作用，对帮助宝宝提高自身的抗病能力、预防各种疾病也具有十分重要的意义。

烹调的要点

1 芦笋以外形完整，口感鲜嫩，白笋颜色嫩白、尖端紧密，绿笋颜色嫩绿，无空心、开裂的为佳。

2 芦笋不宜久存，最好在1周内吃完，以免存放过久使芦笋中的维生素大量流失。存放芦笋的时候，应注意低温避光保存。

芦笋汤

材料：鲜青芦笋6根，鲜奶油半杯，洋葱半个，牛奶1杯，面粉1小匙，盐、胡椒粉各少许

做法：❶将芦笋切成小段，用清水煮一下；洋葱洗净，切片。

❷锅置火上，油烧热，倒入洋葱片略炒一下，加入面粉陆续注入煮芦笋的水以及少许胡椒粉和盐。

❸煮沸后，滤去渣，将汤倒入汤锅内，加入牛奶及鲜奶油，不停地搅拌，稍煮即可。

芦笋还可以这样吃 ·· 鲫鱼芦笋汤

材料： 鲫鱼1条，芦笋100克，蘑菇50克，姜、料酒、胡椒粉、小葱、盐各适量

做法： ❶将鲫鱼身上抹上盐和料酒腌20分钟。
❷炒锅置火上，油烧热后，倒入姜片爆香，下入鲫鱼，两面略煎。
❸加水，放入芦笋和蘑菇，烧开后转小火继续煮20~30分钟，起锅后放盐、胡椒粉、小葱即可。

芦笋还可以这样吃 ·· 蘑菇芦笋汤

材料： 芦笋250克，蘑菇（鲜蘑）100克，木耳（干）50克，酱油、盐、胡椒粉、香油各少许

做法： ❶将芦笋切去老部再切薄片；蘑菇去泥沙放入锅中，用开水烫一下冲冷，切片；木耳切同芦笋一样的薄片。
❷炒锅置火上，放入适量清水，加入盐、胡椒粉煮开，再加入芦笋、蘑菇、木耳同煮两分钟，倒入装有酱油、香油的碗内即可。

橘子

橘子中富含维生素C、胡萝卜素、碳水化合物、钙、磷、铁、橘皮甙、柠檬酸、苹果酸等营养物质，具有消除疲劳、生津止渴、和胃利尿、润肠通便等多种保健作用，并且色彩鲜艳、味道酸甜可口，是秋冬季节中既常见又物美价廉的美味佳果。如果食用得当，不但能为宝宝补充营养，还能对宝宝的健康起到非常好的保护作用。

橘子中所含的柠檬酸、苹果酸等有机酸，具有促进钙的吸收和代谢，防止草酸和宝宝体内的钙结合成不溶于水的草酸钙，帮助宝宝预防肾结石的功效。橘子中的橘皮甙对宝宝的肠道具有双向调节作用：既能抑制肠道平滑肌的兴奋性，起到止痛、止呕、止泻的作用；又可以提高肠道平滑肌的活力，促进消化，帮助宝宝缓解和消除腹胀、嗳气、食欲不振等不适。橘子中所含的膳食纤维和果胶，可以吸附宝宝肠道内的细菌和毒素，帮助宝宝预防细菌性痢疾和肠炎。橘子还有抑制葡萄球菌滋生和繁殖的作用，可以帮助宝宝预防肺炎。

新鲜的橘子汁中还含有一种具有很强抗癌性能的"诺米灵"，可以阻断癌细胞的生长，提高宝宝体内除毒酶的活性，帮助宝宝预防癌症。

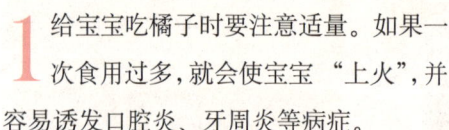

烹调的要点

1. 给宝宝吃橘子时要注意适量。如果一次食用过多，就会使宝宝"上火"，并容易诱发口腔炎、牙周炎等病症。

2. 由于橘子中含有的胡萝卜素具有使宝宝皮肤变黄的特性。如果给宝宝吃得过多，容易使宝宝出现皮肤变黄等症状。

3. 因为橘子中的有机酸能够对胃黏膜产生刺激，最好不要在宝宝空腹的时候给宝宝吃橘子。

4. 吃完橘子应及时给宝宝漱口，以免橘子中的糖类和有机酸残留在宝宝的口腔里，对宝宝的牙齿造成伤害。

推荐食谱

橘子羹

材料： 橘子3个，山楂糕50克，糖桂花、白糖各适量

做法： ❶将橘子去皮、去橘络、去子，切成丁；山楂糕切成丁。

❷锅内加适量清水，烧热，放入白糖，烧沸，去除浮沫，橘子丁放入锅内，撒上糖桂花、山楂糕丁即可。

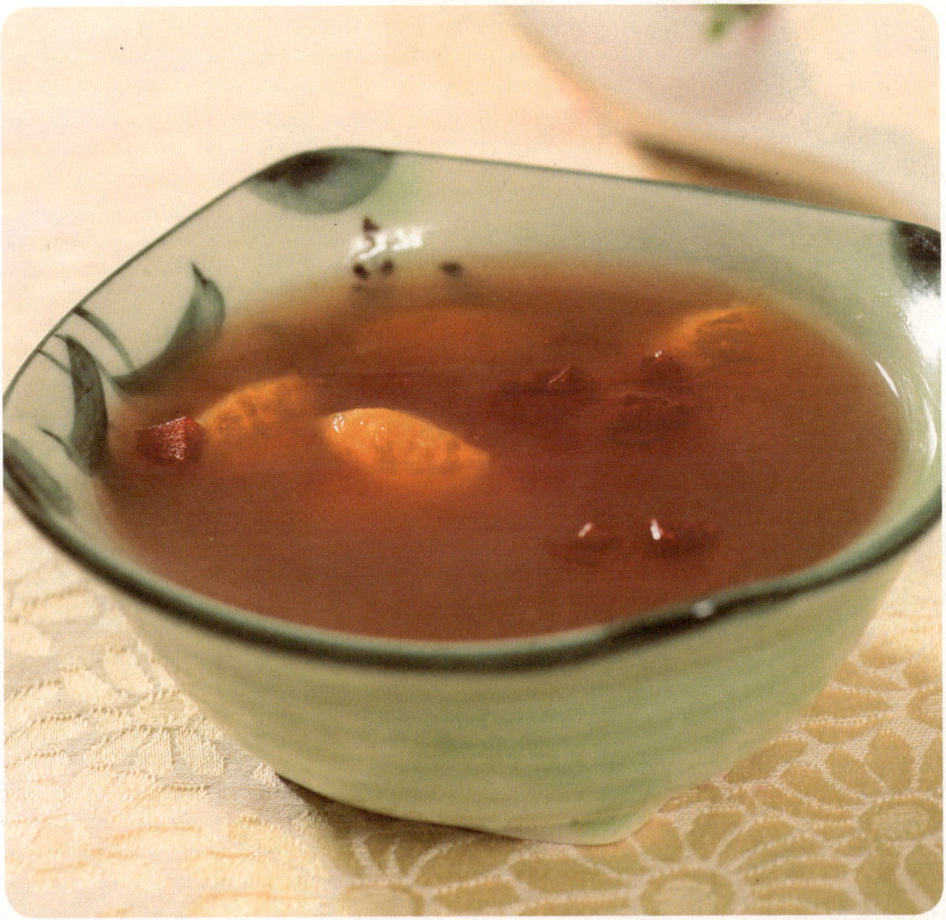

橘子还可以这样吃 ········

橘子银耳羹

材料: 橘子2个,银耳10克,冰糖少许

做法: ❶将银耳去蒂洗净,用大火煮透,改为小火炖,加入冰糖,清水煮。
❷煮至银耳质地柔软时,加入橘子,略烧片刻至沸,起锅盛入大汤碗中即可。

橘子还可以这样吃 ········

橘皮粥

材料: 干橘皮5~10克,粳米50克,水适量

做法: ❶将干橘皮研为细末;粳米淘洗干净。
❷将研细的干橘皮与粳米以及适量清水一起放入锅内,煮粥,待粥稠时即可。

猕猴桃

猕猴桃中最具有招牌意义的营养素就要数维生素C了。每100克猕猴桃鲜果中就含有100~420毫克维生素C，可以满足3~13个宝宝一天的维生素C需求量。和其他水果比起来，猕猴桃中的维生素C含量是柑橘的5~10倍，苹果的20~80倍，是水果中当之无愧的"维C之王"。

除了维生素C，猕猴桃中还含有丰富的氨基酸、B族维生素、维生素E、胡萝卜素、碳水化合物、钙、磷、铁、钾、镁等多种营养成分，可以为宝宝补充比较全面的营养。此外，猕猴桃中还含有可以促进蛋白质分解的12种蛋白酶、具有稳定情绪、镇静心情作用的血清素、防止视网膜出现斑点性恶化的叶黄素、具有促进消化及预防便秘作用的膳食纤维和果酸等物质，是一种不但营养丰富，还具有多种保健功效的神奇水果。

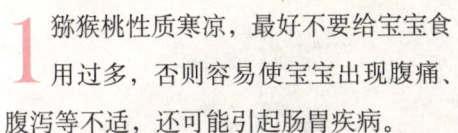

烹调的要点

1 猕猴桃性质寒凉，最好不要给宝宝食用过多，否则容易使宝宝出现腹痛、腹泻等不适，还可能引起肠胃疾病。

2 猕猴桃不宜和黄瓜、动物肝脏一起吃。

3 猕猴桃不能和牛奶一起吃，否则不但影响消化，还会使宝宝出现腹胀、腹痛、腹泻等不适。

推荐食谱

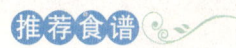

蒸猕猴桃

材料：猕猴桃2个，冰糖适量

做法：❶将猕猴桃洗净去皮、去核，切成块。

❷放置碗中，放入冰糖适量，上笼蒸至桃肉熟烂，取出即可食用。

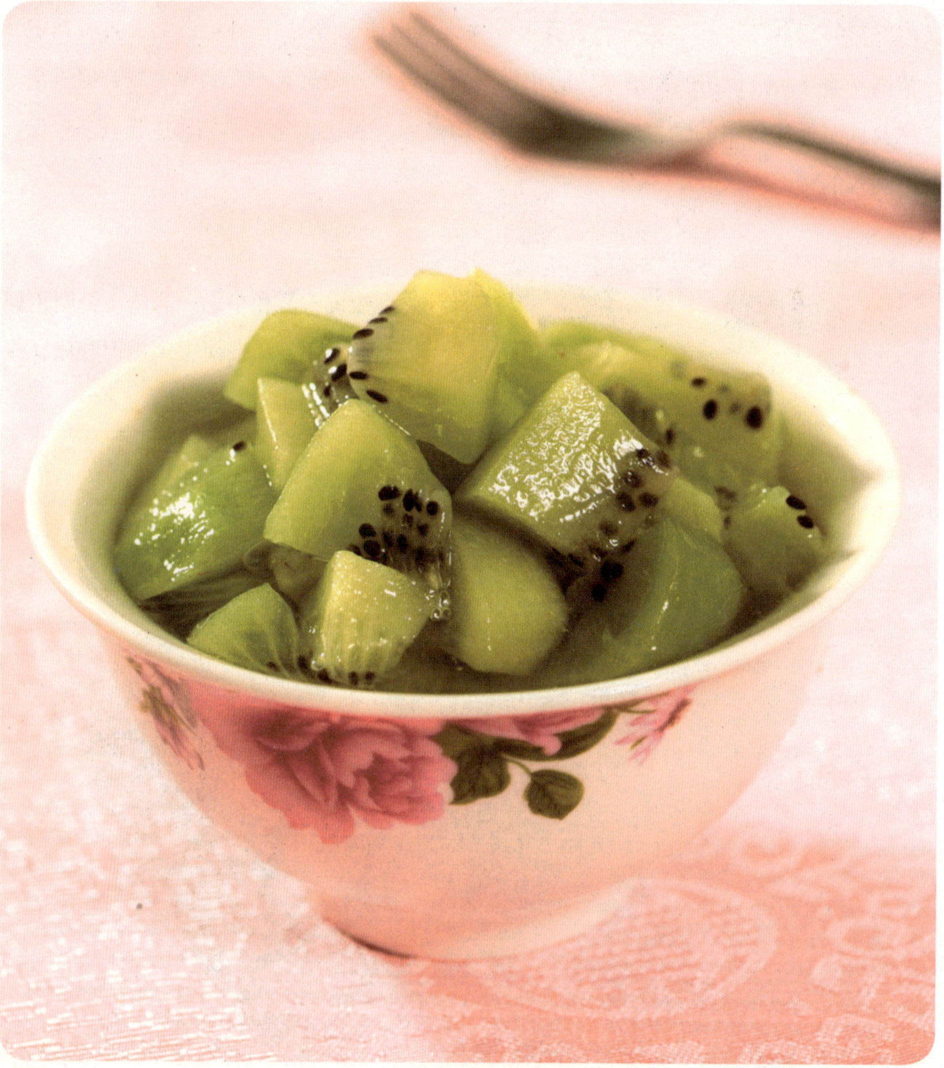

猕猴桃还可以这样吃

猕猴桃酸奶汁

材料：猕猴桃1个，酸奶半杯

做法：❶剥去猕猴桃皮，捣碎过滤出汁（可用榨汁机）。
❷将猕猴桃汁倒入酸奶中搅拌均匀即可。

猕猴桃还可以这样吃

猕猴桃果羹

材料：猕猴桃2个，苹果半个，香蕉半根，梨半个，白糖、水发银耳、清水、淀粉各适量

做法：❶将猕猴桃洗净后，用纱布包好，挤出汁，放入锅中，加入白糖、清水煮沸；银耳洗净，上笼蒸一会儿，撕成小片。
❷苹果、香蕉、梨去皮、去核，切成丁和银耳一起放入猕猴桃汁中，再次煮沸。
❸用清水调开淀粉，慢慢倒入锅中的果羹中，边煮边搅，煮沸即可。

10~12个月宝宝的关键饮食

小馒头

材料：面粉适量，发酵粉少许，牛奶1大匙

做法：❶将面粉、发酵粉、牛奶和在一起揉匀，放入冰箱15分钟后取出。
❷将面团切成3份，揉成小馒头。
❸将小馒头放入上汽的笼屉蒸15分钟。

功效解析：小馒头中含有丰富的维生素E，以及钙、磷、铁及帮助消化的淀粉酶、麦芽糖酶等，非常适合此阶段的宝宝食用。

南瓜饭

材料：南瓜1片，白米50克，白菜叶1片，高汤适量，香油和盐各少许

做法：❶将南瓜去皮，切成碎粒。
❷白米洗净，加汤泡后，放在电饭煲内，加水煮，待水沸后，加入南瓜粒、白菜叶煮至米、瓜熟烂，加入少许香油、盐调味即可。

功效解析：南瓜有驱除蛔虫、绦虫的功效，肥胖或较瘦的宝宝都非常适宜吃。

南瓜菠菜面

材料：干细面条30克，南瓜50克，菠菜20克，鸡蛋半个，高汤半碗，酱油少许

做法：❶将干细面条对折成一半，煮软后用冷水洗净，沥干水；南瓜切薄片；菠菜洗净去根，放入锅中加水煮过后泡冷水，捞出，沥干水后切碎。
❷将高汤和南瓜倒入锅内，加热，煮软，加入面条和菠菜继续煮，待煮沸后加入少许酱油调味，再倒入打匀的鸡蛋，煮至半熟即可。

功效解析：香甜的南瓜搭配营养的菠菜，既合宝宝口味又利于宝宝生长发育。

鱼蛋饼

材料：洋葱10克，鱼肉20克，蛋黄1个，黄油、奶酪各适量

做法：❶将洋葱切成碎末；鱼肉煮熟，放入碗内研碎。
❷将蛋黄磕入碗内，加入鱼泥、洋葱末搅拌均匀，成糊。
❸平底锅置火上，放入黄油烧热，将糊做成小圆饼，放入油锅内煎炸，煎好后把奶酪浇在上面即可。

功效解析：此饼含维生素C和胡萝卜素以及磷脂和固醇类物质，补充身体及大脑所需的营养素。

肉蛋丸子

材料：肉馅100克，蛋黄1个，高汤适量、葱末、姜末、料酒、盐、香油、清水和水淀粉各适量

做法：❶将肉馅放入盆内，放入葱姜末少许，盐、香油、清水各少许，用筷子搅至呈黏性后，把肉馅挤成15个小丸子待用。
❷将蛋黄和水淀粉调成较稠的蛋粉糊。
❸将蛋粉糊放入油锅内炒匀，随即逐个加入丸子，炸至八成熟时，捞出装入小碗内，浇点高汤，加入盐、料酒、葱姜末，调好味，上笼蒸1分钟即可。

功效解析：可以为宝宝生长发育提供丰富的蛋白质、脂肪、维生素及矿物质等营养物质，还能锻炼宝宝的咀嚼能力。

豆腐饭

材料：大米150克，豆腐150克，青菜50克，肉汤和水各适量

做法：❶将大米淘洗干净，放入小盆内加入清水，上笼蒸成软饭，待用。
❷将青菜择洗干净切成末；豆腐放入开水中煮一下，切成末。
❸将米饭放入锅内，加入适量肉汤一起煮，煮软后加豆腐、青菜末稍煮即可。

功效解析：豆腐中含有植物雌激素，可以保护血管内皮细胞，具有抗氧化的功效。经常食用可有效减少血管系统被氧化破坏。

红枣花生粥

材料：花生米20粒，红枣5枚，大米30克，白糖适量

做法：❶将花生米洗净去皮放锅中加清水煮至六成熟，再加入红枣继续煮烂，将煮熟的红枣去皮核后和花生米一同研成泥备用。
❷将米淘洗干净放入锅中，加清水煮成稀粥。
❸粥熟后，倒入红枣花生泥，加白糖，搅拌均匀即可出锅。

功效解析：花生含中有人体所必需的氨基酸，可促进脑细胞的新陈代谢，提高智力。

水果藕粉羹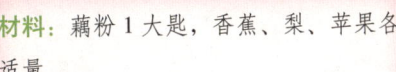

材料：藕粉1大匙，香蕉、梨、苹果各适量

做法：❶将藕粉加适量水调匀；水果去皮，切成细末。
❷锅置火上，加适量水烧开，倒入调匀的藕粉，用小火慢慢熬煮，边熬边搅动，熬至透明为止。
❸加入切碎的水果，稍煮即可。

功效解析：此羹味香甜，易于消化吸收，含有丰富的碳水化合物以及钙、铁、磷和维生素等，是宝宝良好的健身食品。

PART 5

会吃的宝宝最聪明，补脑益智关键期（1~2岁）

1~2岁宝宝营养关键

提升宝宝智力的 DHA、ARA

营养解读

DHA又名二十二碳六烯酸，是构成细胞及细胞膜的主要成分之一。在大脑皮质中，DHA是构成神经传导细胞的主要成分，对脑细胞的分裂、增殖、神经传导、神经突触的生长和发育都起着极大的促进作用，在宝宝的大脑发育过程中扮演着极其重要的角色。宝宝的视网膜感光细胞中也含有大量的DHA，这些DHA可以使宝宝的视网膜细胞变得更加柔软，进而使视觉信息更快地传递到大脑，提高宝宝的视觉功效。

ARA的正式名称是二十碳四烯酸，又名花生四烯酸，属ω-6系列中多不饱和脂肪酸的一种。ARA是一种对大脑和视神经发育具有重要促进作用的物质，如果宝宝在成长过程中缺乏ARA，大脑和神经系统发育将会受到严重影响，身体的发育也会受到阻碍。ARA虽然可以由必需脂肪酸——亚油酸转化而成，不属于必需脂肪酸，但由于1~2岁以内的宝宝自己合成ARA的能力较低，还需要通过食物摄入足够的ARA，来满足自己大脑、神经系统和身体发育的需要。

宝宝的需求量

世界粮农组织和世界卫生组织联合委员会建议正常宝宝每天每千克体重应当补充20毫克DHA，40毫克ARA；早产宝宝每天每千克体重应当补充的DHA和ARA的量则分别是40毫克和60毫克。DHA和ARA之间的比例，以1:2~1:1.8为最佳。

富含DHA和ARA的食物

母乳是最好的DHA和ARA的来源。此外，蛋黄、深海鱼类、海藻等食物中也含有丰富的DHA和ARA。

贴心小提示

1. 为宝宝补充DHA和ARA的时候要注意适度，不能补充得过量，否则会产生不良反应：DHA补充过量会使宝宝的免疫力降低；ARA补充过多则可能使宝宝的视力减弱。此外DHA和ARA的比例不合适，还会影响彼此的吸收。

2. 为宝宝选择含有DHA和ARA的配方奶粉时，最好选用罐装奶粉。因为罐装奶粉的密封性比较好，可以防止DHA和空气接触而氧化变质。

3. 如果选择袋装奶粉，则应选择出厂3个月内的产品，并且不宜一次性购买太多。

提高宝宝记忆力的**卵磷脂**

营养解读

卵磷脂是生命的物质基础。它存在于人体的每个细胞中，大脑、神经系统、血液循环系统、免疫系统、心、肝、肾等重要器官中的含量最多。卵磷脂具有调节人体代谢、促进大脑和中枢神经发育、增强体能、调节血脂、保护肝脏等重要生理功能。

对宝宝来说，卵磷脂的主要功能是促进大脑细胞的健康发育。如果宝宝出现卵磷脂缺乏，将直接导致脑细胞膜受损，造成脑神经细胞代谢缓慢、免疫力及再生能力降低，影响宝宝的大脑发育。卵磷脂中的胆碱，可以和人体内的乙酰合成乙酰胆碱，而乙酰胆碱则是大脑中对脑神经细胞之间的特定联系具有重要意义的物质基础。如

果摄入了充分的卵磷脂，宝宝就可以在体内形成足够的乙酰胆碱，从而为宝宝的大脑提供充分的信息传导物质，进而提高脑细胞的活力，提高记忆力和智力水平。

所以，卵磷脂又被专家们称为大脑的"高级营养素"。

富含卵磷脂的食物

蛋黄、大豆、鱼头、牛奶、动物脑、骨髓、心脏、肺脏、肝脏、肾脏、大豆、酵母、芝麻、蘑菇、山药、黑木耳、谷类、红花子油、玉米油等食物中都含有卵磷脂。但含量最多的还是大豆、蛋黄和动物肝脏。

宝宝的需求量

卵磷脂在体内多与蛋白质结合，以脂肪蛋白质（脂蛋白）的形态存在着，以丰富的姿态存在于自然界当中，只要哺乳妈妈和宝宝摄取足够种类的食物，就不必担心会有缺乏卵磷脂的问题，同时也不需要额外补充含卵磷脂的营养品。

> **贴心小提示**
>
> 卵磷脂可以调节肾功能，加快体内水分的排泄。因而，在秋冬等干燥季节为宝宝补充卵磷脂时，还应注意为宝宝适当补充水分。

提高宝宝记忆力的碘

营养解读

碘是一种对宝宝的智力发育具有直接影响的微量元素。人类大脑发育的90%是在胎儿、新生儿和婴幼儿期完成的。在这个时期中，碘和甲状腺激素对脑细胞的发育和增生起着决定性的作用。甲状腺激素可以起到维护中枢神经系统的正常结构，促进神经元的迁移及分化，促进树突、树突棘、轴突等神经突起的分化和发育，促进神经元联系的建立，促进髓鞘的形成和发育等多种作用。碘则是甲状腺激素的重要成分。只有在宝宝婴幼儿期补充足够的碘，才能使宝宝的神经系统发育得到很好的促进和维护，智力发育也才能正常进行。

如果在这时候宝宝出现碘缺乏，将会使宝宝出现智力低下、反应迟钝等智力发育障碍，甚至会出现生长迟缓、骨头停止发育、只增粗不增高、四肢短粗、身材矮小等身体症状。当碘长期缺乏时，宝宝的甲状腺体就会自动增强分泌功能来补偿碘缺少造成的影响，使宝宝出现甲状腺肿大。

宝宝的需求量

10~12个月的宝宝对碘的需求量为平均每天50微克左右。

富含碘的食物

海带、紫菜、海白菜、海鱼、虾、蟹、

贝类等食物中含有丰富的碘，可以多吃。为了预防缺碘，市面上出售的很多婴儿奶粉和大部分食盐中都添加了碘，也是宝宝补充碘质的良好来源。

贴心小提示

1 为了避免碘在盐中的损失，购买到碘盐后一定要注意防潮和密封，以免碘和空气中的水分接触，出现流失。

2 碘在高温下会遭到破坏。平时炒菜做饭时，最好在饭菜快出锅时再加入碘盐。

3 碘并非补得越多越好。平时膳食中使用含碘的食盐，再适当吃一些海带、紫菜、鱼等食物，就可以满足宝宝身体和智力发育的需要。食用含碘食物时，注意不要加过量的醋。

4 宝宝是否缺碘、是否需要服用碘剂来补碘，都需要经过尿碘化验后由医生决定，切不可给宝宝滥用补碘药。

1~2岁宝宝身体发育情况

　　这个时期宝宝连续长出十几颗牙齿,主食已经逐渐从以奶类为主转向以混合食物为主,要多给宝宝吃新鲜的蔬菜水果补充维生素,多吃肉类、鱼类、豆类摄取优质蛋白质,同时,牛奶也是这个阶段不可缺少的食物。

　　宝宝1岁半的时候,走路已经很稳了,很多宝宝甚至开始跑,你可能开始感觉宝宝变得难"管理"起来。但是你要鼓励宝宝多活动,因为这个时期是宝宝脑发育的黄金期,除了鼓励宝宝多活动以开发智力外,你还需要给宝宝准备一些对大脑有益的食物,比如坚果、鱼类以及鸡蛋黄都是不错的选择。

1~2岁宝宝营养新知快递

🍀 宝宝一日饮食安排

这个阶段宝宝的乳牙已经大部分出齐,消化能力进一步提高。在膳食安排上可以比照成人的饮食内容。此后,乳品不再是宝宝的主食,但尽量保证每天饮用配方奶,以获取更佳的蛋白质。宝宝的食品应当尽量细、软、烂,以利于营养成分的吸收

上午

8:00	母乳或配方奶250毫升,面包25克,荷包蛋1个
10:00	点心少许,酸奶50~100毫升
12:00	粥1碗,蔬菜,鱼肉虾

下午

15:00	水果100克,小点心1块
18:00	软饭1碗,汤1碗,蔬菜,豆腐

晚上

母乳或配方奶250毫升

宝宝吃水果不是越多越好

任何食品都讲究饮食平衡,虽然水果中含有丰富的维生素和其他营养物质,但吃得过量也会引起不适。对宝宝来说尤其重要,因为宝宝的身体在发育期,许多器官功能还不完善。

患水果病

水果病最常见的就是橘子高胡萝卜素症,多发生在秋季橘子丰收的季节,主要的症状是宝宝鼻唇沟、鼻尖、前额、手心、脚底等处皮肤出现黄染,严重的全身发黄,同时伴有恶心、呕吐、食欲不振、全身乏力等症状。有的家长误以为宝宝得了肝炎。

过量吃水果容易影响其他食品的摄入

宝宝吃水果太多了，就不愿意吃饭了，肯定会影响其他营养的吸收。对于营养不良的宝宝来说加重了蛋白质摄入的不足；对于肥胖的宝宝来说，大量摄入高糖分水果进一步加重了肥胖，不利于减肥。

宝宝要多吃哪些健脑食品

科学的饮食能够改善大脑的发育，你要给宝宝提供一些健脑食品，为宝宝提供大脑发育所需要的足够的营养素，宝宝可以经常食用的健脑食品有：

1. 动物内脏，如肝、肾、脑等既能补血，又能健脑。
2. 豆类，如黄豆、豌豆、花生豆儿以及豆制品。
3. 糙米杂粮，包括糯米、玉米、小米、红小豆等，粗细粮搭配食用，更利于大脑的发育。
4. 鱼类、瘦肉、蛋黄，宝宝最好每天吃点蛋黄和鱼肉。
5. 蔬菜和海鲜。
6. 水果和硬壳食物，如核桃、松子等。

给宝宝补充健脑食品要注意，健脑食物应适量、全面，不能偏重于某一种或以健脑食物替代其他食物，否则会使宝宝营养不全。

多吃鱼宝宝会更聪明

宝宝满1岁后，体重已经达到出生时的3倍，身高达到出生时的1.5倍，其间宝宝大脑的早期发育也最快，应该多给宝宝添加富含优质蛋白、油酸及亚油酸等不饱和脂肪酸及DHA的婴幼儿辅食，让宝宝更加健康和聪明。

优质蛋白主要存在于猪肉、牛肉、鸡肉、鱼肉等动物肉中,其中以三文鱼、金枪鱼等鱼类含量最高,优质蛋白会让宝宝更强壮;不饱和脂肪酸主要存在于动物骨髓、松仁、核桃仁、虾等食品中,它是宝宝中枢神经系统发育所必需的脂肪酸,有益于宝宝健康成长;而DHA、EPA等不饱和脂肪酸(称"脑黄金")则主要存在于鱼脑中,是宝宝神经和脑发育不可缺少的营养素,摄入足够量的"脑黄金"可提高脑神经细胞的活力,促进宝宝智力的发育。

因此,你应当在婴幼儿的生长过程中及时添加这些营养成分。

为解决喂食鱼肉时鱼刺的困扰,可以选择工业化生产的不添加人工色素、香精、防腐剂的纯天然辅食(如深海金枪鱼泥和各种宜儿鱼宝),这些产品鱼肉纤维细而短,结构松软,肉质细嫩,适合宝宝吸收,配方科学、合理,比家庭制作更大限度地保存了深海水域鱼类的优质营养成分。

宝宝不吃肉怎么保证得到足够的蛋白质

大部分宝宝之所以不爱吃肉,是因为肉比别的食物咀嚼起来费力,因此肉食一定要做得软、烂、鲜嫩。同时,因为奶类、豆类、鸡蛋、面包、米饭、蔬菜等其他食物也含蛋白质,如果每日平均喝2两杯奶、吃3~4片面包、1个鸡蛋和3匙蔬菜,折合起来的蛋白质总量就有30~32克。当然也可以多吃些豆制品来补充蛋白质,所以不必过于担心。

宝宝吃得多为什么长不胖

宝宝吃得多，摄入的营养素多，就应该长胖，这是有一定道理的。但是现实生活中，往往有的宝宝吃得多但却总长不胖，为什么呢？

消化功能差

食物的消化、吸收差，吃得多，拉得也多，食物的营养素没有被人体充分吸收、利用，这样宝宝就长不胖。

食物质量差

主要营养素蛋白质、脂肪含量低，长期这样，吃得多，体重却不能增加。

消化道有寄生虫

如蛔虫、钩虫等摄取和消耗了营养物质，这样幼儿就不能长胖。

宝宝运动量大

摄入的营养素跟不上运动量的需要。

不可忽视的一点，就是当宝宝还有某种内分泌疾病的时候，他也可能表现为吃得多而体重下降，体质虚弱，此时应该带宝宝去医院作全面体检，查出原因，及时治疗。

不要给宝宝喝碳酸饮料

碳酸饮料中最主要的三种成分均影响宝宝健康，在日常生活中，你应该尽量做到不要让宝宝喝碳酸饮料。

二氧化碳过多影响消化

碳酸饮料口味多样，但里面的主要成分都是二氧化碳，所以你喝起来才会觉得很爽、很刺激。但饮用碳酸饮料后，释放出的二氧化碳很容易引起腹胀，影响食欲，甚至造成肠胃功能紊乱。

大量糖分有损牙齿健康

除了含有让人清爽、刺激的二氧化碳，碳酸饮料的甜香也是吸引宝宝饮用的重要原因，这种浓浓的甜味儿来自甜味剂，也就是饮料含糖量太多。

饮料中过多的糖分被人体吸收，就会产生大量热量，长期饮用非常容易引起肥胖。最重要的是，它会给肾脏带来很大的负担，这也是引起宝宝糖尿病的隐患之一。

碳酸饮料里的这种糖分对宝宝们的牙齿发育很不利，特别容易腐损牙齿。有的家长会因此而选择无糖型的碳酸饮料，尽管喝无糖型的碳酸饮料减少了糖分的摄入，但这些饮料的酸性仍然很强，同样能导致齿质腐损。

磷酸导致骨质疏松

如果你仔细注意一下碳酸饮料的成分，尤其是可乐，不难发现，大部分都含有磷酸。通常人们都不会在意，但这种磷酸却会潜移默化地影响你的骨骼，常喝碳酸饮料骨骼健康就会受到威胁。人体对各种元素都是有要求的，所以，大量磷酸的摄入就会影响钙的吸收，引起钙、磷比例失调。

一旦钙缺失，对于处在生长过程中的宝宝身体发育损害非常大。缺钙无疑意味着骨骼发育缓慢、骨质疏松。

不要随意给宝宝添加营养补品

市场上为宝宝提供的各种营养品很多，有补锌的、补钙的、补充赖氨酸的、开胃健脾的、补血滋养的等。对于这些营养品家长要有正确的认识，那就是任何营养品只适用于一定的身体状况，并非像广告宣传的那样能包罗万象。

人体是一个非常精确的平衡体，多一点少一点都对人体的健康不利，尤其是幼儿的各系统功能还未发育成熟，调节功能相对差，不恰当的营养会造成各种疾病。如宝宝服用蜂王浆类的补品容易造成性早熟；宝宝补充维生素A过量会造成维生素A中毒。

不管怎样，都要记住一点，正常情况下，宝宝从食物中就能摄取丰富全面的营养，只要不偏食，没有特殊的需要就没必要另外添加额外的营养品。如果宝宝确实存在某些问题需要增补营养，最好也得经医生的提议，选择一种合适的补品，有目的有针对性地去添加，要懂得，小儿营养并非多多益善。

长期大量服用葡萄糖会引起宝宝厌食

有的妈妈把口服葡萄糖当做补品,给宝宝喝牛奶或开水时,总喜欢放些葡萄糖。其实,这种做法对宝宝的健康不利。

我们平时更多食用的是白砂糖,宝宝摄入一定量的白砂糖后在胃内也很容易转化成葡萄糖,吸收也很快。如果经常食用葡萄糖,不仅会摄糖过多,还容易引起消化功能减退等不良后果。

比如,平时食用的糖类,会先在胃内经消化酶的分解,再转化为葡萄糖被吸收,而服葡萄糖则免去转化的过程,直接就可由小肠吸收。如果长期以葡萄糖代替白砂糖,就会使肠道正常分泌双糖酶和其他消化酶的机能发生退化,影响宝宝对其他食物的消化和吸收。

另外,经常用葡萄糖水喂宝宝,还会引起宝宝厌食、偏食、龋齿、肥胖等不良后果。

给宝宝零食的原则

零食是宝宝的最爱,但是你要是给的方式不当,不但对宝宝的身体健康不利,还会养成宝宝一闹就要拿零食来哄的坏习惯。在此,要把握几个给宝宝零食的原则:

时间要到位

如果在快要开饭的时候让宝宝吃零食,肯定会影响宝宝正餐的进食量。因此,零食最好安排在两餐之间,如上午10点左右,下午3点半左右。如果从吃晚饭到上床睡觉之间的时间相隔太长,这中间也可以再给一次。这样做不但不会影响宝宝正餐的食欲,也避免了宝宝忽饱忽饿。

不可让宝宝不断地吃零食

这个坏习惯不但会导致宝宝肥胖,而且如果嘴里总是塞满食物,食物中的糖分会影响宝宝的牙齿,造成蛀牙。

不可无缘无故地给宝宝零食

有的家长在宝宝哭闹时就拿零食哄他,也爱拿零食逗宝宝开心或安慰受了委屈的宝宝。与其这样培养宝宝依赖零食的习惯,不如在宝宝不开心时抱抱宝宝、摸摸他的头,在他感到烦闷时拿个玩具给他解解闷。

对宝宝大脑发育有害的食物

腌渍食物

包括咸菜、榨菜、咸肉、咸鱼、豆瓣酱以及各种腌制蜜饯类的食物，含有过高精盐成分，不但会引发高血压、动脉硬化等疾病，而且还会损伤脑部动脉血管，导致脑细胞缺血缺氧，造成宝宝记忆力下降，大脑反应迟钝。

含有味精的过鲜食物

含有味精的食物将导致周岁以内的宝宝严重缺锌，而锌是大脑发育最关键的微量元素之一，因此即便宝宝稍大些，也应该少给他吃加有大量味精的过鲜食物，如各种膨化食品、鱼干、泡面等。

煎炸、烟熏食物

鱼、肉中的脂肪在经过200℃以上的热油煎炸或长时间暴晒后，很容易转化为过氧化脂质，而这种物质会导致大脑早衰，直接损害大脑发育。

含铅食物

过量的铅进入血液后很难排除，会直接损伤大脑。爆米花、松花蛋、啤酒中含铅较多，传统的铁罐头及玻璃瓶罐头的密封盖中，也含有一定数量的铅，因此这些"罐装食品"父母也要让宝宝少吃。

含铝食物

油条、油饼在制作时要加入明矾作为涨发剂，而明矾（三氧化二铝）含铅量高，常吃会造成记忆力下降，反应迟钝，因此父母应该让宝宝戒掉以油条、油饼做早餐的习惯。

1~2岁宝宝护理课堂

宝宝喜欢要别人的东西怎么办

宝宝常常要别人的东西，尤其是吃的东西，弄得妈妈很难堪。其实，宝宝要别人的东西是一种很普遍的现象，同样的东西也总是觉得别人的好。这主要是宝宝缺乏知识经验而好奇心又特别强所致，随着宝宝年龄的增长和知识范围的扩大，这种现象就消失了。

但是，妈妈决不能因此而放任自流，等待宝宝的自然过度和消失，而是要采取正确的态度和处理办法。放任自流和管得过严都会使宝宝形成对别人所有物的占有欲，看见别人有什么东西部想据为己有，那是一种危险的人格特征。要克服宝宝的这种现象，关键在于正确引导。

如果宝宝想要别人的饼干，明明家里有，可他偏要别人的，这时，妈妈不要太强硬，而是在接受了别人的东西后和自己家里的作对比，让宝宝亲口尝，亲身体会到味道是一样的，以后他就不再要了。

有时宝宝要别人的东西，这种东西自己家确实没有，如果经济条件允许，就答应（并做到）给他买一个。如果条件不允许，应尽可能把宝宝的注意力引向别处。

另外，交换玩具或食物可以满足宝宝的好奇心，还可以防止宝宝独霸和占有欲的产生。如果宝宝要别人的玩具，就让宝宝自己拿着玩具用商量的口吻，友好的态度和小朋友交换着玩，使双方都受益。

宝宝特别缠人怎么办

有的宝宝总想靠近妈妈，待在妈妈跟前，跟妈妈依偎在一起撒娇。

这一类宝宝的心理状态也许是他渴望着母爱，热烈地寻求着母爱。所以妈妈让他到旁边玩去，他感到太无情了。

不理解宝宝这种心理的妈妈，始终在考虑如何赶走宝宝，说一些冷淡疏远的话或做出推开宝宝的举动。这样一来，宝宝觉得他对妈妈的感情遭到了拒绝，越发增强了执拗的性格。

妈妈越想推开宝宝，宝宝就越想接近妈妈，恰好产生了相反的效果。这时候，妈妈就应该想一想："宝宝真可怜。我上班没有很多时间照顾他，所以应该加倍地爱抚他，让他相信妈妈对他的爱。"

当宝宝陷入这种状态的时候，妈妈的温情就显得特别重要。抚爱是必要的。对于形影不离、紧紧缠着妈妈不放的宝宝，除了给他极大的满足之外，别无他法。

"那样娇生惯养好吗？"这种担心是不必要的。因为这种宝宝的心理，已经倒退到更小年龄段的状态，所以不必有什么顾虑。

1岁半的宝宝还不会走路怎么办

1岁半的宝宝还不会走路，属于发育落后了，一般弱智儿在大运动方面也都表现出发育落后，如走得晚。宝宝不会走路其原因很多，首先应考虑宝宝大脑的发育有没有问题，腿的关节、肌肉有没有病，再有，父母有没有训练过宝宝走路，宝宝是否爬过，站得好不好，是否用屁股坐在地上蹭行过，是否过早地用了"学步车"，这些因素都会影响宝宝学会走路或推迟走路的时间。

宝宝一般在1岁左右就会走了，如果到了1岁还不能站稳，可以看看他的脚弓是不是扁平足。扁平足是足部骨骼未形成弓形，足弓处的肌肉下垂所致，父母可以帮他按摩按摩，并帮他站站跳跳。有的是脚部肌肉无力，无法支撑全身重量，大人要帮他增加肌肉力量。如果到了1岁半还不会走路，最好请医生检查一下，对症治疗。

宝宝健脑益智明星食材推荐

鲅鱼

鲅鱼是一种肉质细腻、味道鲜美、营养丰富的海鱼。它含有丰富的蛋白质、维生素A、维生素B_1、维生素B_2、维生素E、钙、碘等营养物质,对贫血、营养不良的宝宝来说是非常好的食物。

鲅鱼中含有丰富的不饱和脂肪酸,其中又以DHA的含量较高。DHA是构成神经传导细胞的主要成分,对宝宝脑细胞的分裂、增殖、神经传导、神经突触的生长和发育都起着重要的促进作用,还具有使宝宝的视网膜细胞变得更柔软、使视觉信息更快地传递到大脑、提高宝宝的视觉、帮助宝宝提高机体免疫力的功效。

宝宝在生长发育的过程中多吃鲅鱼,不仅可以拥有发育良好的大脑和视网膜,还可以获得更多的健康。

烹调的要点

1. 将鲅鱼洗净投入开水锅中氽烫一下,可以去掉鲅鱼特有的腥味。
2. 鲅鱼适合烹制红焖、清炖等做法,肉还可制馅。

推荐食谱

红烧鲅鱼

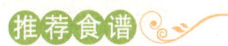

材料： 鲜鲅鱼300克，蒜薹、干辣椒、葱、姜、豆豉酱、白糖、盐各适量

做法： ❶将鲜鲅鱼清理干净，切成薄片。❷锅中加适量油，加葱、姜、干辣椒、豆豉酱、白糖煸炒出香味，煸出香味后加水、盐，水滚后倒入鲅鱼，用中火炖。❸炖到把汤收干，加入蒜薹翻炒几下，即可出锅。

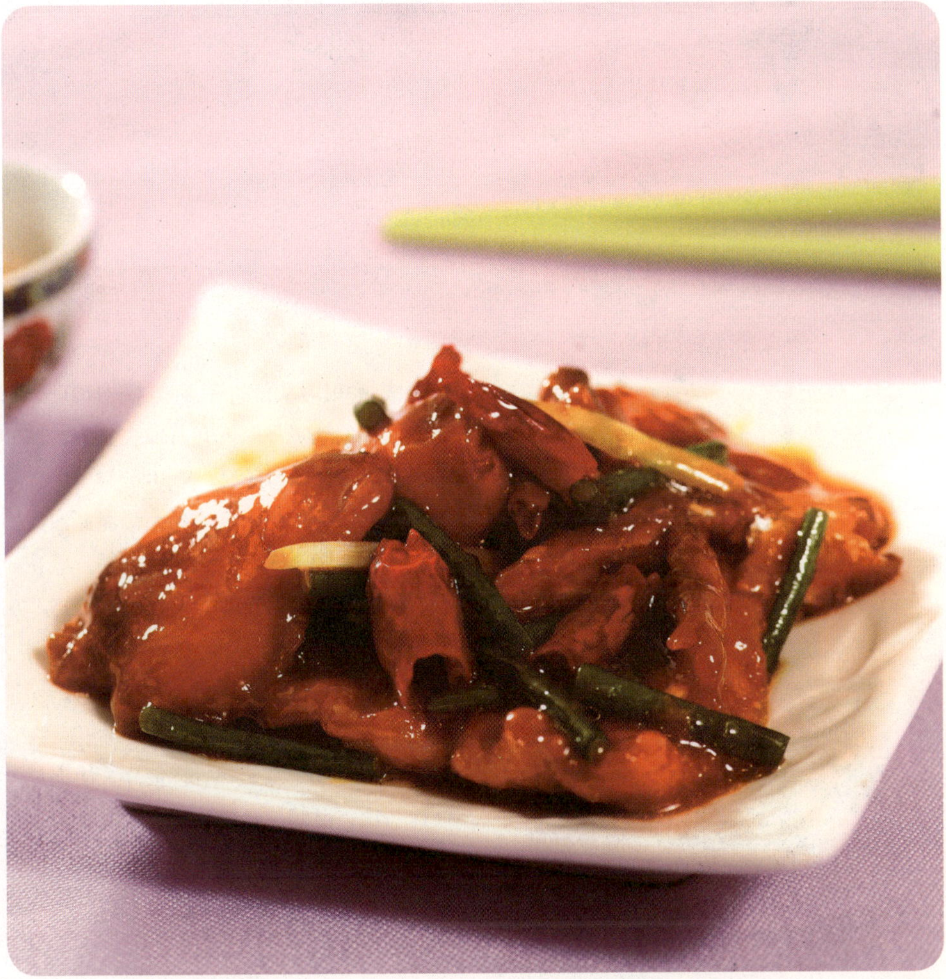

鲅鱼还可以这样吃 ……………………………………… **鲅鱼饺子**

材料： 鲅鱼300克，肥肉少许，鸡蛋1个，韭菜、葱、姜、水、盐、香油各适量

做法： ❶将鲅鱼洗净，去皮（鲅鱼要去皮，否则发腥）；韭菜择好、洗好、切好，放到盆子里。
❷鱼肉和肥肉一起剁成肉泥（加入肥肉去腥，味道更香），剁的时候加入葱、姜，可加少许的水，剁好以后，放入盛韭菜的盆里，加入香油，搅拌均匀时加入盐、少许的水和一个鸡蛋，做成馅。
❸用鲅鱼馅包好饺子放锅内煮熟即可。

鲅鱼还可以这样吃 ……………………………………… **五香鲅鱼**

材料： 鲅鱼1条，姜2片，葱2段，姜末、醋、五香粉、料酒、酱油、白糖各适量

做法： ❶用刀从鱼的脊背部划开，清理干净后，斜切成厚片，鱼片放在盆中，加入姜片、葱段和酱油，腌10分钟备用。
❷将料酒、白糖、五香粉、醋和酱油放入锅中，加入1杯水熬煮5分钟，盛在碗中，凉凉备用。
❸大火烧热锅，放入鱼片，用筷子轻轻划开，炸至表皮略黄、鱼肉发紧即可，捞出沥油。
❹再次将锅中油烧热，将鱼片入油锅再炸一次，用漏勺捞出，趁热立即放入调料碗中吸味，放置15分钟以上，即可食用。

鸡蛋

鸡蛋含有丰富的蛋白质、脂肪、卵磷脂、DHA、维生素A、维生素B_6、维生素B_2、维生素B_6、维生素B_{12}、维生素D、维生素E、叶酸、钙、铁、磷、镁、锌、铜、碘等营养成分，几乎含有人体所需要的所有营养物质，并且具有养心、安神、补血、滋阴、润燥的保健功效，是4个月以上的宝宝的理想营养食物。

虽然鸡蛋的营养比较全面，并具有促进宝宝的大脑、神经系统和身体发育，增强免疫力，促进新陈代谢，保护肝脏等多种功能，也不能一下子给宝宝吃得太多。因为对于宝宝来说，鸡蛋中的蛋白质含量相对较高，属于比较难以消化的食物，吃得过多，容易加重宝宝的肾脏负担，使宝宝的肾功能受到损害，进而引起"促红细胞生成素"分泌减少，容易使宝宝出现缺铁性贫血和胃肠功能障碍。鸡蛋中的膳食纤维含量比较少，如果吃得太多，影响其他营养食物的摄入，容易使宝宝因为膳食纤维摄入不足而出现便秘，进而引起上火。因此，对7~9个月的宝宝来说，一天吃一个鸡蛋，就已经足够了。

烹调的要点

1. 鸡蛋的吃法很多，但对于消化能力还比较弱的宝宝来说，蒸蛋羹、蛋花汤这两种做法能使鸡蛋中的蛋白质充分松解，最适合宝宝吃。

2. 打鸡蛋前最好先把蛋壳洗干净。因为蛋壳上很容易聚集细菌。如果打鸡蛋的时候不清洗干净，很容易使蛋壳上的细菌进入蛋液，影响宝宝的健康。

3. 生鸡蛋里含有阻碍人体吸收蛋白质的物质，还可能含有细菌，不宜给宝宝吃。所以，一定要将鸡蛋煮熟，再给宝宝吃。

4. 不要给宝宝吃煮得过熟的鸡蛋。因为鸡蛋煮的时间过长，蛋黄表面会形成一层灰绿色的硫化亚铁，很难被人体吸收，不宜给宝宝吃。

5. 煮鸡蛋的时候不能加糖，否则会生成一种叫糖基赖氨酸的物质，破坏鸡蛋中的氨基酸，降低鸡蛋的营养价值。

 煎蛋饼

材料： 面粉 50 克，鸡蛋 1 个，植物油、牛奶、蜂蜜各少许

做法： ❶将鸡蛋磕入碗中，搅拌均匀，加少许牛奶和蜂蜜混合拌匀，然后再放面粉，用适量水调和稀一点。

❷平锅里放适量植物油，置火上，烧热后，把调好的鸡蛋羹倒入平锅上摊平，用小火煎 5 分钟即可。

鸡蛋还可以这样吃 ········· **奶油鸡蛋**

材料：鸡蛋1个，牛奶1杯，蜂蜜少许

做法：❶将鸡蛋的蛋黄和蛋白分开，分别放入两小碗里，把蛋白调和打匀。
❷把牛奶、蛋黄和蜂蜜混合搅拌后倒入锅里，上火煮一会儿，然后用勺慢慢地把蛋白倒入锅内，稍煮片刻即可。

鸡蛋还可以这样吃 ········· **鸡蛋蔬菜糕**

材料：洋葱20克，胡萝卜20克，菠菜20克，鸡蛋1个

做法：❶将洋葱、胡萝卜、菠菜用开水氽烫，然后切碎。
❷将鸡蛋磕入碗里，打散后加等量凉开水搅匀，加入蔬菜上锅蒸至软嫩即可。

PART5 会吃的宝宝最聪明，补脑益智关键期（1~2岁）

南瓜

南瓜中含有大量的碳水化合物、蛋白质、胡萝卜素、叶酸、维生素C、维生素K、钾、钙、磷、钴等营养成分，是一种既营养丰富、又对宝宝的健康具有很大帮助的健康食物。

南瓜中含有丰富的果胶，可以吸附和消除宝宝体内的细菌、毒素和其他有害物质，对感染细菌和病毒而出现腹泻的宝宝具有很好的治疗作用。南瓜中所含的钴是人体胰岛素合成的必需元素，具有活跃人体新陈代谢、促进造血、参与人体内维生素B_{12}合成的生理功能，对帮助宝宝降低血糖、预防糖尿病具有很重要的意义。南瓜中所含的甘露醇，还具有润肠通便的作用，是便秘宝宝的理想食物。南瓜中还含有一些能够促进胆汁分泌、加快胃肠蠕动的成分，对消化不良的宝宝也有很大的帮助。

但是，南瓜性温，又容易阻滞气机，胃热、容易腹胀的宝宝最好少吃。

烹调的要点

1. 南瓜以瓜梗新鲜、坚硬、连着瓜身，瓜体圆弧饱满，瓜皮比较硬，覆盖果粉，没有破损，没有蜂蜇、虫咬、摔伤痕迹的为佳。挑选的时候可以用指甲掐一下南瓜外皮，如果留不下指印，说明南瓜已经成熟，品质比较好。

2. 南瓜本身含有比较多的水分，烹调的时候注意不要放太多水。

 推荐食谱

南瓜粥

材料： 南瓜50克，米（将米先放在干粉机内稍打碎点）100克

做法： ❶将南瓜洗净，切片，蒸熟后捣碎成泥；米煮成稀粥。
❷将南瓜泥放进稀粥里调匀即可。

南瓜还可以这样吃 ──────────────────── **南瓜羹**

材料： 南瓜150克，肉汤半碗

做法： ❶将南瓜去皮去瓤，切成小块。
❷将南瓜放入锅中倒入肉汤煮。
❸边煮边将南瓜捣碎，煮至稀软即可。

南瓜还可以这样吃 ──────────────────── **肉末炒南瓜**

材料： 嫩南瓜200克，木耳50克，肉末50克，盐、料酒、葱、高汤各适量

做法： ❶木耳用水泡发好待用；南瓜去皮切成细条，用盐腌一会儿，控去水待用。
❷锅置火上，加少许油，放肉末炒熟后加入葱花爆香，烹入料酒，放入腌好的南瓜条翻炒，再放入木耳，加少许高汤，翻炒3分钟即可。

核桃

核桃是一种对宝宝的生长发育具有很多好处的营养食物。它含有大量脂肪和优质蛋白质，不但可以为宝宝的生长发育提供重要的物质基础，还含有大量对宝宝的大脑和神经发育有益的赖氨酸和不饱和脂肪酸，可以促进宝宝大脑和神经的发育。核桃里还含有丰富的锌，可以避免宝宝因为新陈代谢旺盛、活泼好动、大量出汗造成的锌不足，帮助宝宝预防由于缺锌引起的免疫力低下、食欲不振、地图舌等病症。此外，核桃里还含有丰富的胡萝卜素、核黄素、维生素 B_6、维生素 E、磷脂、磷、铁、锰、铬等营养物质，是宝宝益智、健脑、强身的佳品。

但是，由于核桃里含有大量的蛋白质和脂肪，比较不容易消化，还有油腻滑肠、容易生痰助火的特点，腹泻、痰多、咳嗽及阴虚体热的宝宝最好少吃核桃。

烹调的要点

1. 发霉的核桃不能吃。因为核桃发霉后会生成有致癌作用的黄曲霉素，危害宝宝的健康。

2. 不要直接给宝宝吃核桃仁，要打成粉或磨成浆，也可以做成核桃泥喂宝宝。

3. 核桃浆最好加热煮沸后再给宝宝吃。

4. 给宝宝用核桃制作食物最好现做现吃，量不要太大，以一次吃完为宜。

推荐食谱

核桃糊

材料：核桃5个，枸杞子1大匙，糯米粉4大匙，白糖1小匙

做法：
① 将核桃放入烤箱中，烤约20分钟，香酥时取出，趁热磨碎（或放凉后用磨碎机磨成粉末）。
② 将磨碎的核桃与白糖及少许水混合，放火上用大火煮开后，改小火。
③ 糯米粉加少许水溶解后，倒入核桃锅内勾芡成浓糊状时熄火，撒下用温水泡软的枸杞子即可。

核桃还可以这样吃 ————————————————— 平菇核桃仁

材料： 鲜平菇100克，核桃仁150克，葱花、姜丝、料酒、盐、水淀粉、鲜汤各适量

做法： ❶将鲜平菇去杂洗净，撕成小片；核桃仁用温水浸泡，剥去外皮，切成小块。❷炒锅烧热后，加入适量油，待油六成热时，放入葱花、姜丝煸香，加入鲜汤、平菇片、核桃仁，煸炒片刻后，再加入料酒、盐，煸炒至入味，用水淀粉勾芡，出锅装盘即可。

核桃还可以这样吃 ————————————————— 核桃花生奶

材料： 花生、核桃各100克，牛奶2杯

做法： ❶将花生、核桃洗净、炒熟、去皮磨成粉。❷将花生粉、核桃粉放入牛奶中搅拌均匀即可。

芝麻

芝麻主要有黑芝麻、白芝麻两种，不管哪一种都含有丰富的蛋白质、脂肪（不饱和脂肪酸）、糖类、膳食纤维及维生素等营养物质。芝麻所含的营养素中，蛋白质的含量比肉类还要高，钙的含量是牛奶的2倍，此外含有丰富的卵磷脂、氨基酸、维生素A、维生素D及B族维生素等营养，还具有滋补、养血、润肠等功效，是宝宝上佳的滋补食品。黑芝麻里含的麻油酸香气独特，味道浓郁，更能激起宝宝的食欲，使宝宝胃口大开。黑芝麻里所含的膳食纤维及矿物质比白芝麻稍微高一些，养生效果也比较好，一般用来入药。白芝麻虽然养生效果不如黑芝麻，却含有丰富的营养，一般被作为食物而被人们食用。

这里需要注意的是：由于芝麻里所含的油脂比较多，润肠通便的功能特别强，平时大便比较稀、大便次数多的宝宝最好少吃，因为它会使宝宝的肠胃蠕动得更快，容易造成宝宝腹泻。芝麻香气浓郁，对宝宝肠胃的刺激性也比较大，一些脾胃虚弱、容易出现消化不良症状的宝宝，也不适合吃芝麻和芝麻制成的食物。

烹调的要点

不要给宝宝吃整粒的芝麻，应该打成芝麻糊给宝宝吃。因为芝麻仁外面有一层比较硬的膜，不容易消化，只有把它碾碎才能使宝宝吸收到更多的营养。

推荐食谱

核桃黑芝麻糊

材料： 桃仁100克，黑芝麻150克，红糖适量

做法：
❶ 将红糖放入锅中，加入适量的水，用小火将红糖熬至溶化并且熬稠。
❷ 将桃仁和黑芝麻炒香。
❸ 炒香的桃仁和黑芝麻倒入熬红糖的锅中，搅拌均匀后即可关火，倒入涂有熟油的盘中摊平，切成小方块即可食用。

芝麻还可以这样吃 ································ ## 芝麻糯米粥

材料：糯米50克，芝麻2大匙，核桃1个，花生米10粒

做法：❶将糯米先浸泡1个小时，芝麻、核桃和花生（切碎）一起放在锅内炒熟待凉后用干粉机打成粉。
❷糯米煮开后，加入芝麻核桃粉，小火煮1个小时即可。

芝麻还可以这样吃 ································ ## 芝麻芋头

材料：芋头1个，黑芝麻粉4大匙

做法：❶将芋头去皮，洗净，切小块，放入锅中蒸到熟软。
❷将芋头、温开水、黑芝麻粉放入果汁机中，先用瞬间打法打10秒钟，再速打3分钟即可。

大豆

大豆含有丰富的植物性优质蛋白质，是足以和鱼、肉、蛋、奶等动物性食物相媲美的高蛋白、高脂肪、高热能食物。大豆中所含的蛋白质，氨基酸种类齐全，组成比例接近人体需要，特别是富含谷物类食物中比较缺乏的赖氨酸，是可以和谷类食物中所含的蛋白质形成互补的天然理想食品。大豆中的脂肪含量也很高，并且不饱和脂肪酸的含量丰富，占大豆中脂肪的50%以上，还富含卵磷脂、脑磷脂等与宝宝的大脑发育密切相关的营养成分，对促进宝宝的身体和智力发育、增强记忆力、帮宝宝提高免疫力都具有重要的作用。

大豆的营养价值虽然很高，却不能生吃。因为这样不但影响宝宝对大豆中的蛋白质的吸收利用，还容易使宝宝出现肠胃胀气。所以，人们历来喜欢把大豆加工成各种各样的豆制品，既利于消化，又能使宝宝充分吸收大豆中的营养。

烹调的要点

1. 生大豆、夹生黄豆、干炒大豆都不能给宝宝食用。

2. 在烹调大豆时，尽量选择蒸、煮的方式，才能最大限度地保留大豆中的营养。

3. 生大豆含有不利健康的抗胰蛋白酶和凝血酶，所以不宜一次给宝宝食用过多，以免宝宝消化不良而出现腹胀。

推荐食谱　　黄豆炖排骨

材料：黄豆100克，猪排骨300克，青蒜末、葱、姜、料酒、酱油、盐各适量

做法：❶将黄豆去杂洗净，下锅煮熟；排骨洗净，砍成小块。

❷锅内加入适量清水，加入排骨、葱、姜、料酒、酱油，大火烧沸后，改用小火炖，加入盐、黄豆，炖至肉熟烂入味，盛大汤碗内，撒上青蒜末即可。

大豆还可以这样吃 ·· **南瓜豆浆汁**

材料： 南瓜 100 克，豆浆 1 杯，盐、橄榄油少许

做法： ❶ 将南瓜去皮，洗净，切块。
❷ 用橄榄油加少许盐将南瓜炒一下，和豆浆一起搅拌成浓汁，再煮熟即可（或是南瓜切块蒸熟，和煮熟的豆浆一起搅拌成浓汁）。

大豆还可以这样吃 ·· **小米香豆蛋饼**

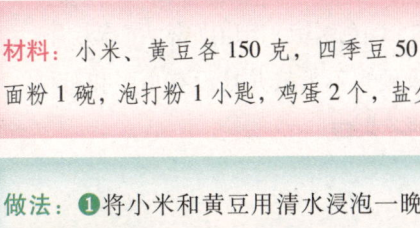

材料： 小米、黄豆各 150 克，四季豆 50 克，面粉 1 碗，泡打粉 1 小匙，鸡蛋 2 个，盐少许

做法： ❶ 将小米和黄豆用清水浸泡一晚上，然后将黄豆外皮搓掉，切成小碎粒；四季豆放入沸水中烫一下，捞出切成小碎粒。
❷ 盆中放入面粉、泡打粉、四季豆碎、黄豆碎和两个鸡蛋，撒上适量的盐，注入温水搅拌，最后将泡好的小米加入，混合成稀糊状，静置 10 分钟。
❸ 平底锅放油烧热后将面糊倒入，转小火，盖上盖子，煎上 10~15 分钟，再翻个，用同样的方法再煎另一面，待蛋饼变得蓬松、颜色金黄出香后，即可关火，切成小块儿，装盘即可。

苹果

苹果含有丰富的糖类、蛋白质、维生素C、胡萝卜素、果胶、纤维素、有机酸、钙、磷、铁、钾等营养物质，还具有生津止渴、润肺除烦、健脾养胃、养心清热、润肠通便、止泻等保健功效，不但可以为宝宝补充比较全面的营养，还是患消化不良、便秘、慢性腹泻、贫血等疾病的宝宝的良药。

苹果中的苹果酸、柠檬酸等有机酸，能够促进胃液分泌，帮助宝宝提高消化功能，还可以杀灭多种传染病毒，帮助宝宝预防感冒。苹果中的钾能促进钠的排泄，避免宝宝因为摄入过多的钠而对身体产生伤害。苹果中还含有多酚、黄酮类等天然抗氧化物质，可以有效地帮助宝宝排出体内多余的铅，帮助宝宝预防铅中毒。苹果还可以改善呼吸系统和肺的功能，保护宝宝的肺部免受污染和烟尘的损害。苹果中所含的锌，对促进宝宝生长发育、帮助宝宝增强儿童的记忆力也有一定的作用。

烹调的要点

1. 买苹果时，最好挑大小适中、果皮光洁、颜色鲜艳、肉质细密、气味芳香、既不太硬也不太软并且没有虫眼和机械损伤的苹果。

2. 将削了皮的苹果浸到凉开水里，可以防止果肉接触空气而氧化，使苹果吃起来更加清脆香甜。

3. 苹果泥或苹果汁中如果加了胡萝卜会特别容易变质，不宜存放。因此，给宝宝制作苹果胡萝卜泥或苹果胡萝卜汁的时候，最好量不要太大，尽量使宝宝一次吃完。

推荐食谱

苹果汁

材料：苹果1个

做法：❶将苹果去皮、去核。
❷用擦菜板擦出丝，用干净纱布包住苹果丝挤出汁（可用榨汁机）。

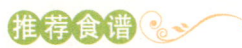

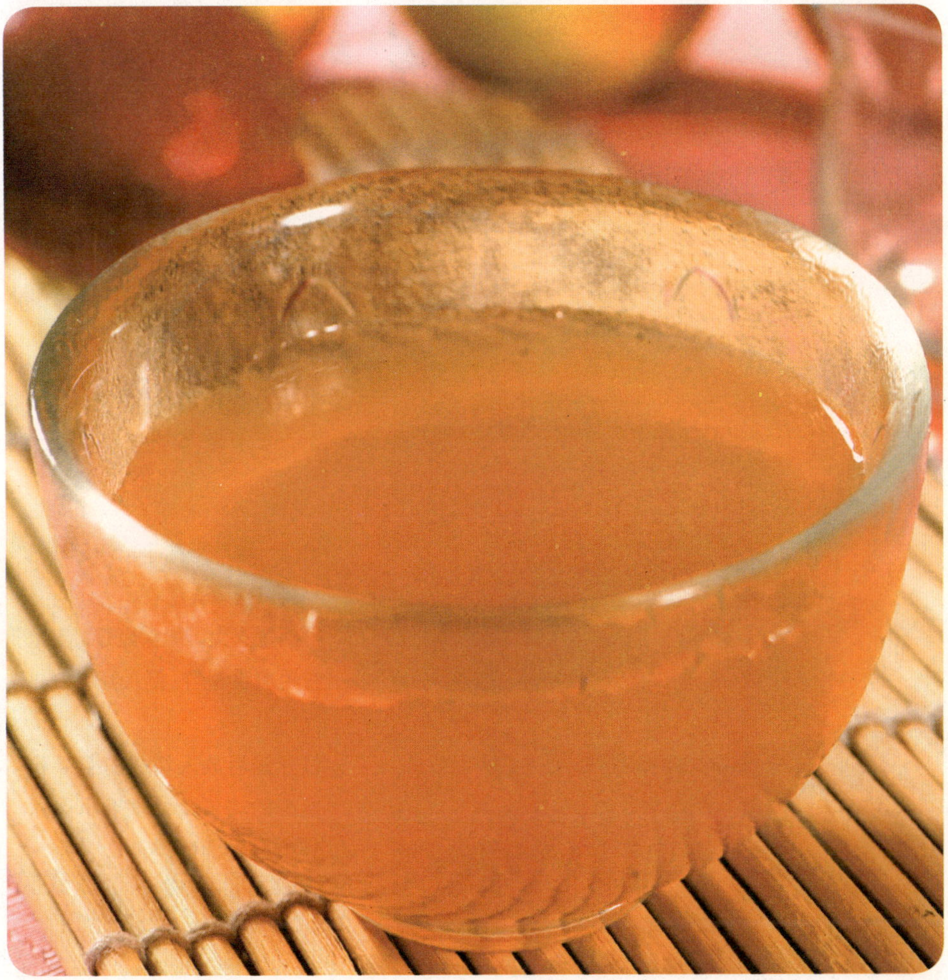

苹果还可以这样吃 ······················ ## 苹果沙拉

材料：苹果半个，橘子2瓣，葡萄干1小匙，酸奶酪15克，蜂蜜1小匙

做法：❶将苹果洗净，去皮后切碎；橘瓣去皮、核，切碎；葡萄干用温水泡软后切碎。❷将切碎的苹果、橘子、葡萄干放入小碗内，加入酸奶酪和蜂蜜，拌匀即可。

苹果还可以这样吃 ······················ ## 苹果蛋黄粥

材料：苹果1个，熟鸡蛋黄1个，玉米粉25克

做法：❶苹果洗净，切碎；熟鸡蛋黄搅碎。❷锅置火上，加水烧开，玉米粉用凉水调匀，倒入开水中并搅匀。❸开锅后放入切碎的苹果和搅碎的鸡蛋黄，改用小火煮5~10分钟即可。

宝宝最爱吃的补脑益智饮食

蜜枣核桃卷

材料：蜜枣150克，核桃仁50克，鸡蛋2个，糯米粉50克，白糖适量

做法：❶将蜜枣去核；核桃仁用热水泡开，炒锅放油烧至五成熟时，下核桃仁过油1分钟，捞出沥干油待用。
❷取出蜜枣一枚摊开，包进一小块过油的核桃仁，卷成橄榄形，蜜枣全部包完；鸡蛋磕开取蛋清，放入糯米粉调拌后，将卷好的蜜枣放入糯米浆内蘸匀。
❸炒锅放油烧至五成热，将蜜枣一个一个放油锅炸至色黄发脆，先将炸好的捞起，待全部炸好，再加锅略炸，倒入漏勺里过油，装在盘内撒上白糖即可。

功效解析：核桃含有较多的优质蛋白质和脂肪酸，对脑细胞生长有益。

五仁包

材料：面粉400克，核桃100克，莲子、葵花子、松子仁、花生仁、熟黑芝麻各30克，白糖和香油各适量

做法：❶面粉发酵后调好碱，搓成一个一个小团子，做成圆皮备用。
❷将核桃仁、莲子、葵花子仁切碎，加炒好的黑芝麻、松子仁、花生仁、白糖、香油，拌匀成馅。
❸面皮包上馅后，把口捏紧，然后上笼用急火蒸15分钟即可。

功效解析：该面食中核桃仁、花生仁、黑芝麻、松子仁、葵花子仁这五仁，都含有丰富的不饱和脂肪酸，还含有丰富的蛋白质，含有多种氨基酸，特别是人体必需的8种氨基酸含量丰富，这都是大脑不可缺少的营养素。

PART5 会吃的宝宝最聪明，补脑益智关键期（1~2岁）

香炸豆腐

材料：豆腐300克，炸花生仁50克，葱段、料酒、白糖、干辣椒、花椒粒、清汤、盐、酱油、水淀粉各适量

做法：❶将干辣椒切段；碗内加清汤、白糖、水淀粉、盐、酱油调成味汁待用。

❷炒锅置火上，加油烧至七成热，将豆腐切块，放入油锅内炸至金黄色，捞出控油。

❸炒锅中留油30克左右，放入干辣椒、花椒粒炸至棕黄色，去掉花椒粒，再放入豆腐、葱段、料酒，倒入味汁，放入花生仁炒匀，起锅装盘即可。

功效解析：豆腐中含有丰富的大豆卵磷脂，有益于神经、血管、大脑的发育生长，有健脑的功效。

清蒸猪脑

材料：猪脑花100克，料酒2小匙，姜汁、葱段、胡椒粉、鲜汤各适量

做法：❶先将猪脑花去净血筋洗净，盛于蒸碗内，掺入鲜汤半碗，和姜汁、葱段、胡椒粉、料酒等适量。

❷将蒸碗置于笼内大火蒸熟，即可食用。

功效解析：猪脑花含蛋白质、脂肪、磷及维生素等，对大脑神经、记忆力等发育有促进作用。

紫菜瘦肉汤

材料： 紫菜25克，猪瘦肉150克，葱花、姜、料酒、肉汤、精盐各适量

做法： ❶ 将紫菜用清水泡发后去杂质；将猪瘦肉洗净，下沸水锅余烫，捞出洗去血水切丝。
❷ 烧热锅，放入肉丝煸炒，放入料酒，炒至水干，加入肉汤、葱、姜、盐，煮至肉熟。
❸ 加入紫菜烧沸，出锅装入汤碗即可。

功效解析： 紫菜是很好的益智补脑食品，猪瘦肉含丰富的蛋白质、钙等，能补充大脑所需营养素。

芝麻拌菠菜

材料： 菠菜200克，芝麻50克，盐、香油各少许

做法： ❶ 将芝麻去杂质，淘洗干净，沥干水，放入锅中，用中火炒香。
❷ 将菠菜择洗干净，放入沸水锅中焯透，捞出，沥干水，凉干后放入盘中，放入盐，加上芝麻，淋上香油即可。

功效解析： 芝麻是健脑益智食物，宝宝食此菜，可使脑力增强，思路敏捷。

洋葱菠菜粥

材料：胡萝卜 20 克，洋葱 20 克，菠菜 20 克，米粥 1 小碗，酱油半小匙，清汤适量

做法：❶将胡萝卜、洋葱、菠菜切成碎块。
❷将上述蔬菜加清汤煮制，随后放入米粥同煮。
❸煮好之后放酱油调味即可。

功效解析：菠菜中含有大量的抗氧化剂如维生素 E 和硒元素，有促进细胞增殖作用，既能激活大脑功能，又可增强宝宝活力，洋葱能稀释血液，改善大脑的血液供应，从而消除心理疲劳和过度紧张。

鲜虾蛋粥

材料：米饭 1 小碗，鸡蛋 1 个，虾仁 50 克，菠菜 50 克，葱花 1 大匙，盐和胡椒粉各少许

做法：❶将米饭煮成稀饭；鸡蛋打散；葱切碎；菠菜切段备用。
❷把菠菜与虾仁加入稀饭中煮沸，用盐、胡椒粉调味。
❸最后将蛋汁倒入，撒上葱花即可。

功效解析：鸡蛋含卵磷脂、卵黄素等，是婴幼儿大脑发育的必需品；虾含丰富的蛋白质、不饱和脂肪酸、钙、维生素 A、维生素 B 等，都是健脑的重要营养素，可提高智力。

PART 6 吃对食物身体棒，补锌补钙、调理脾胃关键期（2~3岁）

2~3岁宝宝营养关键

促进宝宝生长发育的锌

营养解读

锌是正处于生长发育旺盛期的婴幼儿的重要营养素，是人体生长发育、生殖遗传、免疫、内分泌等重要生理过程中必不可少的物质，锌不仅对于蛋白质和核酸的合成而且对于细胞的生长、分裂和分化的各个过程都是必需的。

给宝宝补充充足的锌可增强他自身的免疫力，因为锌参与免疫功能，对免疫功能具有营养和调节作用，故缺锌后可致细胞免疫功能下降，身体抵抗能力减弱。

母乳所含的锌的生物利用率比较高，牛奶喂养的宝宝就应该尽早添加富含锌元素的辅食。另外，在断乳期辅食添加应充足，喂养要适当，以免引起宝宝缺锌。

宝宝需求标准

1~6个月为3毫克／天，7~12个月为8毫克／天，1~3岁为9毫克／天。动物性食品含锌量普遍较多，每100克动物性食品中含锌3~5毫克,并且动物性蛋白质分解后所产生的氨基酸还能促进锌的吸收。这些食物中,以牡蛎的含锌量最为突出,少量的牡蛎就能保证宝宝一天的含锌量,除此之外,你还可以给宝宝吃白菜等含锌丰富的蔬菜。

一般情况下,在宝宝添加辅食后,如果能合理搭配食物,同时宝宝没有挑食、偏食的坏毛病的话,就不会有缺锌现象。

富含锌的食物

含锌量高的食物有牡蛎、蛏子、扇贝、海螺、海蚌、动物肝、禽肉、瘦肉、蛋黄等,白菜、蘑菇、豆类、小麦芽、酵母、干酪、海带、坚果也含有适量的锌。

贴心小提示

1 宝宝最好通过食物来补充锌元素,锌制剂补充过多可使宝宝体内维生素C和铁的含量减少,并且抑制铁的吸收和利用,从而引起缺铁性贫血,生长停滞和免疫力下降。

2 味精是引起宝宝缺锌的祸首,影响宝宝的体格和精神发育。为了使婴儿不出现缺锌症,妊娠后期的孕妇和哺乳期的妈妈应忌吃味精。

促进宝宝骨骼生长的钙

营养解读

我国国民普遍存在钙摄取不足,按平均值计算,每天每人钙的摄入量仅占供给量的49%。钙是人体内含最多的矿物质,大部分存在于骨骼和牙齿之中,是构成骨骼、牙齿的主要成分。钙和磷相互作用,制造健康的骨骼和牙齿;还和镁相互作用,维持健康的心脏和血管。

婴幼儿生长发育迅速,尤其是婴儿期,1岁时体重是出生时的3倍,身长是出生时的1.5倍,因此,宝宝易缺钙。

妈妈一定要注意婴幼儿膳食中钙的补充,促进宝宝健康成长。

宝宝需求标准

一般6个月内的宝宝每天需要300毫克钙;7个月到2岁内的宝宝每天需要400~600毫克钙;3岁以上的宝宝每天需要800毫克钙。母乳含钙量低于牛乳,每100克含钙仅约为34毫克,但2/3左右存留于体内;牛乳钙含量高,但只能存留25%~30%,因此应坚持母乳喂养。此外,

为了保证母乳喂养效果，妈妈须在哺乳期间补充钙剂。宝宝4个月开始，就要添加含钙丰富的辅食，常吃猪骨汤、虾皮、酸奶等，就能满足宝宝一日钙的需求量。

菜；豆制品；鲜奶、酸奶、奶酪等奶制品；蔬菜中的金针菜、胡萝卜、小白菜、小油菜等；另外，鸡蛋中含钙量也较高，可均衡摄取。

富含钙的食物

海产品如鱼、虾皮、虾米、海带、紫

贴心小提示

1. 补钙一定要遵医嘱。给宝宝过量补钙会导致钙中毒。
2. 在骨骼的形成过程中，每2克钙便需要1克磷的参与，因而，在给宝宝积极补钙的同时，也千万不能忽略了磷的补充。一般而言，钙：磷的比例在1.2:1~2:1时，吸收最好。虾皮、海带、海米、黑木耳、豆制品、猪瘦肉、羊瘦肉等均是富含钙、磷的食物，可适量给宝宝食用。

维持食欲促进消化的 B 族维生素

营养解读

B族维生素是水溶性物质，主要参与人体的消化吸收功能和神经传导功能。B族维生素是一个大家庭，它又可以分为维生素B_1、维生素B_2、维生素B_5、维生素B_6、维生素B_{12}等许多种，其中对婴幼儿健康最重要的是维生素B_1、维生素B_2、维生素B_6、维生素B_{12}。

B族的维生素之间有协同作用——也就是说，一次摄取全部B族的维生素，要比分别摄取效果更好，而且B族维生素是水溶性物质，无法长期储存在体内，所以，需要每天补充。另外，如果维生素B_1、维生素B_2、维生素B_6摄取比率不均的话，是没有效果的，其最佳摄取比例约为1:1:1。

维生素B_1对于发育中的婴幼儿有重要意义，具有营养神经、维护心肌的作用，还能增强婴幼儿的胃肠功能和心脏肌

肉活力。它在人体内与磷酸结合，能刺激胃蠕动，促进食物排空而增进宝宝食欲，促进食物的吸收和消化。

维生素 B_2 是人体细胞中促进氧化还原的重要物质之一，还参与体内糖、蛋白质、脂肪的代谢，并有维持正常视觉机能的作用。母乳中含有较丰富的维生素 B_2。

维生素 B_6 是人体色氨酸、脂肪和糖代谢的必需物质，是制造抗体和红细胞的必要物质；可协助维持身体内钠钾平衡；另外还有利于解决体内水分滞留带来的不便，帮助脑和免疫系统发挥正常的生理机能，控制细胞增长和分裂的 DNA、RNA 等遗传物质的合成。此外，维生素 B_6 还可以活化体内的许多种酶，并有助于维生素 B_{12} 的吸收，是宝宝正常发育所必需的营养成分。

维生素 B_{12} 是宝宝身体制造红细胞和保持免疫系统的必要物质。维生素 B_{12} 作为叶酸代谢中不可缺少的因子，共同参与体内叶酸的作用。当维生素 B_{12} 缺乏时，红细胞不能正常发育成熟，因而诱发巨幼红细胞性贫血，以及神经系统的障碍。此外，维生素 B_{12} 还参与人体内甲基丙二酸辅酶 A 转变为琥珀酸辅酶 A 的过程，而琥珀酸辅酶 A 与血红素的合成有关。所以，当维生素 B_{12} 缺乏时，红细胞中血红素的合成也会受到影响，导致发生营养性贫血。

宝宝需求标准

如果宝宝不偏食，营养均衡，粗细粮都爱吃的话，一般不会缺乏 B 族维生素。

富含 B 族维生素的食物

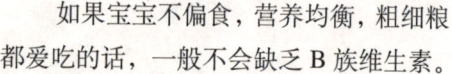

维生素 B_1 含量较高的食物有米糠、全麦、燕麦、花生、猪肉、番茄、茄子、小白菜和牛奶等。其中尤其在粮谷类的表皮部分含量更高，故给宝宝吃的大米和白面碾磨精度不宜过度。动物内脏、蛋类及绿叶菜中含量也较高，芹菜叶、莴笋叶中

贴心小提示

1 维生素 B_1 没有任何毒副作用，如果食用过量，会由尿液排出体外，不会储存在婴幼儿的身体组织或器官里。

2 维生素 B_2 与蛋白质有特殊的关系，维生素 B_2 被排出的量可能随蛋白质的流失程度而有所增减。膳食中如果没有足够的蛋白质，即使有丰富的维生素 B_2，也不会为人体所用。所以在宝宝的日常膳食中，一定要注意饮食均衡，同时保证维生素 B_2 和蛋白质的摄入量。

3 维生素 B_1、维生素 B_2、维生素 B_6 容易氧化，所以相应的食物宜采用焖、蒸、做馅等方式加工；维生素 B_1、维生素 B_2 在碱性条件下会分解，而在酸性环境中可耐热，所以可以在烹调时适量加一点醋。

4 纯牛奶喂养容易导致维生素 B_{12} 缺乏，维生素 B_{12} 只有在胃内黏蛋白作用下，才能被顺利吸收。由于婴儿胃内缺少黏蛋白，故单纯用牛奶喂养，势必造成叶酸和维生素 B_{12} 的缺乏，导致细胞的核酸代谢障碍，从而发生婴幼儿巨幼细胞性贫血。因此，要给宝宝挑选配方奶并及时添加辅食喂养，以促进宝宝健康发育。

含量也较丰富，是不错的食物来源。

维生素 B_2 在牛奶、动物肝脏与肾脏、酿造酵母、奶酪、肉、蛋黄、鳝鱼、豆类、谷类、胡萝卜、香菇、紫菜、芹菜、橘子、柑、橙子等食物中含量丰富。维生素 B_6 在牛肉、鸡肉、鱼肉、动物内脏、燕麦、小麦麸、麦芽、豌豆、大豆、花生、核桃等食物中含量比较丰富。维生素 B_6 与维生素 B_1、维生素 B_2、泛酸、维生素 C 及镁配合作用，效果最佳。动物肝脏、牛肉、猪肉、蛋、牛奶、奶酪和豆类发酵制品是维生素 B_{12} 的主要食物来源。

宝宝的肠道卫兵 乳酸菌

营养解读

以乳酸菌为代表的益生菌是人体必不可少的且具有重要生理功能的有益菌，乳酸菌可以有效防治有色人种普遍患有的乳糖不耐症（喝鲜奶时出现的腹胀、腹泻等症状），促进蛋白质、单糖及钙、镁等营养物质的吸收，产生 B 族维生素等大量有益物质，并使肠道菌群的构成发生有益变化，改善人体胃肠道功能，恢复人体肠道内菌群平衡，形成抗菌生物屏障，提高人体免疫力和抵抗力，控制宝宝体内毒素水平，保护肝脏并增强肝脏的解毒、排毒功能，维护宝宝健康。

宝宝需求标准

新出生的婴儿体内存在大量的乳酸菌，并不需要特别补充。但随着年龄的增长，宝宝体内的乳酸菌也逐渐减少。适量补充即可，如每天给宝宝喝 100 毫升左右的酸奶。

富含乳酸菌的食物

酸奶、经过发酵制成发酵大豆食品中均含有丰富的乳酸菌。

贴心小提示

抗生素尤其是广谱抗生素不能识别有害菌和有益菌，所以它杀死敌人的时候往往把有益菌也杀死了。宝宝服用抗生素时或者过后补点益生菌，会对维持肠道菌群的平衡起到很好的作用。不过不要与抗菌素同时服用，可以先服用抗菌素，间隔两个小时再服用益生菌。此外，消化不良、牛奶不适应症、急慢性腹泻、大便干燥及吸收功能不好引起的营养不良时，都可以给宝宝补充益生菌。

2~3岁宝宝身体发育情况

这个阶段宝宝会走会跑了，运动量增大，但是胃的容量还是很小，为了满足生长发育的需要，你要给宝宝额外补充食物并适当增加宝宝每顿食物的量。

食物要多样化，要多吃含锌含钙食物，如含锌丰富的大白菜、海产品，含钙丰富的虾皮、牛奶等，促进宝宝的生长发育。

同时这个时期的宝宝乳牙出齐，你要注意宝宝饮食的多样化，同时不要以为宝宝吃得越多越好，适可而止才能防止宝宝肥胖或者伤了脾胃。特别是节假日，尤其要注意宝宝的饮食。

2~3岁宝宝营养新知快递

🌻 宝宝一日饮食安排

这个阶段的宝宝每天所需的营养比以前略有增加，总热量可以达到1350千卡左右。普遍已经能够独立进餐，但会有边吃边玩的现象，父母要有耐心，让宝宝慢慢用餐，以保证宝宝真正吃饱，避免出现进食不当导致的营养不良

上午	
8:00	蛋羹，牛奶250克，果酱10克，小盘新鲜蔬菜1盘
10:00	水果，面包片
12:00	主食60克，炖排骨100克，蔬菜1盘

下午	
15:00	牛奶150毫升，面包片2片，水果100克

晚上	
18:30	主食60克，菜50克，粥1碗，鱼肉
21:00	牛奶或配方奶250毫升

锌对宝宝生长发育的作用

2~3岁宝宝身体的各个器官快速长大，各生理系统及功能也不断发育成熟。而锌元素是宝宝成长所必需的一个重要微量营养元素，我们可以从5个方面具体了解它对宝宝生长发育所起的作用：

1 如果宝宝的锌供给充足，可维持其中枢神经系统代谢、骨骼代谢，保障、促进宝宝体格生长、大脑发育、性征发育及性成熟的正常进行。

2 锌能帮助宝宝维持正常味觉、嗅觉功能，促进宝宝食欲。

这是因为维持味觉的味觉素是一种含锌蛋白，它对味蕾的分化及有味物质与味蕾的结合有促进作用。一旦缺锌时，宝宝就会出现味觉异常，影响食欲，造成消化功能不良。

3 提高宝宝免疫功能，增强宝宝对疾病的抵抗力。锌是对免疫力影响最明显的微量元素，具有直接抗击某些细菌、病毒的能力，从而减少宝宝患病的机会。

4 参与宝宝体内维生素A的代谢，对维持正常的暗适应能力及改善视力低下有良好的作用。

5 锌还保护皮肤黏膜的正常发育，能促进伤口及黏膜溃疡的愈合。

什么情况下需要给宝宝补锌

锌与其他微量元素一样，在人体内不能自然生成，由于各种生理代谢的需要，每天都有一定量的锌排出体外。因此，需要每天摄入一定量的锌以满足身体需要。如果宝宝常出现以下不同程度的表现，可能就存在缺锌或者锌缺乏症：

1 短期内反复患感冒、支气管炎或肺炎等。

2 经常性食欲不振，挑食、厌食、过分素食、异食（吃墙皮、土块、煤渣等），婴儿常表现喂养困难、明显消瘦。

3 生长发育迟缓，个头矮小（不长个），第二性征发育不全或不发育。

4 易激动、脾气大、多动、注意力不能集中、记忆力差、学习往往落后，甚至影响智力发育。

5 视力低下、视力减退，甚至夜盲症，暗适应力差。

6 头发枯黄易脱落，佝偻病时补钙、补维生素D效果不好。

7 经常性皮炎、痤疮，采取一般性治疗效果不佳。

如果出现这些情况，你应及时带宝宝到有条件的医院进行头发或血液锌测定。在确定诊断的基础上，及早给宝宝补锌。

当然，在保障质量的前提下，产品口感好、宝宝乐意接受，且价格适当，也是权衡和选择的条件。

如何用食物给宝宝补锌

充足和均衡的营养供给是防治宝宝缺锌的关键。你首先要改善宝宝的饮食习惯,设法帮助宝宝克服挑食、偏食的毛病。在膳食食谱中添加富锌的天然食物,比如:海产品(海鱼、牡蛎、贝类等)、动物肝脏、花生、豆制品、坚果(杏仁、核桃、榛子等)、麦芽、麦麸、蛋黄、奶制品等。一般禽肉类,特别是红肉类动物性食物含锌多,且吸收率也高于植物性食品;粗粉(全麦类)含锌多于精粉;发酵食品的锌吸收率高,应多给宝宝选择。

菠菜等含植物草酸多的蔬菜应先在水中焯一下,再加工后进食,以防它们干扰锌的吸收。

如何正确选择补锌产品

有时候宝宝缺锌的症状表现明显的时候,可能会需要用药物来补锌,你在给宝宝选择补锌产品时应注意以下几个方面:

认准品质

首选有机锌(乳酸锌、葡萄糖酸锌、醋酸锌等)。与无机锌(硫酸锌、氯化锌等)相比较,有机锌对胃口刺激较小、吸收率高。目前有些经生物技术转化的生物锌制剂把锌与蛋白有机结合起来,锌吸收率更高,副作用更小,如能买到,可优先选择。

看好含量

要看产品说明书上标定的元素锌的含量,这是计算宝宝服锌量的标准,而不是看它一片(袋)总重量是多少。元素锌含量的多少也是该补锌产品的效能标志。

避开钙、铁、锌同补的产品

过多的钙与铁在体内吸收过程中将与锌"竞争"载体蛋白,干扰锌的吸收,需要补钙、补铁的患儿要与锌产品分开服用,间隔时间长一些为好。

计算好用量，疗程要适当

补锌不是越多越好，补锌剂量以年龄和缺锌程度而定，不可过量。在计算补锌计量时不要超过国家推荐的锌摄入标准，还要去除宝宝每天膳食的锌摄入量。

对于喂养困难而缺锌不严重的宝宝也可首先给予补锌产品（量不可太大），一旦食欲改善后可添加富锌食物，减少补锌产品用量。

补钙最好从食物着手

服用钙剂补钙，补到宝宝2岁时就可以了，2岁后最好通过食物来满足宝宝成长发育所需要的钙质。

只要坚持平衡膳食的原则，如每天喝1~2杯牛奶，再加上蔬菜、水果和豆制品中的钙，已经足够满足人体所需，不需要另外再补充钙片。

如果盲目给宝宝吃钙片，反而可能造成体内钙含量过高，会引起血压偏低，增加日后患心脏病的危险；尿液中钙浓度过高，在膀胱中容易形成结石，给尿路埋下隐患，如果同时摄取维生素D，肝、肾等器官都会像骨骼一样"钙化"，后果非常严重。另外，体内钙水平过高，会抑制肠道对锌、铜、铁等微量元素的吸收。

而以膳食来补钙不会出现上述反应，所以2岁以后的宝宝以食物补钙为佳。含钙多的食物有牛奶、核桃、猪排骨、青菜、紫菜、芝麻酱、海带、虾皮等，在烹调上要注意科学性，增加钙的摄入。

哪些食物有助于宝宝长高

宝宝体格生长不仅与遗传有关，还和科学的饮食有关。那么，哪些食物能帮助宝宝长高呢？

牛奶

被称为"全能食品"，对骨骼生长极为重要。

沙丁鱼

是"蛋白质"的宝库，如条件所限，可以吃鲫鱼或鱼松。

菠菜

是"维生素的宝库"。

胡萝卜

宝宝每天吃100克胡萝卜,对身体很有益处。

柑橘

维生素A、维生素B、维生素C和钙的含量比苹果所含还要多。

此外,能帮助宝宝长高的食品还有小米、荞麦、鹌鹑蛋、毛豆、扁豆、蚕豆、南瓜子、核桃、芝麻、花生、油菜、青椒、韭菜、芹菜、番茄、草莓、柿子、葡萄、淡红小虾、鳝鱼、动物肝脏、鸡肉、羊肉、海带、紫菜、蜂蜜等。

你可以根据宝宝的实际情况选择食物。此外,除了保证足够的营养,还要重视宝宝身体的锻炼和充足的睡眠。

怎样把握宝宝进餐的心理特点

宝宝偏食挑食,很多时候是因为你没有把握他进餐的心理特点造成的。宝宝进餐时有以下心理特点,你都要了解。

模仿性强

易受周围人对食物态度的影响,如父母吃萝卜时皱眉头,幼儿则大多拒绝吃萝卜;和同伴一起吃饭时,看到同伴吃饭津津有味,他也会吃得特别香。

好奇心强

宝宝喜欢吃花样多变和色彩鲜艳的食物。

味觉灵敏

宝宝对食物的滋味和冷热很敏感。大人认为较热的食物,宝宝会认为是烫的,不愿尝试。

喜欢吃刀工规则的食物

对某些不常接触或形状奇特的食物,如木耳、紫菜、海带等常持怀疑态度,不愿轻易尝试。

喜欢用手拿食物吃

对营养价值高但宝宝又不爱吃的食物，如猪肝等，可以让宝宝用手拿着吃。

不喜欢吃装得过满的饭

喜欢一次次自己去添饭，并自豪地说："我吃了两碗（三碗）。"

家长要把握宝宝进餐的心理特点，才能做出宝宝爱吃的佳肴，促进宝宝的健康成长。

挑食的宝宝吃饭容易情绪紧张。宝宝的心情紧张，会使交感神经过度兴奋，从而抑制胃肠蠕动，减少消化液的分泌，产生饱胀的感觉。所以在进餐时要给宝宝一个宽松、自然的环境。

宝宝胃口不好是怎么回事

有些宝宝总不好好吃饭，一碗饭吃两口就不吃了，为什么宝宝胃口不好呢？

宝宝进食的环境和情绪不太好

不少家庭没有宝宝吃饭的固定位置；有些家庭没让宝宝专心进餐；还有些家长依自己主观的想法，强迫宝宝吃饭，宝宝觉得吃饭是件"痛苦"的事情。

宝宝肚子不饿

现在许多父母过于疼爱宝宝，家里各类糖果、点心、水果敞开让宝宝吃，宝宝到吃饭的时候就没有食欲，尤其是饭前1小时内吃甜食对食欲的影响最大。

饭菜不符合宝宝的饮食要求

饭菜形式单调，色香味不足，或者是没有为宝宝专门烹调，只把大人吃的饭菜分一点给宝宝吃，饭太硬，菜嚼不动，使宝宝提不起吃饭的兴趣。

一些疾病的影响

如缺铁性贫血、锌缺乏症、胃肠功能紊乱、肝炎、结核病等，都有食欲下降的表现，这些病要请医院的医生帮助诊断并进行相应的治疗。

对于胃口不好的宝宝，家长应在教养方法、饮食卫生及饮食烹调等方面试着进行些调整，观察一下效果。在调整进食方式上不要操之过急，但也不能心太软，一定要逐步做到进餐的定时、定点、专心与温馨气氛。

为什么不要强迫宝宝进食

父母总想让宝宝多吃些，有的父母看到宝宝不肯吃饭，就十分着急，软硬兼施，强迫宝宝进食，殊不知这会严重影响宝宝的发育。

1 为了避免父母的责骂，宝宝要在极不愉快的情绪下进食，没有仔细咀嚼硬咽下去，宝宝根本感觉不到饭菜应有的可口香味，对食物毫无反应，久而久之，就会厌烦吃饭。

2 宝宝在惊恐、烦恼的心境下进食，即便把饭菜吃进肚子里，也不会把食物充分消化和吸收，长期下去，消化能力减弱，营养吸收造成障碍，更加重拒食，影响宝宝正常的生长发育。

3 强迫宝宝进食，往往会造成宝宝反感，甚至把吃饭当做一种负担，害怕吃饭，不利于宝宝养成良好的进餐习惯。

一般来说，宝宝吃多吃少，要由他们正常的生理和心理状况决定，绝不能以爸爸妈妈的主观愿望为准强迫宝宝吃饭。此外，让宝宝保持愉快的情绪进餐尤为重要，只有愉快地进餐，才有利于唾液和胃液的分泌，容易消化，对宝宝的脾胃比较好。

2~3岁宝宝护理课堂

宝宝说话滞涩怎么办

有时宝宝想说什么,但说不出来。宝宝有好多话想说、想聊。这个也想告诉妈妈,那个也想讲给妈妈听。可是话不能流畅地说出来,第一句话就堵住了。他拼命努力,急于把话说出来,可是,结果恰好相反,越着急越讲不出话来。

在这种时候,妈妈越是催他快说,说清楚,他越发紧张,也就更不能流畅地说出来了。这是由于他有意识地努力去讲的结果。催促的效果,适得其反。

语言贵在自然地脱口而出。有意识地努力去讲,就会变得不自然起来,因而不可能讲得好。切忌说出会引起心理紧张的语言,要为宝宝建立不着急、心情舒畅的谈话气氛,也就是要耐心地等待。因为在宝宝的头脑里,想说的话很多,可是"表达技术"尚未充分掌握。2岁以后的宝宝,大多容易陷入这种状态。

这种情况,极其类似于众多乘客一下子涌到狭窄的检票口,当然会出现堵塞现象。这种现象被称做"语言滞涩",与口吃有所区别。

在这种状态下,如果以催促或性急的态度对待宝宝,会加强他的心理紧张程度,最后把他逼成真正的口吃。可以在不抢先的情况下,对他讲的话加以补充。重要的问题在于用宽容的态度耐心地等待,高高兴兴地听他讲话的内容。

带宝宝去看病有什么学问

宝宝的抵抗力较成人弱,日常护理中稍有不注意,便容易患病,而儿科门诊的最大特点就是宝宝自己不会叙述病情、或是没有能力向医生讲清楚自己的病情。因此,这就要求家长简明扼要地讲清宝宝的症状和感受。

1 在带宝宝看病前,应该先给宝宝做好思想工作,要让宝宝对"去医院见医生"有一定心理准备,并应努力争取宝宝最大程度的合作,如:医生戴上了听诊器为宝宝作检查时,就不要再说话,保持安静等。这样有利于医生听诊。

2 在向医生叙述病情时,不要把宝宝抱在怀里,而应让宝宝面向医生,同时给宝宝解开衣服,这样可以节省时间。医生在听你讲病情的同时,就可以观察到宝宝的表情、面色、精神状态、营养情况,这些对于医生诊断病情都有帮助。还应主动告诉医生宝宝过去的身体情况,如肝、肾疾病,血液病等,以便于医生在开药时尽量避免使用对这些疾病有影响的药物。对于宝宝及其他家庭成员曾经有过对某种药物过敏的历史,更要主动对医生说清楚,以免对宝宝身体造成不良影响。

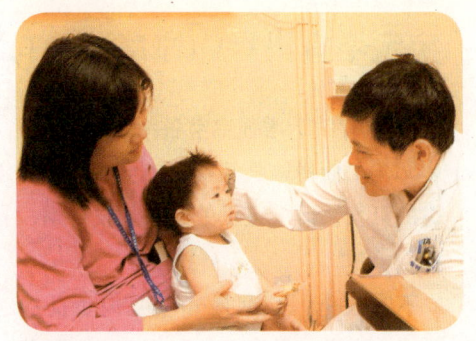

3 看病时,千万不要给宝宝化妆,虽然化妆后宝宝显得很漂亮,但却影响了医生对宝宝面色的观察。就诊时,最好也不要吃东西,免得满嘴的食物渣,使医生看不清口腔黏膜和咽部的情况。

4 不同年龄用药量不同,在医生开药时,要告诉医生宝宝的实际年龄(周岁),不要说虚岁,如果宝宝最近称过体重,也可以告诉医生宝宝的体重,以便医生计算药量。

带宝宝到游乐场所要注意安全

父母在带宝宝到游乐场所游玩时要注意安全,主要的注意点有:

1 要先检查一下游戏的设备是否安全,如滑梯的滑板是否平滑,秋千的吊索是否牢固,是否有锐利的边缘或突出物。

2 如果是新修过的设备,要检查油漆是否已干,安装是否结实,如转椅、荡船要先空转或空摇试一试,再让宝宝使用。

3 宝宝在游戏前,父母要简单地告诉他几条安全注意事项,如手要抓牢、脚要蹬稳、注意力要集中等。

4 宝宝的衣服一定要舒适简单,不要给宝宝穿有腰带或者很多装饰的服装。以免快速下滑或旋转时,衣服被挂住而造成危险。

5 大宝宝在参加刺激性较大的游乐项目时,要按管理人员的要求系好安全带。

宝宝不宜进行的体育运动有哪些

运动有助于增强宝宝各组织器官的生理功能，使之协调一致，进而促进生长发育，使身体强健有力，同时能提高身体的免疫抗病力。此外，运动还有助于智力的开发。但宝宝正处于生长发育期，有一些项目是不适合他们参加的。

1 不宜长跑：长跑是一项肌肉负荷锻炼。宝宝过早进行长跑，会使心肌壁厚度增加，随之心腔扩张，影响心肺功能发展；其次，宝宝时期体内水分占得比重相对较大，蛋白质及无机物的含量少，肌肉力量薄弱，若参加能量消耗大的长跑运动，会使营养入不敷出，妨碍正常的生长发育；再次，人的高矮主要取决于长骨细胞的生长，宝宝参加长跑运动，会使骨细胞生长速度减慢，甚至引起骨骼过早钙化，影响身体的正常发育。

2 不宜扳手腕：宝宝体内的软组织嫩弱，骨骼相对较软，扳手腕容易发生软组织损伤，甚至骨折。

3 不宜倒立：倒立运动会使眼压的视网膜的动脉压升高，严重者可引起眼睑出血。尽管宝宝的眼压调节能力较强，但若经常进行倒立或每次倒立持续时间过长，即会损害眼压调节能力。

4 不宜参加拔河比赛：拔河是一种强力对抗运动。宝宝参加拔河比赛弊病有三：①宝宝时期身体的肌肉主要为纵向生长，固定关节的力量很弱，骨骼处于迅速生长时期，弹性大而硬度小，拔河时极易引起关节脱位和损伤，抑制骨骼的生长。②拔河需屏气用力，有时一次憋气长达十几秒。而由憋气突然变成开口呼气时，由于胸腔内压骤然降低，静脉血流会猛然冲达心房，容易损伤宝宝柔薄的心房壁。③宝宝争强好胜，集体荣誉感强，比赛中往往难以控制保护自己，极易发生损伤。

科学喂养 专家指导
KE XUE WEI YANG ZHUAN JIA ZHI DAO

注意保护宝宝的视力

我国大约有3%的宝宝发生弱视。宝宝自己和父母不会发觉,在3岁前如果能够发现,4岁之前治疗效果最好。5~6岁仍能治疗,12岁以上就不可能治疗了。宝宝失去立体感和距离感,以后学习和从事许多职业都难以胜任,如司机、飞行员等。学习精密机械、医学等也都困难。

视力检查可发现两眼视力是否相等。如果因斜视,或两眼屈光度数差别太大,两只眼的成像不可融合,大脑只好选用一眼成像,久之废用的一侧视力减弱而成弱视。或因先天性一侧白内障,上睑下垂挡住瞳孔,或由于治疗不当,挡住一眼所致。检查时发现异常,可及时治疗。

如何纠正宝宝的不良习惯

掏耳

有时当耳道内的耵聍(俗称"耳垢"、"耳屎")刺激皮肤,耳内霉菌感染或湿疹病变等引起耳内发痒时,不少宝宝随手取来火柴棒、发夹,或用又脏又长的指甲,在耳内盲目地乱掏。有时不小心会将耳道皮肤戳破,引起皮肤破损、出血,这些工具上的细菌就乘机侵入耳道内,引起感染、发炎,耳内会发生肿胀、疼痛,形成化脓性疖肿。少数人还可能将耳道深部的菲薄鼓膜刺破,造成中耳腔内感染,脓液流个不断。时间一长,还会影响以后的听觉功能。简单的掏耳动作会造成严重的后果。

挖鼻

不少小朋友在闲着没事做的时候,好将手指伸进鼻腔内挖个不停。这是一个不好的习惯。因为在鼻腔黏膜下,有着很丰富的血管,它们互相交叉成网状,成为血管丛。鼻黏膜是很薄的一层组织,一旦有剧烈的挖鼻动作,容易将鼻黏膜挖破,导致血管破损,不时地流血,少不了由父母

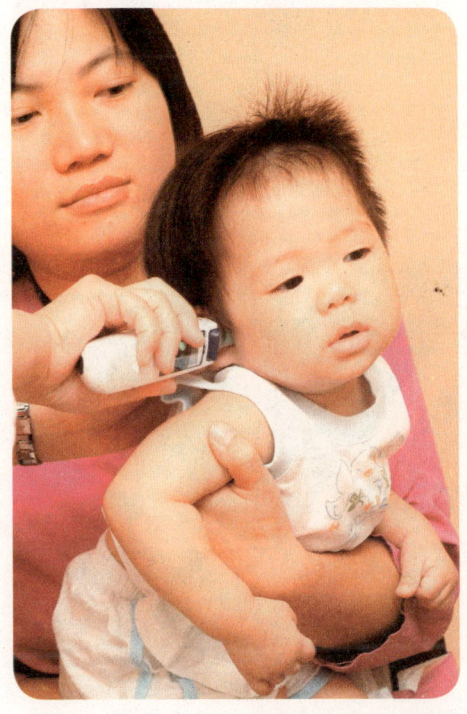

陪着去医院就诊，增添不少麻烦。少数人还会因挖破鼻黏膜而引起感染、发炎。

揉眼

当灰尘、沙子飞入眼内时，顿时会引起眼内疼痛、流泪、睁不开眼。有的幼儿马上就用手来揉眼，这样做不但去除不了眼内异物，反而会使异物在角膜上越陷越深，角膜破损引起细菌感染，造成眼角膜溃烂、结疤，一定程度上还会影响宝宝的视力。更为严重的是会引起眼球感染、失明和摘除眼球，那将是一个多么严重的后果！

家庭应准备的外用药有哪些

1. 红汞（红药水）：常用于皮肤擦伤、切割伤和小伤口的创面消毒。不能用于大面积的伤口，以免发生汞中毒；也不能与碘酒同时用，否则，两种药水相互作用会产生有毒的碘化汞，不但不能消毒杀菌，反而会损伤正常皮肤，使伤口糜烂。

2. 龙胆紫（紫药水）：常用浓度0.5%~2%，有杀菌作用。常用于皮肤、黏膜创伤感染时及溃疡发生时，也可用于小面积烧伤的创面。

3. 碘酒：常用浓度1%~2%。用于刚起的皮肤未破的疖肿及毒虫咬伤等。因为碘酒的刺激性很大，当伤口皮肤已经破损时，就不要再用了（对碘过敏的人也不能用碘酒）。如用碘酒消毒伤口周围的皮肤，应在稍干之后即刻用75%酒精擦掉。

4. 乙醇（酒精）：作为消毒剂使用时，常用浓度是75%，低于75%达不到杀菌目的，高于75%又会使细菌表面的蛋白质迅速凝固而妨碍酒精的内渗透，也会影响杀菌效果。所以，当消毒伤口周围皮肤损伤时，应用75%浓度酒精。由于乙醇涂擦皮肤，能使局部血管舒张，血液循环增加，同时乙醇蒸发，使热量散失，故酒精擦浴可使高热病人降温。用于物理降温的酒精浓度为20%~30%，也就是说，用一份75%的酒精对两份水即可作擦浴用。创可贴用于外伤和伤口出血时消毒止血。

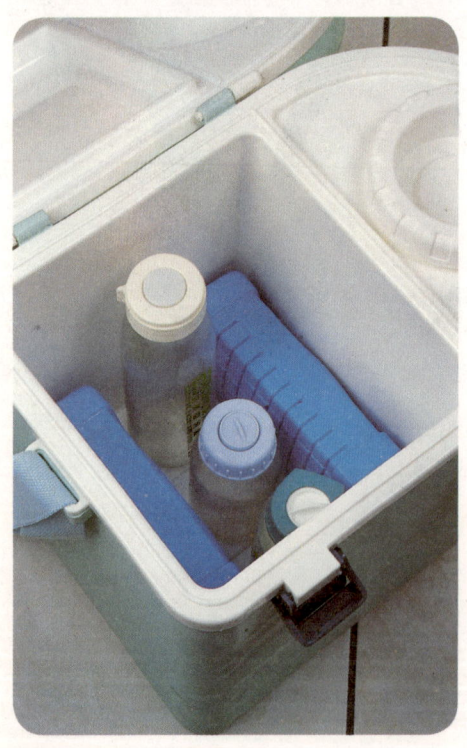

防止对宝宝过度保护

在很多家庭都有对宝宝过度保护、过度干涉的行为,就其标准而言,目前尚无定论。一般认为,过度保护宝宝大部分发生在比较担心或者是有强烈不安感的父母身上,尤其在养育第一胎宝宝或者是独生子女时更容易过度保护。

应该在父母的守护当中让宝宝一点一点地去尝试冒险,父母过度保护的话可能会让宝宝养成胆小或消极的个性。

此外,宝宝不管做什么事,父母都会插手、插嘴过度干涉,这多半发生在追求完美的父母身上。"手洗干净了没有"、"要吃干净一点"。像这样深受父母干涉的宝宝渐渐就会消沉,而且会自我否定,变得没有自信,之后可能也会反抗父母。

一般,宝宝只要受到父母的信赖就会努力地去做。相反地,如果不受信赖的话,就会觉得反正怎么样都得不到信赖,就会随便做做。所以相信宝宝是很重要的。要改变过度保护、干涉的做法,对父母来说也不容易,但只要在对宝宝说"不行"之前,停一秒想想看,就会不断改进。

宝宝补锌明星食材推荐

牡蛎

牡蛎的营养非常丰富，营养成分有蛋白质、脂肪、锌、碘、钾、钠、钙、镁、铁、铜、磷以及维生素 A、维生素 B_2 等营养元素。其含锌量之高，可为其他食物之冠。蛋白质中含有特殊的氨基酸——牛磺酸，是宝宝智力发育所需的重要营养素。

牡蛎中还含有某种活性成分，宝宝常吃牡蛎能够调节身体防御功能，提高抗病能力。

烹调的要点

1. 牡蛎中含锌非常丰富，不宜与蚕豆、玉米制品或黑面包同吃，因后者是高纤维食品。二者同吃能使锌的吸收减少65%~100%。

2. 若食软炸牡蛎，可将牡蛎加入少许黄酒略腌，再抹上面糊，在油锅中炸至金黄色时取出，蘸醋、酱油佐食。

牡蛎粥

材料： 牡蛎50克，大米100克，胡萝卜3片，姜、葱、盐、香菇粉、青菜末各少许

做法： ❶将大米淘洗干净，用清水浸泡1个小时；胡萝卜片切成小丁；牡蛎洗净，切片。

❷锅内放少量油，加入姜、葱炒一下，放入牡蛎、胡萝卜丁稍炒一下，将大米连浸大米的水一起倒入。

❸用大火煮开，然后小火煮1个小时左右，放入少量盐、香菇粉，放一点点青菜末调一下味，即可。

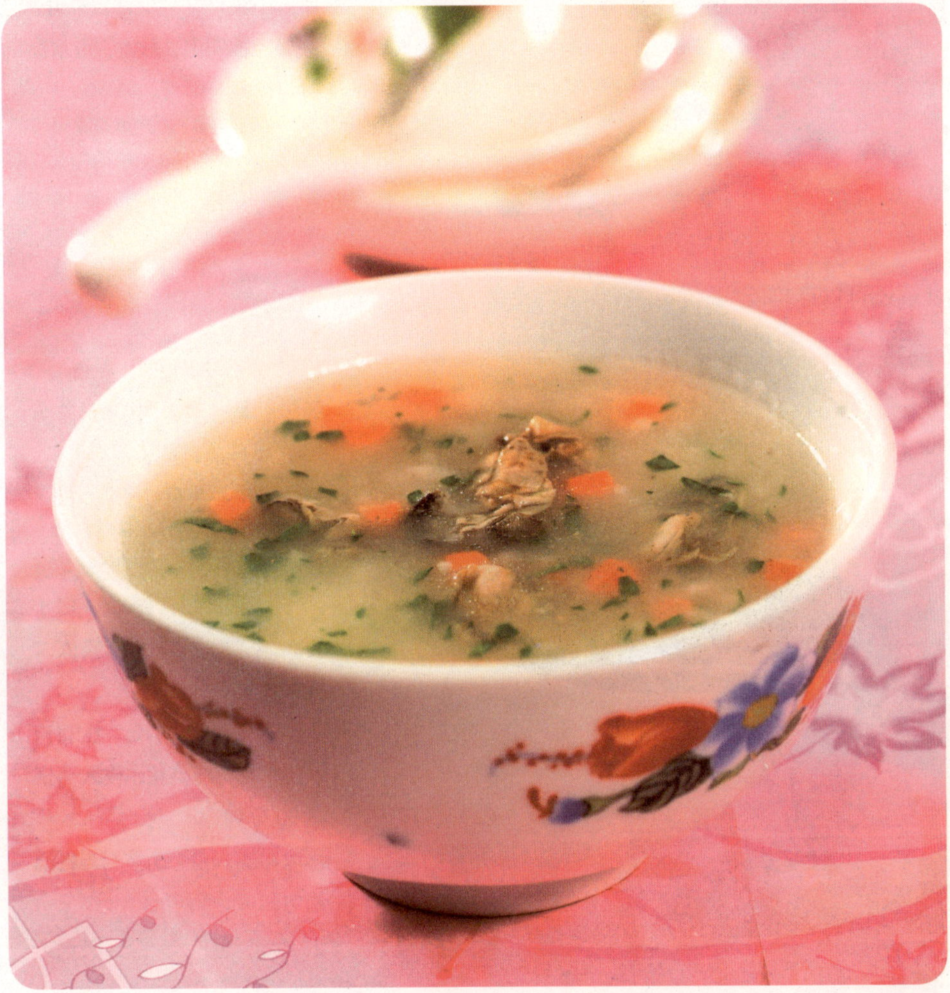

牡蛎还可以这样吃 .... **牡蛎豆腐汤**

材料： 鲜牡蛎肉150克，嫩豆腐1块，蒜片、葱丝、水淀粉、盐、虾油、花生油各少许

做法： ❶将牡蛎肉洗净，切成薄片；豆腐切小块。
❷锅内放花生油烧热，蒜片下锅煸香，加入虾油，加水烧开，加入小块豆腐、少许盐烧开。
❸加入牡蛎肉、葱丝，用水淀粉勾稀薄芡即可。

牡蛎还可以这样吃 .... **牡蛎紫菜汤**

材料： 鲜牡蛎肉50克，紫菜10克，清汤、葱花、细姜丝、盐、料酒、胡椒粉各适量

做法： ❶牡蛎肉洗净，切小片；紫菜泡发后清洗放入大碗中。
❷大碗中加入清汤、牡蛎肉片、葱花、细姜丝，放入蒸锅蒸30分钟。
❸取出加入盐、胡椒粉、料酒调匀即可。

干贝

干贝是一种高蛋白的营养食品,具有滋阴补肾、和胃调中、软坚散结的功效,可以治疗头晕目眩、脾胃虚弱等病症。干贝所含的锌仅次于牡蛎,能够维持味觉、嗅觉的正常运作。除此之外,干贝还含有能够促进糖类、脂肪代谢的维生素B_2,并含有钙、磷、铁等矿物质及微量元素,可以提供皮肤黏膜所需的胶原蛋白。干贝中还含有牛磺酸,不但可以强化肝脏、预防心血管疾病,还可以改善视力。

烹调的要点

做给宝宝吃的干贝一定要泡发后切成细丝或者末,煮粥煲汤都不错。

干贝粥

材料：干贝3大粒，粳米50克，料酒、葱花、盐、香油、姜丝各适量

做法：❶将干贝用刀背敲成细丝；粳米淘洗干净，放入锅内加水煮粥。

❷锅置火上，放油烧热，加入姜丝及干贝丝煸成深棕色，加少许料酒后出锅备用。

❸粥煮开后倒入煸好的干贝丝同煲，不断搅拌，待粥黏稠、干贝颜色变成淡黄，加入少许葱花、盐，滴入几滴香油即可（对干贝过敏的宝宝不宜食用）。

炒干贝

干贝还可以这样吃

材料：鲜干贝肉250克，冬笋（或竹笋、芦笋）25克，水发香菇15克，葱、盐、清汤、姜、料酒、水淀粉、香油各适量

做法：❶ 将干贝肉切成片；香菇去蒂洗净，切片；冬笋洗净，切片；葱洗净，切小段；姜切成细末。
❷ 锅置火上，加入适量清水，烧开，把鲜干贝肉片、笋片、香菇片放入焯一下，捞出沥干水分。
❸ 炒锅烧热，放入油，烧至七成热时，下葱、姜煸炒，放入干贝肉片、笋片、香菇片翻炒几下，加料酒、盐、清汤烧沸后，用水淀粉勾芡，淋上香油出锅即可。

干贝蒸蛋

干贝还可以这样吃

材料：干贝50克，鸡蛋2个，猪肝、葱花、盐各适量

做法：❶ 将干贝洗净，用开水泡至发软；猪肝洗净煮至七成熟。
❷ 将发好的干贝和猪肝切成筷头大小的丁。
❸ 鸡蛋入碗内打散，放入切好的干贝、猪肝、葱花、盐，搅拌均匀，加适量清水，上屉蒸熟即可。

鱿鱼

鱿鱼的营养价值很高，富含蛋白质、锌、钙、磷、铁等营养元素。鱿鱼除了富含蛋白质、锌及人体所需的氨基酸外，还是含有大量牛磺酸的一种低热量食品。对宝宝的大脑和视力都极有好处。

鱿鱼中含有的钙、磷、铁元素，对骨骼发育和造血十分有益，可以有效预防贫血。

此外，鱿鱼中含的多肽和硒等微量元素有抗病毒、抗射线作用。

烹调的要点

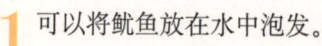

1 可以将鱿鱼放在水中泡发。

2 炒鱿鱼的时候将鱿鱼切片后划十字花刀，炒出来的鱿鱼会非常漂亮。

3 鱿鱼可做爆、炒、烧、烩、汆等菜之用。

4 鱿鱼须煮熟后再食，皆因鲜鱿鱼中有一种多肽成分，若未煮透就食用，会导致肠运动失调。

炸鱿鱼

材料： 鲜鱿鱼300克，鸡蛋1个，盐、白糖、胡椒粉、淀粉各适量

做法： ❶将鲜鱿鱼洗净，切成长方块后，再横竖交叉划几刀。

❷将淀粉、鸡蛋、盐、白糖、胡椒粉调成糨糊，把切好的鱿鱼上浆。

❸锅置火上，放入油，待油熟时将上好浆的鱿鱼一块一块地下入，炸熟呈金黄色，起锅装盘即可。

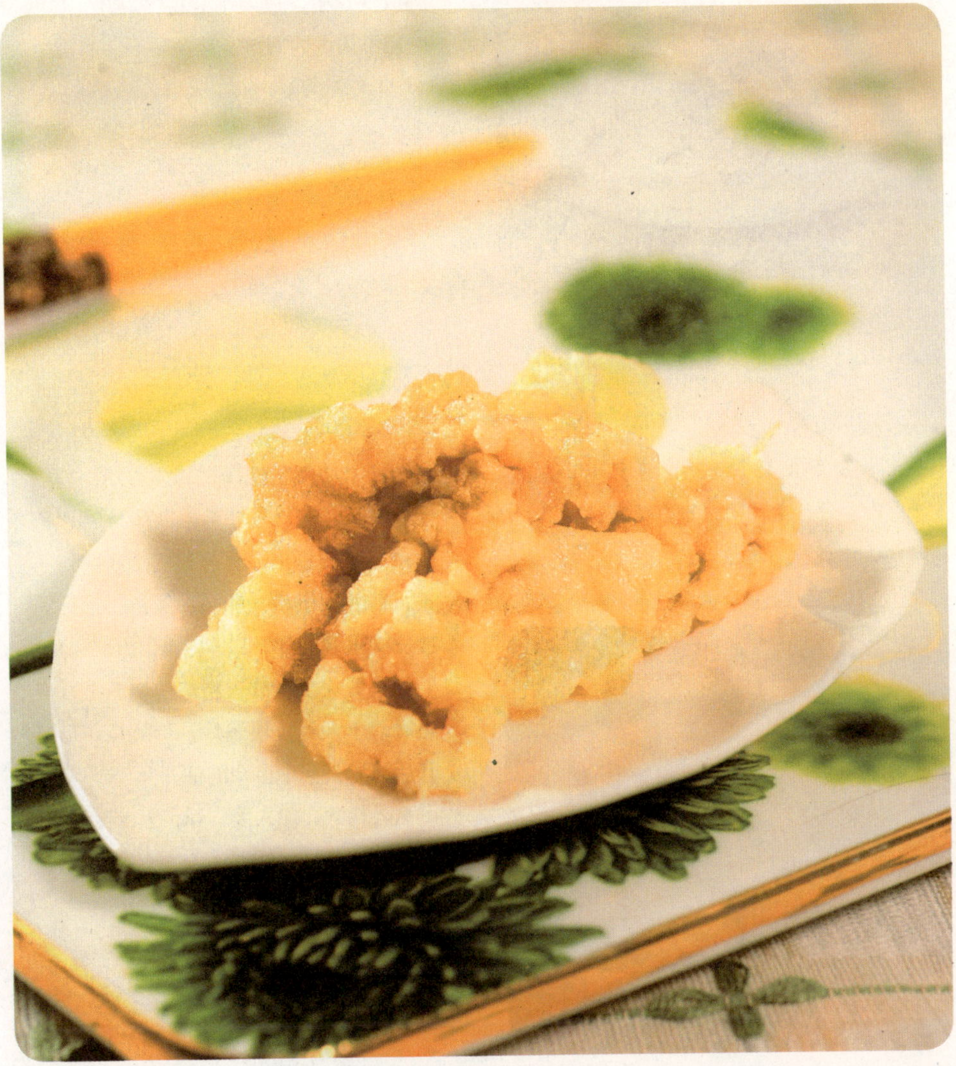

鱿鱼还可以这样吃 ··· **鱿鱼炒三丝**

材料：水发鱿鱼200克，火腿1根，鸡胸肉、冬笋各50克，盐、高汤、鸡汁、蛋清、水淀粉各适量

做法：❶ 将鱿鱼洗净，切成丝；鸡胸肉洗净，切成丝，用蛋清淀粉上浆；火腿切丝；冬笋洗净，切丝。
❷ 将切好的鸡胸肉、火腿丝、冬笋丝一起用高汤烧两分钟捞起放入盘内，把切好的鱿鱼丝放入高汤内烧两分钟，放在三丝上。
❸ 取一只碗，放入水淀粉、鸡汁、盐调匀后淋入盘内即可。

鱿鱼还可以这样吃 ··· **鱿鱼炒青笋**

材料：新鲜鱿鱼250克，青笋100克，姜、蒜、葱、盐、胡椒粉、味精、料酒、鲜汤、水淀粉各适量

做法：❶ 将鱿鱼洗净，切成方块，再横竖交叉划几刀（成松果花形），入沸水锅中汆烫水后捞出；青笋削皮洗净，切小条；盐、胡椒粉、味精、鲜汤、水淀粉放一碗里调成汁。
❷ 炒锅置火上，放入精炼油烧至七八成热时，下入鱿鱼块爆炒，待鱿鱼花形爆开后，滤去锅中多余的油。
❸ 烹入料酒，加入姜、蒜、葱、青笋条，快速翻炒几下，再烹入兑好的味汁，颠翻均匀，起锅装盘即可。

萝卜

白萝卜含有丰富的 B 族维生素、维生素 C 和钾、钙、钠、磷、镁等矿物质，具有促进胃肠蠕动、消食化痰、清热解毒、下气宽中的食疗作用。

白萝卜还含有丰富的锌，能够增强机体的免疫力，对免疫力比较低、容易生病的宝宝来说是一种比较好的食物。另外，白萝卜还有下气宽中、清热化痰、消积去滞的作用，对积食、咳嗽、痰多的宝宝也具有很好的食疗作用。

但是要注意一点：白萝卜性凉，体质偏弱、脾胃虚寒的宝宝最好少吃，避免出现腹泻等不适症状。

烹调的要点

白萝卜各部分的营养成分是不一样的：顶部含维生素 C 最多，中间部分含糖量较高，尾部含有淀粉酶和芥子油等物质，能够促进消化。在给宝宝用白萝卜制作辅食时最好竖着剖开，这样白萝卜的头、腰、尾部的营养搭配比较均衡，能大大提高白萝卜的食用价值。

推荐食谱　　　　　　　　　　　　　　　　　　**红烧白萝卜**

材料： 大白萝卜1个，花椒油、酱油、白糖、水淀粉、盐、料酒、葱、姜、植物油、水各适量

❷ 炒锅置火上，加入植物油，烧热后下入葱、姜末炝锅，加入酱油、白糖、料酒、水，再放入萝卜，煮至汤汁剩下一半时，加入水淀粉和盐，淋上花椒油即可。

做法： ❶ 将萝卜洗净，去根、皮，切成条，放入锅里用开水煮烂，捞出沥干水分；葱、姜切成末。

萝卜还可以这样吃 ······ 萝卜饼

材料：面粉150克，萝卜50克，盐、芝麻、葱末、黄油各少许

做法：❶将面粉加发酵粉用温水调匀，将面发好，揉匀；萝卜切成细丝，撒上少许盐，沥干水。❷把黄油切成小丁，加入葱末、萝卜丝、盐拌匀成馅备用。❸把面皮抹上馅包好，捏紧口，做成饼，如有芝麻沾上一些更好，用手稍微一按，用急火烤熟即可。

萝卜还可以这样吃 ······ 香菇萝卜汤

材料：白萝卜250克，水发香菇50克，黄豆芽汤适量，料酒和盐各少许

做法：❶白萝卜洗净，去皮切成细丝，下入沸水锅内焯至八成熟，捞出放入大碗内；水发香菇去杂质洗净切丝。❷锅内加入黄豆芽汤、料酒、盐，烧沸后去浮沫，下入白萝卜丝略烫一下捞出，放入大汤碗内；香菇丝也烫一下，捞出放入碗内，汤继续烧沸，起锅淋入汤碗内即可。

大白菜

大白菜是生活中不可缺少的一种重要蔬菜，味道鲜美，营养丰富，含有蛋白质、脂肪、多种维生素和钙、磷等矿物质以及大量粗纤维，用于炖、炒、熘、拌以及做馅、配菜都可以。特别是含较多维生素，与肉类同食，既可增添肉的鲜美味，又可减少肉中的亚硝酸盐和亚硝酸盐类物质，减少致癌物质亚硝酸胺的产生。

白菜中因含有丰富的维生素C，对宝宝的皮肤和牙齿都极有好处；白菜中的食物纤维能刺激胃肠蠕动，帮助消化，防止宝宝大便干燥，保持大便通畅，促进排便；白菜中所含有的丰富的锌能提高宝宝免疫力，促进宝宝健康成长。

烹调的要点

1 在清水中加少量食盐浸泡白菜半个小时，用清水多冲洗几遍，防止农药残留。

2 白菜要先洗后切，才能防止维生素流失。

3 炒白菜的时候要急火快炒。

4 在烹调大白菜时，适当放点醋，无论从味道，还是从保留营养成分来讲，都是需要的。醋能够使大白菜中的钙、磷、铁元素分化出来，从而有利于人体接收。醋还可使大白菜中的蛋白质凝固，不致外溢而损失。

推荐食谱

炝炒大白菜

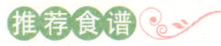

材料：大白菜300克，盐、醋、白糖、香油、干辣椒、葱、姜各适量

做法：❶将大白菜洗净，撕成小块，放入开水中氽烫后捞出凉凉，沥干水；葱、姜切成细丝。

❷炒锅置火上，放入油，烧热后放入葱、姜、干辣椒炝锅，下入大白菜，大火炒至快熟时，放入盐、醋、白糖继续翻炒，熟后装盘淋入香油即可。

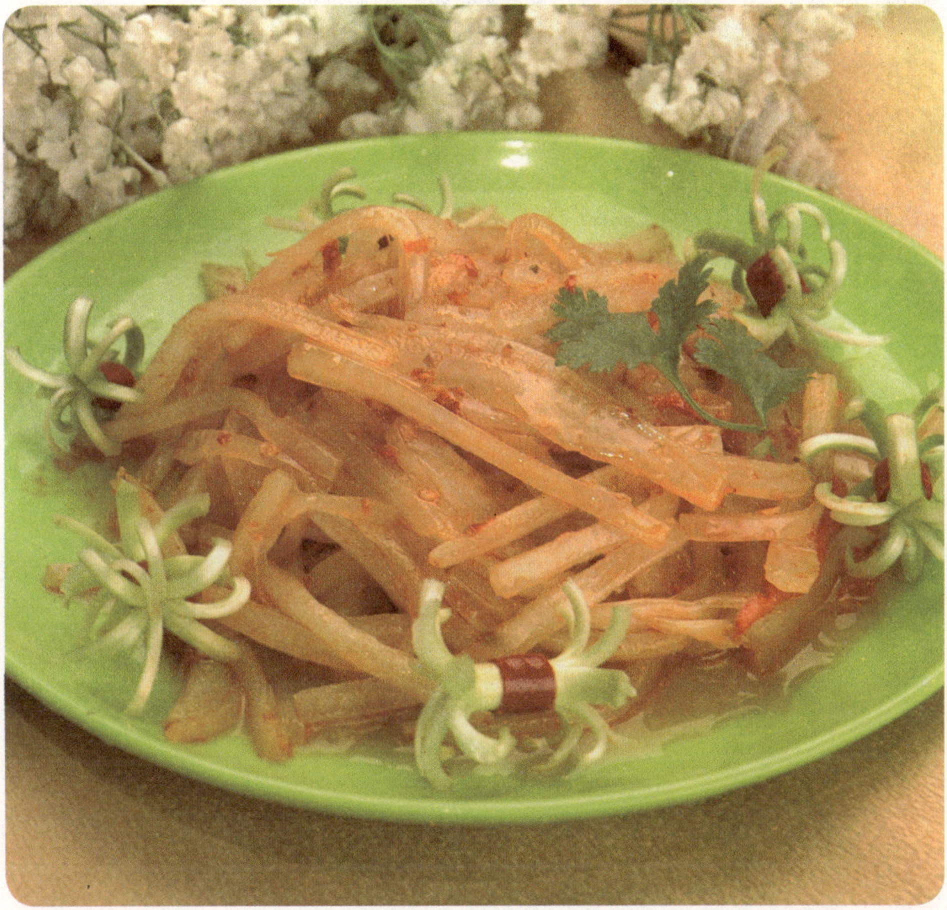

大白菜还可以这样吃 ················· ### 三味大白菜

材料：大白菜300克，红辣椒20克，白糖、盐、醋、辣椒油、葱、姜丝、酱油各适量

做法：❶将大白菜洗净，撕成小块，放入开水中氽烫后捞出凉凉，沥干水；辣椒洗净，切丝待用。❷炒锅置火上，放入油，烧热后，下入大白菜，撒上盐，用大火翻炒，起锅时，把辣椒油加热，放入辣椒丝、葱丝、姜丝、白糖、醋、酱油等调料即可。

大白菜还可以这样吃 ················· ### 白菜丝拌萝卜丝

材料：大白菜300克，萝卜100克，青椒2只，生姜适量，白醋、白糖、盐各少许

做法：❶将大白菜洗净，切丝；萝卜、生姜也分别切丝；青辣椒去蒂、子，剁碎。❷将白菜丝、萝卜丝、姜丝、辣椒末放入盆内，拌匀，加盐揉软，沥干水，加入白糖、白醋腌渍1小时，捞起即可。

香菇

香菇具有高蛋白、低脂肪、多糖、多氨基酸和多维生素的营养特点，含有碳水化合物、蛋白质、脂肪、尼克酸、维生素 B_2、磷、钙、铁、锌等营养物质。香菇还含有可以转化成维生素 D 的麦角固醇，是一般的蔬菜所没有的。

香菇有补肝肾、健脾胃、益气血的功效，还可以化痰、解毒，对消化不良、食欲不振、大便干燥、容易便秘的宝宝来说是非常好的食疗品，对贫血的宝宝也有很好的补益作用。但是香菇的性质偏向于黏滞，脾胃虚寒又具有气滞体质的宝宝最好不要吃。

在购买香菇的时候可以着重看一下香菇的菌盖。如果菌盖顶上有像菊花一样的白色裂纹，菇面又色泽鲜明，朵小、柄短、肉厚质嫩，并有一股浓郁的芳香气味，就是质量最好的香菇，又称为花菇，营养价值最高，比较适合给宝宝吃。有些香菇用水润湿后就发黑，或太过干燥，用手一按就碎，是品质不好的香菇，最好不要购买。

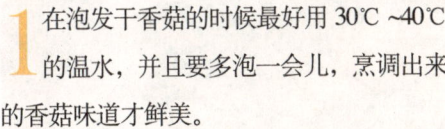

烹调的要点

1 在泡发干香菇的时候最好用 30℃~40℃ 的温水，并且要多泡一会儿，烹调出来的香菇味道才鲜美。

2 香菇里的泥沙主要藏在菌盖的褶皱里。洗香菇时，只要用几根筷子或手指在水中朝一个方向旋搅，香菇里的泥沙会随着旋搅而落下来。反复旋搅几次，就能把泥沙彻底洗净。但是不能用手抓洗，也不能朝相反的方向来回旋搅。否则不仅菌褶里的沙粒落不下来，已经落下来的沙粒还会被水流重新卷到菌褶中。

推荐食谱

大蒜烧香菇

材料：新鲜香菇300克，大蒜100克，青椒2只，盐、胡椒粉、水淀粉、清汤各适量

做法：❶将香菇洗净，去柄，斜刀切成片；大蒜洗净，切片；青椒洗净，切片。

❷锅置火上，放入油，烧至四成热时下大蒜爆香，加入半碗清汤，下香菇片，加盐、胡椒粉调味，烧至香菇入味，放入青椒，用水淀粉勾芡即可。

香菇还可以这样吃 ··· 香菇烧鸡

材料：水发香菇150克，鸡肉150克，鸡汤半碗，鸡蛋1个、葱段、姜丝、盐、料酒、水淀粉各适量

做法：❶将鸡肉切成片，放入碗中，用盐、料酒、蛋清、水淀粉拌匀；香菇切成片；葱段、姜丝、盐、料酒、鸡汤、水淀粉调成汁。❷锅置火上，放入油烧至五六成热，下鸡片和香菇片滑开，随即倒出沥油；锅留余油烧热，下鸡片、香菇片，烹入味汁勾芡即可。

香菇还可以这样吃 ··· 香菇炒冬笋

材料：水发香菇200克，冬笋150克，白糖、盐、酱油、葱、水淀粉、香油、清水各适量

做法：❶将香菇去蒂，洗净，切片；冬笋去皮，洗净，切片。❷炒锅置火上，加入植物油，烧至五成热时放入冬笋片、香菇片，加酱油、盐、白糖、清水烧沸，改用中火烧5分钟，淋入水淀粉翻炒至汤稠，再淋入香油炒匀，盛入盘中即可。

宝宝最爱吃的补锌饮食

花生核桃粥

材料：大米、花生、核桃仁各50克

做法：❶大米淘洗干净；花生洗净，切小粒；核桃仁切碎。
❷将大米和花生一起放水煮粥，煮至八成熟时放入切碎的核桃仁，用小火煮至软烂即可。

功效解析：坚果含锌丰富，能为宝宝补充体内不足的锌元素，此粥又是宝宝喜欢吃的食物。

清蒸鳕鱼

材料：新鲜鳕鱼400克，火腿末50克，葱、姜、料酒、盐、酱油、淀粉各适量

做法：❶将鳕鱼洗净，加料酒、葱、姜、盐腌20分钟。
❷取出鳕鱼放入盘内，拣去腌过的葱、姜不用，放入葱丝、姜丝、火腿末，入蒸笼，大火蒸7分钟，取出鳕鱼。
❸淀粉和少许酱油煮成浓稠状，淋在鳕鱼上即可。

功效解析：清蒸鳕鱼味道鲜美且含有较丰富的锌和蛋白质。

奶香饼

材料：面粉150克，牛奶半杯，清水适量，黄油、盐、白糖各少许

做法：❶在面粉里加入一些牛奶和水，搅拌成稀面糊，放入少许盐和糖。
❷平底锅置火上，放入1小块黄油用小火融化，然后放入1大匙面糊，改用中火，用勺子摊开成1个薄圆饼，煎至两面微焦即可。

功效解析：这是一款既有营养又制作方便的早餐。

五彩黄鱼羹

材料：小黄鱼200克，西芹、胡萝卜、炒松子仁、鲜香菇各50克，葱、姜、盐、料酒、水淀粉、胡椒粉、香油各适量

做法：❶将小黄鱼洗净去骨，切丁；西芹、胡萝卜、香菇分别洗净，切丝。
❷锅置火上，烧热入油，放入葱、姜煸炒出香味后，倒入适量开水，放入西芹、胡萝卜、香菇、炒松子仁和小黄鱼肉，烧至鱼熟即可。
❸加入盐、料酒、胡椒粉调味；用水淀粉勾芡，淋上少许香油即可。

功效解析：鱼肉鲜嫩，西芹、胡萝卜可口滑爽。这个菜色彩丰富，外观晶莹透亮。

香香荸荠鸡肝片

材料：鸡肝150克，荸荠150克，料酒、葱、姜、盐、白糖、醋、豆瓣辣酱、淀粉各适量

做法：❶将鸡肝切成薄片，放入开水中稍烫，用冷水过滤，沥干，加淀粉拌匀；荸荠去皮，洗净，切薄片。

❷鸡肝放入四成热的油锅中轻轻滑散，待肝片一变色即捞出沥油；荸荠加入油锅，略炒后立即加入醋少许，再翻炒后捞出备用。

❸锅里加少量油，将葱、姜及豆瓣辣酱煸炒，再放糖、醋、盐、料酒调成汁，最后把鸡肝和荸荠片倒入拌匀即可。

功效解析：这个菜富含微量元素锌，色泽金红，香味浓郁，轻酸、辣、甜带鲜咸味，肝片滑嫩可口，荸荠片脆爽。非常适合宝宝的口味。

圆白菜炒肉丝

材料：圆白菜250克，瘦肉150克，红椒2只，大蒜、盐、味精、水淀粉各适量

做法：❶将圆白菜、红椒洗净切丝；瘦肉切丝，加少许盐、味精、水淀粉腌好；大蒜切成碎粒。

❷锅置火上，烧热下油，放入肉丝炒至滑嫩，倒出待用。

❸热锅下油，放入蒜粒煸出香味，倒入圆白菜、红椒炒至断生，加入肉丝，再加盐炒透，最后淋入少许水淀粉翻炒几下即可。

功效解析：圆白菜含锌丰富，还含各种维生素和抗坏血酸等，具有润燥补虚的功效，对因缺锌引起的宝宝消化不良、消渴之疾有特效。

莴笋炒香菇

材料：莴笋250克，水发香菇50克，白糖、盐、酱油、胡椒粉、水淀粉、花生油各适量。

做法：❶ 将莴笋去皮，洗净，切片；香菇去蒂洗净，切片。
❷ 锅置火上，放入花生油烧热，倒入莴笋片和香菇片，煸炒几下，加入酱油、盐、白糖，入味后放入胡椒粉（视宝宝口味，如果不喜欢就不要放），用水淀粉勾芡，翻几下，出锅即可。

功效解析：莴笋所含矿物质比其他蔬菜高5倍，对宝宝缺锌引起的消化不良、厌食等症有很好的疗效。香菇也是含锌丰富的食物。

萝卜番茄汤

材料：胡萝卜1根，番茄1个，鸡蛋1个、姜丝、葱花、盐、白糖、清汤各少许。

做法：❶ 将胡萝卜、番茄去皮切厚片。
❷ 锅置火上，烧热下油，倒入姜丝煸炒几下后放入胡萝卜翻炒两分钟，加入清汤，中火烧开，待胡萝卜熟时，放入番茄，加入盐、白糖，把鸡蛋打散倒入，撒上葱花即可。

功效解析：番茄和胡萝卜都含丰富的胡萝卜素及矿物质，是缺锌补益的佳品，番茄还有清热解毒的作用，对宝宝疳积有一定疗效，而且酸酸甜甜适合宝宝口味。

宝宝补钙明星食材推荐

虾皮

虾皮的营养价值很高，蛋白质、矿物质的含量都极为丰富。除了含有陆生、淡水生物缺少的碘元素，铁、钙、磷的含量也很丰富，每100克虾皮钙和磷的含量为2万毫克和1005毫克，尤其是钙的含量，是任何食品都无法比拟的。所以，虾皮素有"钙库"之称。

烹调的要点

1. 虾皮的食用方法多种多样，取一小把虾皮，加点麻油葱花，再放进些紫菜，用开水一冲，便做成一碗色香味极佳的鲜汤。

2. 家常菜中的虾皮豆腐、虾皮韭菜、虾皮小葱、虾皮萝卜汤等均为美味佳肴，用来包馄饨，不但鲜上加鲜，而且其营养价值更高。

推荐食谱

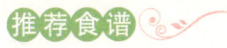

紫菜虾皮汤

材料：紫菜（干）10克，虾皮10克，鸡蛋1个，料酒、酱油、醋、水、香油各适量

做法：①将紫菜洗净、撕开备用；鸡蛋磕入碗中，搅匀；虾皮洗净，加料酒浸泡10分钟。

②大火将油烧热，倒入酱油炝锅，立即加水1碗，放入紫菜、虾皮煮10分钟。

③放入鸡蛋液、醋略加搅动，蛋熟起锅，淋上香油即可。

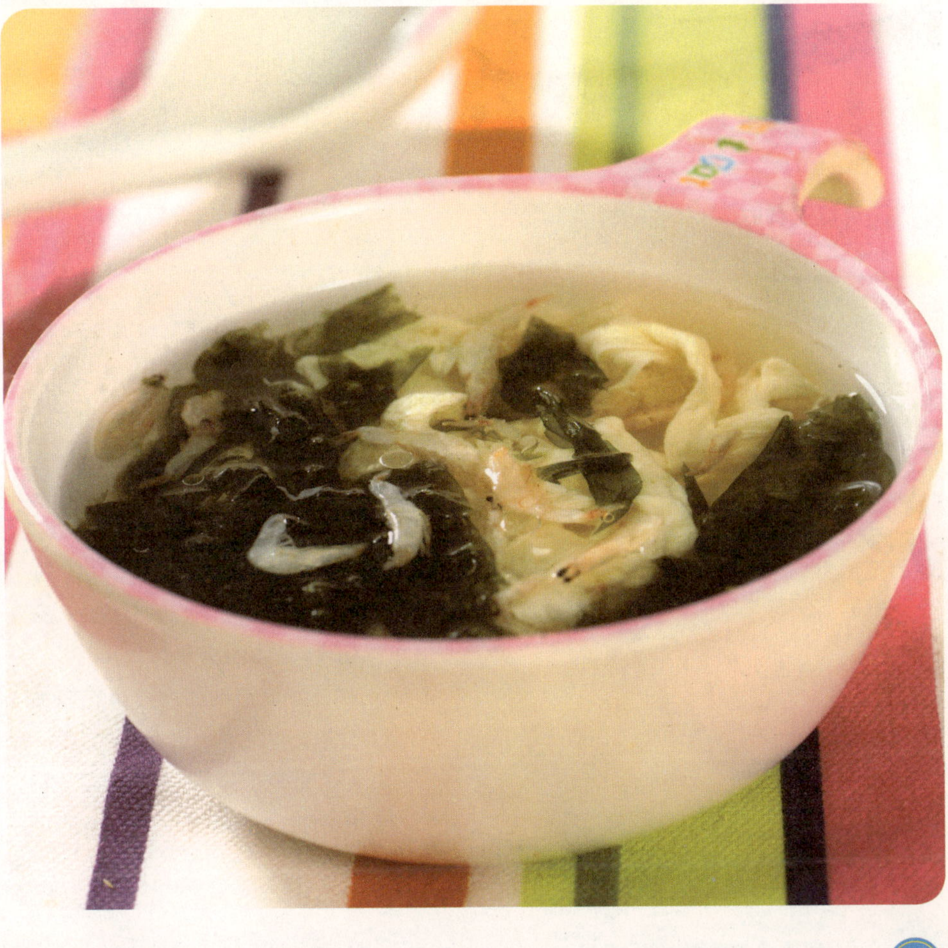

虾皮还可以这样吃 ································· **虾皮碎菜包**

材料：虾皮5克，小白菜50克，鸡蛋1个，自发面粉适量。

做法：❶用温水把虾皮洗净泡软后，切得极碎，加入打散炒熟的鸡蛋。
❷小白菜洗净略烫一下，也切得极碎，与鸡蛋调成馅料。
❸自发面粉和好，略饧一饧，包成提褶小包子，上笼蒸熟即可。

虾皮还可以这样吃 ································· **虾皮冬瓜丝**

材料：虾皮150克，冬瓜250克，大蒜10克，盐1小匙，花椒和大葱各少许。

做法：❶将冬瓜洗净，去皮、瓤，切成丝，用热水焯一下捞出；虾皮用开水焯一下，控干水分；蒜切末，葱切丝备用。
❷花椒放热油锅内炸出花椒油待用。
❸将虾皮、蒜末、葱丝、盐、花椒油放入冬瓜丝中，拌匀即可食用。

酸奶

酸奶与鲜奶的营养成分差不多。酸奶和牛奶不同的地方主要是它加了乳酸菌，因此牛奶中的乳糖会被分解成乳酸，而研究中发现乳酸和钙结合时，最容易被人体吸收，因此酸奶很适合宝宝饮用。此外，它营造了一个胃肠道酸性的环境，也能帮助铁质的吸收。

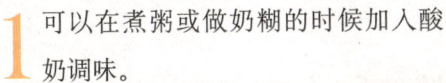

烹调的要点

1 可以在煮粥或做奶糊的时候加入酸奶调味。

2 要在饭后给宝宝喝酸奶，这时胃液被稀释，pH上升到3~5，这种环境很适合乳酸菌的生长，特别是在饭后两小时内饮用乳酸菌奶，效果最佳。

推荐食谱

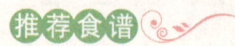

酸奶布丁

材料：酸奶半杯，牛奶2大匙，各色水果适量，白糖少许

做法：❶各色水果洗净，切丁，备用。
❷牛奶加适量白糖煮化，凉凉后加入酸奶，倒入玻璃容器中混匀。
❸加入各色水果丁后冷藏，以促进凝固。

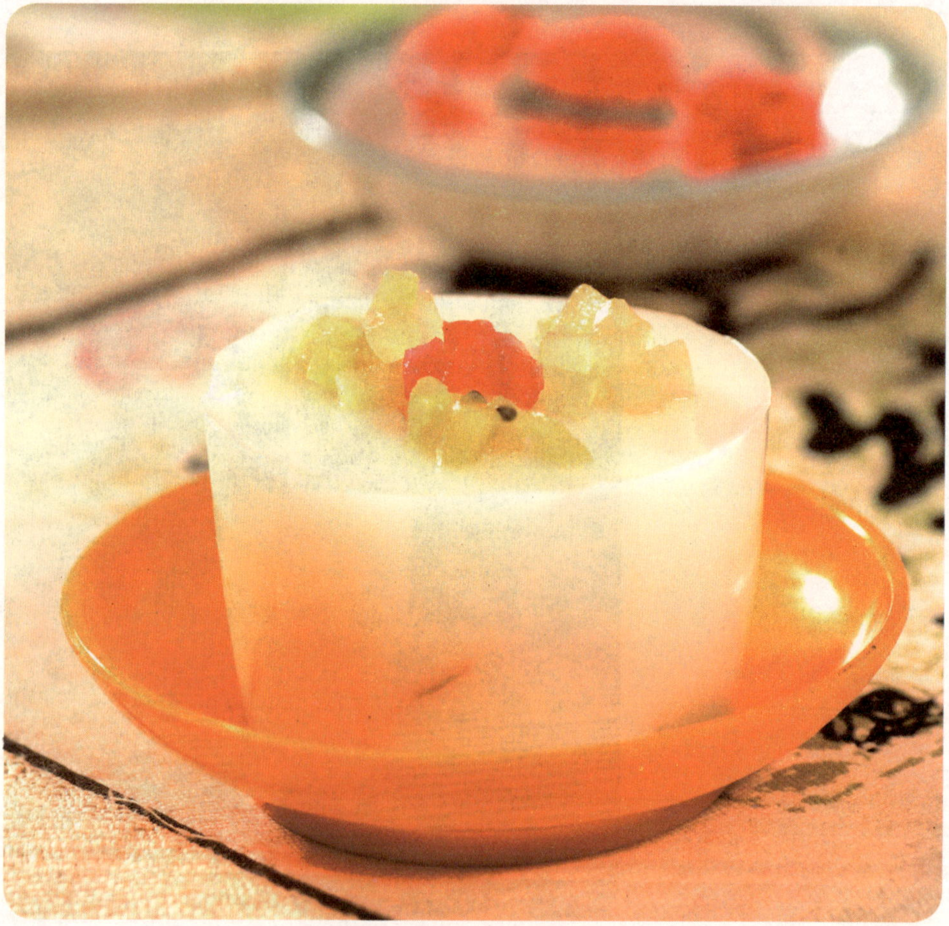

酸奶还可以这样吃 ········· 鸡蛋酸奶

材料：鸡蛋1个，肉汤1小匙，酸奶2大匙

做法：❶将鸡蛋煮熟之后，取出蛋黄放入细筛捣碎。
❷将捣碎的蛋黄和肉汤入锅，用小火煮并不时地搅动，呈稀糊状时停火冷却。
❸将酸奶倒入锅中搅匀即可。

酸奶还可以这样吃 ········· 酸奶拌胡萝卜糊

材料：胡萝卜50克，面粉2小匙，卷心菜20克，酸奶3大匙，肉汤3大匙，黄油少许

做法：❶将卷心菜和胡萝卜洗净，切丝。
❷卷心菜丝和胡萝卜丝放锅内加适量水炖烂。
❸用黄油将面粉略炒一下，加入肉汤、卷心菜煮，并轻搅。
❹将炖好的材料冷却后与酸奶拌好。

燕麦

燕麦是谷物中最好的全价营养食品。它的蛋白质和脂肪（主要是不饱和脂肪酸）含量在谷物中均居首位，碳水化合物的含量比较低。其中具有增智与健骨功能的赖氨酸含量是大米和小麦面粉的2倍以上，具有预防贫血作用的色氨酸的含量也高于大米和面粉。此外，燕麦还含有丰富的维生素 B_2、维生素 E 和磷、铁、钙等矿物质。

燕麦里含的粗纤维比较多，不容易消化，也容易使宝宝过敏，最好晚一点给宝宝吃。过敏体质的宝宝在吃燕麦的时候更要小心，一定要从少量开始慢慢添加，并要注意观察有没有过敏反应。另外，燕麦片的"湿气"比较重，肠胃湿热的宝宝吃了会出现排便不通畅的现象，最好要少吃。燕麦里所含的纤维素具有刺激肠胃蠕动、促进排便的作用，便秘的宝宝可以适当地吃一些，能够缓解便秘症状。

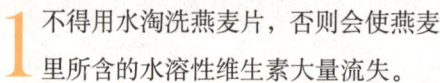

1 不得用水淘洗燕麦片，否则会使燕麦里所含的水溶性维生素大量流失。

2 不管是煮燕麦片粥，还是用燕麦打浆，都不要加食盐和糖。

3 一定要避免长时间用高温炖煮，以防止燕麦中所含维生素遭到破坏。正确的吃法是：生燕麦片煮20~30分钟；熟燕麦片需要煮5分钟；熟麦片如果和牛奶一起煮，则只需要3分钟。

4 用牛奶煮麦片的时候，中间最好搅拌一次，以防止煳锅。

推荐食谱

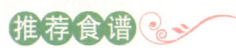

芝麻燕麦糊

材料：黑芝麻50克，燕麦片50克，山楂片10克，白糖少许

做法：❶将黑芝麻洗净，在不粘锅中炒至香脆，用粉碎机打碎。(可一次性准备多份备用)

❷燕麦片洗净，煮成糊状，加入黑芝麻粉和山楂片，冲入1杯热水搅匀。加入少许白糖调味，凉至可食用温度即可。

❸早餐时加入半杯鲜牛奶同时饮用，营养更佳。

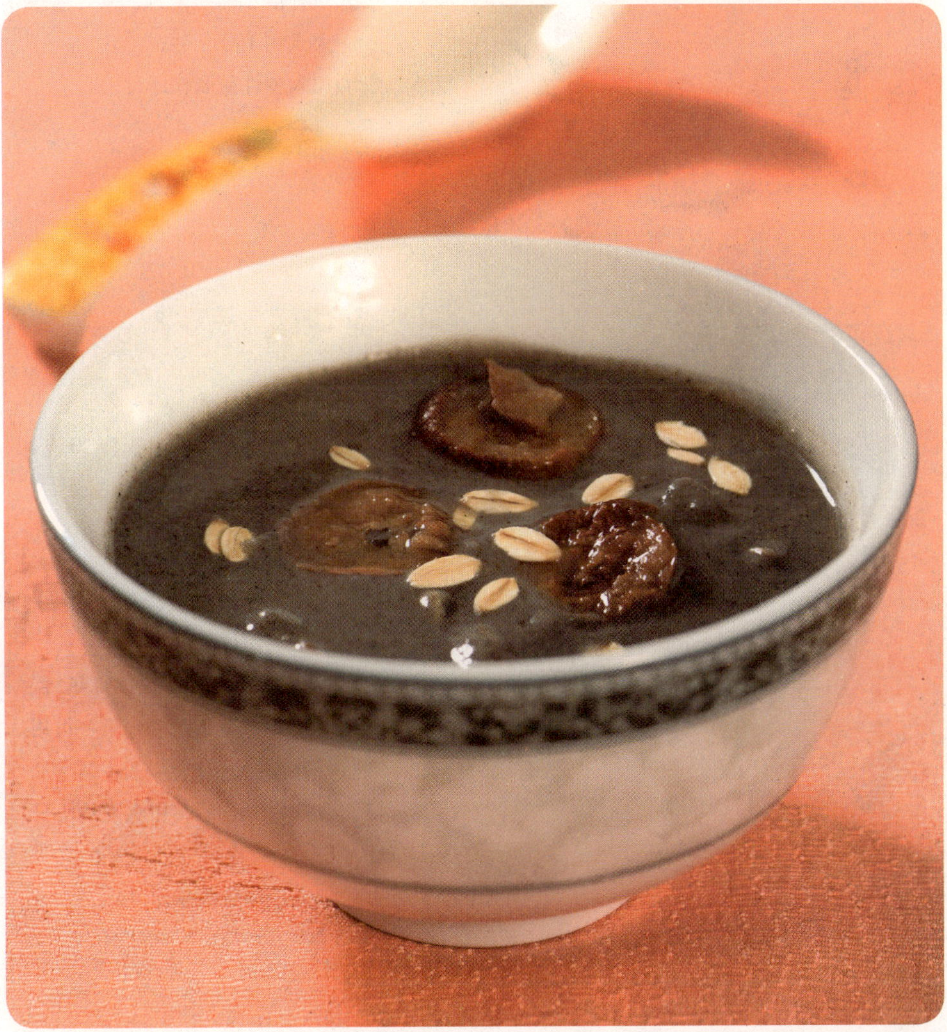

燕麦还可以这样吃 ·· **豆芽燕麦粥**

材料：鸡肉20克，绿豆芽50克，燕麦片50克，盐少许，植物油适量

做法：❶将鸡肉（瘦肉也行）剁成泥；绿豆芽择洗干净。
❷不粘锅置火上，放入植物油，放入肉泥和绿豆芽略翻炒一下，加入1杯清水和燕麦片，煮开后转中火煮约1分半钟。
❸加入少许盐调味即可。

燕麦还可以这样吃 ·· **鲜虾冬瓜燕麦粥**

材料：虾仁20克，冬瓜20克，燕麦片50克，料酒和盐各少许

做法：❶将鲜虾仁洗净，剁碎；冬瓜去皮，切成丁。
❷不粘锅置火上，放入油烧热，倒入虾仁和冬瓜略翻炒一下，可用少许料酒去腥，再加入1杯水和燕麦片，煮开后转中火煮约1分半钟。
❸加入少许盐调味即可。

紫菜

紫菜不仅味道鲜美，而且营养丰富，尤其是碘的含量很高。

紫菜中含丰富的钙、铁元素，是治疗宝宝贫血的优良食物，而且可以促进宝宝的骨骼、牙齿的生长和保健。

紫菜中含有丰富的胆碱成分，有增强记忆的作用，也特别适合宝宝食用。

烹调的要点

1 鸡蛋富含维生素 B_{12}，但不易被人体吸收；钙可提高维生素 B_{12} 的吸收率，紫菜中富含钙，与鸡蛋搭配，可有效补充维生素 B_{12} 和钙质。

2 可以将紫菜撕成小块，直接拌在米饭中食用，别有一番风味。如果汤过于油腻，可将少量紫菜用火烤一下，然后撒入汤内，这样可减少汤的油腻感。

3 为清除污染、毒素，食用前应用清水泡发，并换一两次水。

推荐食谱

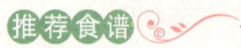

紫菜蛋汤

材料：鸡蛋 1 个，紫菜 15 克，葱和盐各少许

做法：❶将鸡蛋磕入碗内搅匀；葱择洗干净，切成葱花；紫菜撕碎，放入汤碗内。

❷炒锅置火上，放油烧热，下葱花煸香，加入适量清水，把洗好的紫菜放进去，煮沸后加入鸡蛋，再加入少许盐，稍煮一下即可。

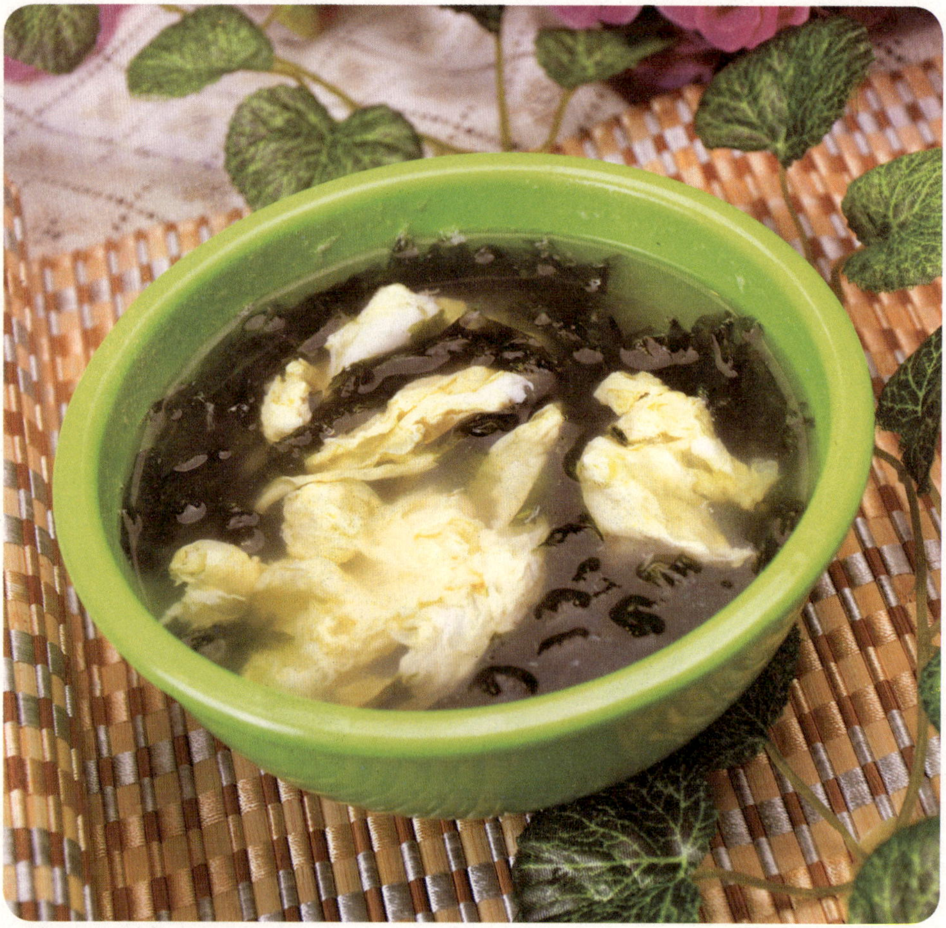

> 紫菜还可以这样吃

紫菜包鱼

材料：方片紫菜4片，鲜净草鱼肉150克，猪肉、鸡蛋清、料酒、盐、水淀粉和水各适量

做法：❶将净草鱼肉和猪肉剁成泥，然后加鸡蛋清、水、水淀粉、料酒、盐搅匀成馅。
❷在方片紫菜上均匀抹上鱼泥馅，然后卷成卷，放在盘子内，上笼蒸熟。
❸取出后整齐地摆在盘上，上压干净木板，木板上再压重物，待凉后，取出紫菜卷。食时用刀切片，整齐地摆在盘内即可。

> 紫菜还可以这样吃

紫菜黄瓜汤

材料：水发紫菜150克，黄瓜1根，盐、酱油、姜末、香油各少许

做法：❶将紫菜去杂质洗净，切成段；黄瓜洗净切片。
❷锅内放适量水烧沸，放入少许盐、酱油、姜末、黄瓜烧沸，除去浮沫，放入紫菜再烧沸，淋入香油即可。

猪骨

猪骨即猪科动物猪的骨头。我们经常食用的是排骨和腿骨。猪骨除含蛋白质、脂肪、维生素外,还含有大量磷酸钙、骨胶原、骨黏蛋白等。

猪骨性温,味甘、咸,入脾、胃经,有补脾气、润肠胃、生津液、丰机体、泽皮肤、补中益气、养血健骨的功效。儿童经常喝骨头汤,能及时补充人体所必需的骨胶原等物质,增强骨髓造血功能,有助于骨骼的生长发育。

骨头的营养成分比植物性食物更容易被吸收,所以人皆可食,宝宝尤为适宜。

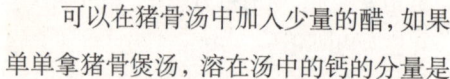

烹调的要点

可以在猪骨汤中加入少量的醋,如果单单拿猪骨煲汤,溶在汤中的钙的分量是非常微小的,但加入醋以后,猪骨里的钙就能变成离子钙溶解在汤中,离子钙正是人体吸收的钙的形式,可以补钙。

红椒排骨

材料：排骨300克，鸡蛋1个，青椒1只，红辣椒2只，白醋2小匙，冰糖2块，番茄汁1大匙，盐、酱油、料酒、淀粉、糖各适量

做法：❶ 将排骨洗净，剁成块，加入盐、糖、酱油、料酒及打碎的鸡蛋拌匀，腌20分钟后，加淀粉拌匀。
❷ 锅置火上，加入油，待油微滚时，下入排骨，炸至金黄色时捞出，沥油。
❸ 留油烧热，加入白醋、冰糖、盐、番茄汁，放入辣椒（切碎），拌入淀粉，加入炸好的排骨，搅匀即可。

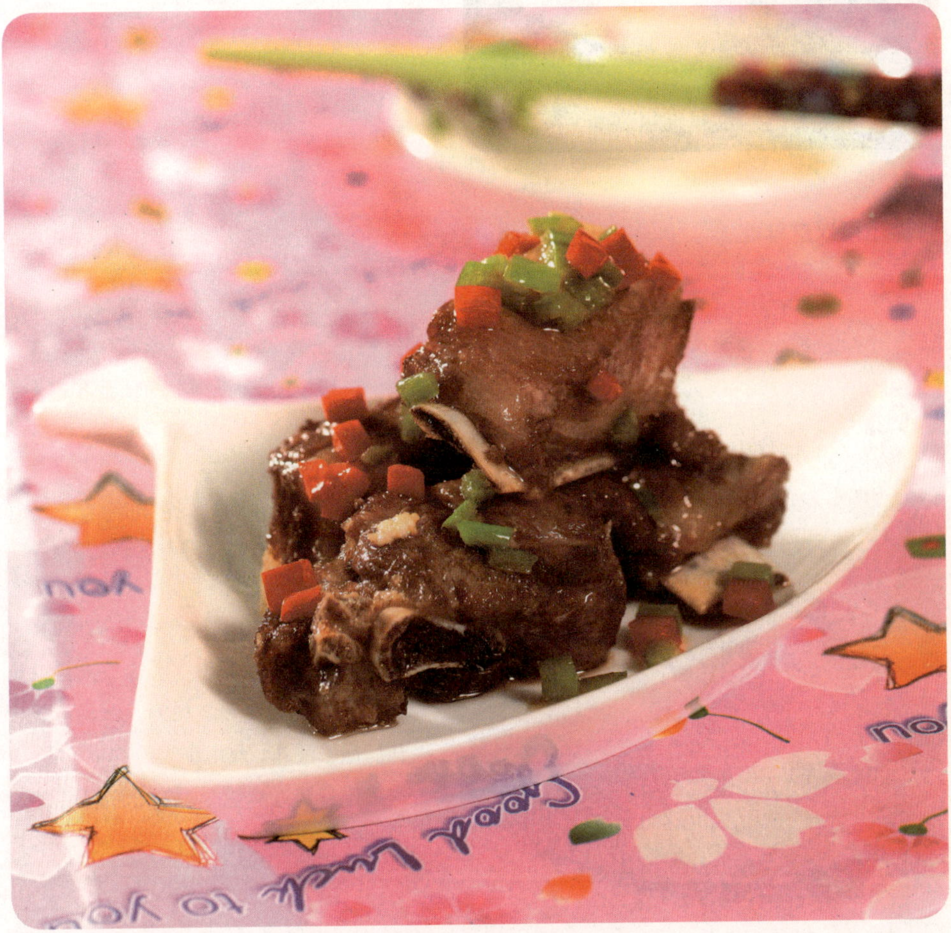

猪骨还可以这样吃 ··· 白萝卜骨头汤

材料：大白萝卜1个，骨头300克，葱、姜、盐各少许

做法：❶骨头洗干净；白萝卜削皮，切块，放入锅中加入适量水烧开。
❷锅置火上，放油烧热，加入姜稍微煸一下，把骨头放入炒1分钟，把炒好的骨头放入烧开的萝卜汤里面。
❸大火烧开后，改小火煲一个半小时，最后加盐调味，撒上葱花即可。

猪骨还可以这样吃 ··· 豆腐炖排骨

材料：豆腐250克，排骨400克，清汤、料酒、盐、葱、姜、植物油各适量

做法：❶将豆腐切成块，葱、姜切成丝；排骨剁成块，放入开水锅中氽烫，捞出沥干水。
❷锅中放入植物油烧至七八成热时，放入葱丝、姜丝爆出香味，放入排骨块，煸炒片刻，加入料酒、清汤，烧开后撇去浮沫，改用小火炖约1小时。
❸待排骨接近酥烂时，放入豆腐块，加盐调味，再烧沸即可。

宝宝最爱吃的补钙饮食

豆浆红薯泥

材料：红薯50克，豆浆3大匙

做法：❶ 将红薯削皮，蒸熟后，过滤，沥干水，用汤匙研成泥。
❷ 在红薯泥中加入豆浆调匀即可。

功效解析：豆浆含丰富的蛋白质、钙，红薯含丰富的维生素，营养丰富又适合宝宝口味。

蒸豆腐

材料：豆腐100克，青菜叶2片，熟鸡蛋黄1个，淀粉、盐、葱末、姜末各少许

做法：❶ 将豆腐煮一下，放入碗内研碎；青菜叶洗净，用开水烫一下，切碎后也放入碗内，加入淀粉、盐、葱末、姜末搅拌均匀。
❷ 将豆腐做成方块形，再把蛋黄研碎撒一层在豆腐表面，放入蒸锅内用中火蒸10分钟即可。

功效解析：豆腐含钙丰富，还含丰富的蛋白质、碳水化合物，非常适合宝宝食用，吃起来又滑又嫩。

鳕鱼牛奶

材料：鳕鱼肉100克，牛奶2杯，盐少许
做法：❶将鳕鱼肉洗净，捣碎。
❷将鱼肉放在小锅里加牛奶煮制，煮熟后加入少许盐调味即可。

功效解析：鳕鱼与牛奶都含钙丰富，绝对是宝宝补钙的不二之选，而且味道也很好。

香香骨汤面

材料：猪或牛胫骨或脊骨200克，龙须面100克，青菜50克，盐、米醋各少许
做法：❶将骨砸碎，放入冷水中用中火熬煮，煮沸后酌加米醋，继续煮30分钟。
❷青菜洗净，切碎，待用。
❸将骨弃之，取清汤，将龙须面下入骨汤中，青菜加入汤中煮至面熟；加盐调味即可。

功效解析：骨汤富含钙，同时富含蛋白质、脂肪、碳水化合物、铁、磷和多种维生素，可为正在快速增长的1岁以上宝宝补充钙质和铁，预防软骨症和贫血。

奶酪粥

材料：干酪适量，米饭20克，奶酪1小片

做法：❶将干酪切碎；米饭淘洗干净，入锅加适量水煮。
❷煮至黏稠时放入奶酪，奶酪开始溶化时将火关掉。

功效解析：奶酪的营养价值很高，内含丰富的蛋白质、乳脂肪、矿物质和维生素及其他微量成分等，对人体健康大有好处。干酪中含有大量的钙和磷，这些都是形成骨骼和牙齿的主要成分。

芹菜豆腐干

材料：嫩芹菜150克，豆腐干50克，黄豆芽汤、葱、姜、盐、酱油、水淀粉和香油各适量

做法：❶芹菜择去叶，洗干净，切成小段；豆腐干切成薄片。
❷芹菜、豆腐干放入沸水锅中焯透捞出，沥干水待用。
❸锅置火上，放油烧热后，下葱、姜炝锅，随即加入酱油，倒入豆腐干、芹菜煸炒几下，加入适量盐，再加入黄豆芽汤略煨一下后，用水淀粉勾芡，淋入少许香油即可。

功效解析：芹菜和豆制品都是含钙丰富的食物，宝宝常吃既营养又利于消化吸收。

木须肉

材料：猪肉100克，鸡蛋2个，黑木耳10克，料酒1大匙，酱油1大匙，盐、水、淀粉各适量

做法：❶猪肉洗净切丝，放入碗内加入料酒，适量蛋清、盐和淀粉拌匀备用；木耳洗净切丝。
❷锅烧热，多放些油烧热，把肉丝放入煸炒至熟，倒入鸡蛋炒熟，再放入木耳丝和肉丝，最后放入酱油和适量水，调好口味，翻炒匀透，装盘即可。

功效解析：这道菜味道鲜美，营养丰富，特别适合蛋白质缺乏、热量不足、缺钙、缺铁及缺维生素A的宝宝们食用。

猪血豆腐青菜汤

材料：猪血100克，豆腐100克，青菜50克，虾皮10克，盐少许

做法：❶将猪血、豆腐分别切成小块；青菜洗净切碎。
❷锅置火上，放入适量清水，水开后，加入少量的虾皮、盐，再加入豆腐、青菜、猪血，煮3分钟即可。

功效解析：此汤含钙量极高，而且五颜六色，能诱发宝宝食欲。

宝宝开胃明星食材推荐

鸭肉

鸭肉中的脂肪含量适中,是含B族维生素和维生素E比较多的肉类。钾、铁、铜、锌等元素也较丰富,鸭蛋中矿物质、维生素A含量也高于鸡蛋。经常吃些鸭肉,有利于宝宝健脾开胃。

烹调的要点

1 宰杀鸭前,先给鸭灌上两汤匙白醋或白酒,5~10分钟后,鸭毛孔即变得胀松,这时宰杀,再用热水烫,鸭毛就很容易拔除。

2 炖制老鸭时,在锅里放几粒螺蛳肉同煮,任何陈年老鸭,都会煮得酥烂。

推荐食谱 ························ **红枣炖鸭肉**

材料：鸭肉 300 克，红枣 15 枚，姜、葱、盐各适量

做法：❶将鸭肉洗净，切块，入沸水中汆烫；姜切片；葱切成段。

❷红枣挑去杂质，洗净，用水浸泡 1 个小时。

❸将鸭肉与红枣放入沙锅中，加水大火烧沸，加姜片、葱段、盐，改用小火炖熟即可。

鸭肉还可以这样吃 ·· **怪味鸭**

材料：鸭肉300克，酱油、辣椒油、熟芝麻、花椒粉、醋、葱末、白糖各适量

做法：❶将鸭肉洗净，切块，放锅中加适量水，上火煮熟，捞出，沥水，放盘中。
❷将辣椒油、花椒粉、葱末、酱油、熟芝麻、醋、白糖调成汁。用调好的调料汁浇在鸭块上，拌匀即可。

鸭肉还可以这样吃 ·· **荔枝鸭**

材料：鸭肉300克，干荔枝8枚，盐、料酒、酱油各适量

做法：❶将荔枝去壳、核，取肉待用；鸭肉洗净，放入盐水锅煮至半熟，捞出凉干，再将鸭肉切成薄片，用料酒、酱油，腌渍10分钟左右。
❷锅中放油烧热，倒入鸭片，再倒入荔枝肉，倒入煮鸭子的原汤，烧沸后改为小火，炖至鸭肉熟烂即可。

茼蒿

茼蒿中含有丰富的维生素、胡萝卜素、脂肪、蛋白质等营养成分，胡萝卜素的含量尤其丰富，是黄瓜、茄子等普通蔬菜的20~30倍，向来有"天然保健品"、"植物营养素"等美称。胡萝卜素在人体内会转化成维生素A，可以促进宝宝视力发育。

此外，茼蒿中还含有一种有特殊香味的挥发油，有助于宝宝消食开胃，增加食欲。茼蒿中所含的膳食纤维，具有促进肠道蠕动、预防便秘的功效。

由于茼蒿气味甘香，口感脆嫩，营养丰富，自古以来就是宫廷佳肴，所以人们又给它取了个名字——"皇帝菜"。

烹调的要点

1. 茼蒿中的芳香精油遇热容易挥发，应该旺火快炒，不要长时间烹煮。

2. 茼蒿和肉、蛋等荤菜同炒，可以提高其中所含的维生素A的利用率。

3. 茼蒿辛香滑利，胃虚泄泻的宝宝不宜多食。

推荐食谱

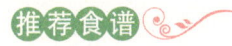

蒜香茼蒿

材料：茼蒿300克，大蒜8瓣，盐1小匙，香油适量

做法：❶茼蒿洗净，切成寸段；大蒜去皮，捣烂为泥，备用。

❷炒锅置火上，加入油烧热，下入茼蒿稍炒，加入蒜泥和盐、香油，拌炒均匀盛盘即可。

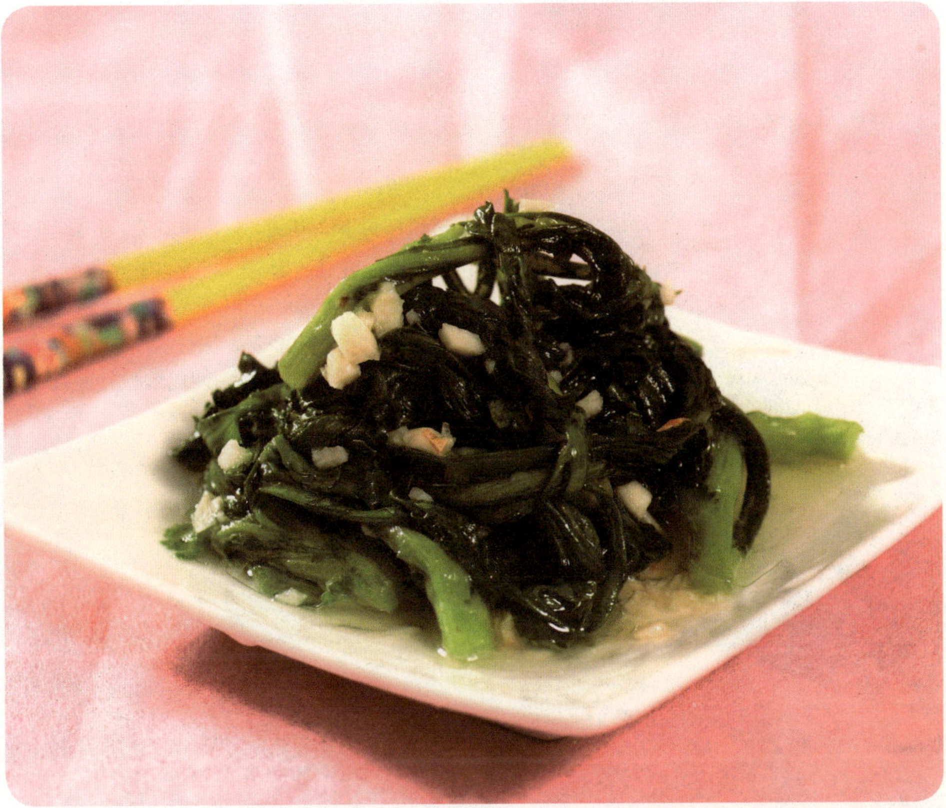

莴蒿还可以这样吃 ························· **翡翠烩白玉**

材料：莴蒿200克，净鱼肉150克，鸡蛋1个，植物油、精盐、味精、姜片、蒜片、水淀粉、清汤、猪油各适量。

做法：❶鸡蛋取蛋清；鱼肉冲洗干净，切成薄片，放入碗中，加精盐、蛋清、水淀粉上浆，放入五成热植物油中滑散，捞出沥油。
❷将莴蒿择洗干净，放入开水锅中稍焯，捞起，切成4厘米长的段。
❸炒锅置火上，放入适量猪油烧热，下姜片、蒜片稍煸，注入清汤，放入精盐、味精调好味后，倒入莴蒿、鱼片，用水淀粉勾芡，翻炒均匀，起锅装盘即成。

莴蒿还可以这样吃 ························· **莴蒿炒肉丝**

材料：莴蒿250克，猪肉100克，料酒、白糖、盐、酱油、葱丝、姜片各适量

做法：❶将猪肉洗净，切成细丝；莴蒿去老茎，洗净切小段。
❷炒锅放油烧热，放肉片煸炒至水干，加入酱油再炒，然后加入料酒、白糖、盐、葱丝、姜片煸炒至肉片熟烂。
❸放入莴蒿继续煸炒至熟，起锅装盘即可。

番茄酱

番茄酱中除了番茄红素外还有 B 族维生素、膳食纤维、矿物质、蛋白质及天然果胶等,和新鲜番茄相比较,番茄酱里的营养成分更容易被人体吸收。

番茄的番茄红素有利尿及抑制细菌生长的功效,是优良的抗氧化剂,能清除人体内的自由基,抗癌效果是 β-胡萝卜素的 2 倍。

番茄酱味道酸甜可口,可增进食欲,是宝宝开胃的极佳调味品。

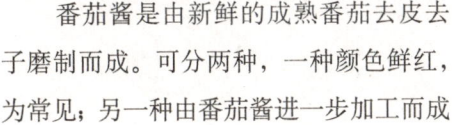

烹调的要点

番茄酱是由新鲜的成熟番茄去皮去子磨制而成。可分两种,一种颜色鲜红,为常见;另一种由番茄酱进一步加工而成的番茄沙司,为甜酸味,颜色暗红。前者可做炒菜的调味品,后者可以蘸食。

番茄酱寿司

材料： 大米 200 克，紫菜 10 片，鸡蛋 1 个，番茄酱半碗，火腿半根，白醋、盐、糖各适量

做法： ❶ 大米淘洗干净后加入适量清水蒸熟，待温度降下来后，用盐、糖、白醋按 1:3:5 的比例将米饭拌匀。

❷ 鸡蛋摊成饼，切宽条备用；火腿切宽条备用。

❸ 寿司帘铺在案板上，放上紫菜片，均匀地铺上凉凉的米饭，把鸡蛋条、火腿条放在中间，用寿司帘卷成筒状，切成合适大小，浇上番茄酱码盘即可。

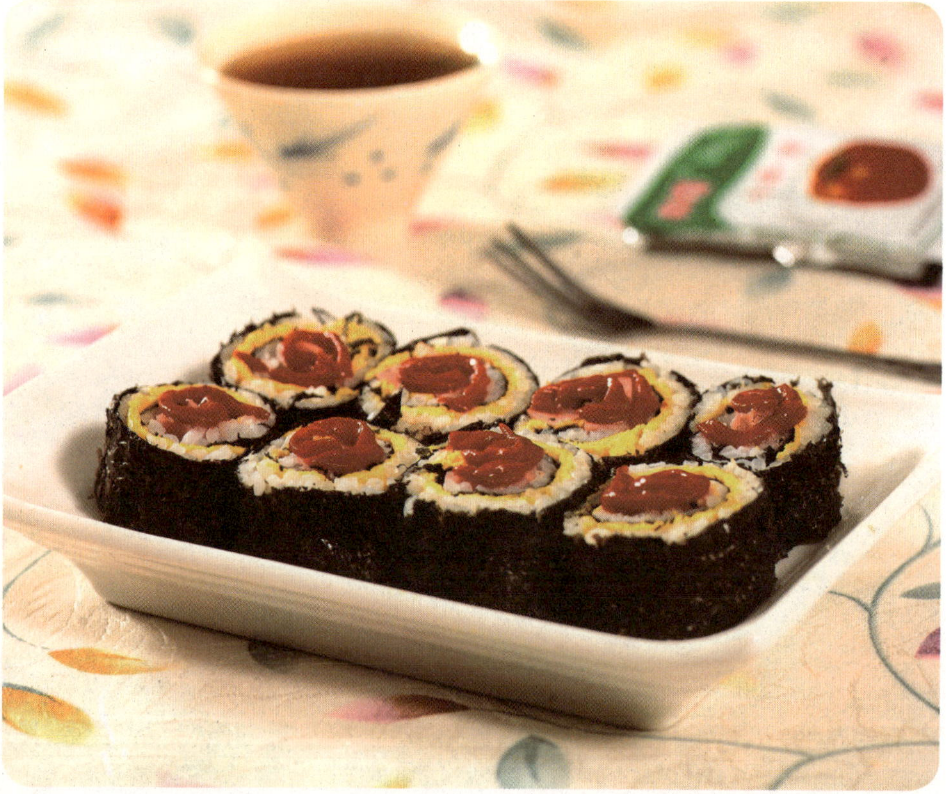

番茄酱还可以这样吃 ······ **糖醋里脊**

材料：猪里脊300克，番茄酱50克，料酒、醋、白糖、盐、水淀粉各适量

做法：❶猪里脊肉洗净，切条，加入少许盐、料酒腌10分钟左右，用水淀粉上浆备用。
❷碗中放白糖、醋、盐、少许清水、水淀粉调成汁待用。
❸锅置火上，放入油，烧至八成热时，放入肉条，炸至发白后捞出备用。
❹锅留底油，烧至七成热时，放入番茄酱炒至出红油后下入白糖、醋、盐、少许清水、水淀粉调成的汁，待汁变得浓稠红亮时放肉条，快速翻炒至肉条外均匀地包裹上汤汁即可出锅。

番茄酱还可以这样吃 ······ **番茄酱炒年糕**

材料：番茄1个，年糕、胡萝卜、火腿、番茄酱各适量，盐和酱油各少许

做法：❶把胡萝卜洗净，去皮，切丝；番茄去皮，切小块；火腿切丝。
❷先煮开一锅水，把年糕稍微氽烫至软身（也可以煎熟）。
❸热锅下油，放入胡萝卜煸炒几下，放入番茄，炒几下，加入番茄酱继续炒，加入年糕、火腿炒匀，加少许盐和酱油调味（如果宝宝喜欢酸甜口味，还可以加1小匙白糖），炒熟即可。

苦瓜

苦瓜味苦、性寒，营养丰富，含有膳食纤维、糖类、蛋白质、脂肪、胡萝卜素、维生素 B_1、维生素 B_2、维生素 C、钙、烟酸、磷、铁等各种营养元素。其中，维生素 C 的含量在瓜类中更是首屈一指。

苦瓜虽苦，但吃了可以生津止渴、消暑解热、去烦渴、治疗痢疾。

苦瓜的微苦还能刺激宝宝胃液大量分泌，有利于消化和增进食欲。

烹调的要点

将切好的苦瓜放入开水中氽一下，或放在无油的热锅中干煸一会儿，或用盐腌一下，都可减轻它的苦味。

推荐食谱

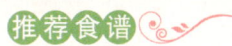

苦瓜粥

材料： 苦瓜半条，粳米50克，冰糖适量

做法： ❶将苦瓜洗净，切成小块；粳米淘洗干净。

❷锅中加水烧开，加入粳米、苦瓜煮粥，粥煮至半熟时，加入冰糖，糖溶化后即可。

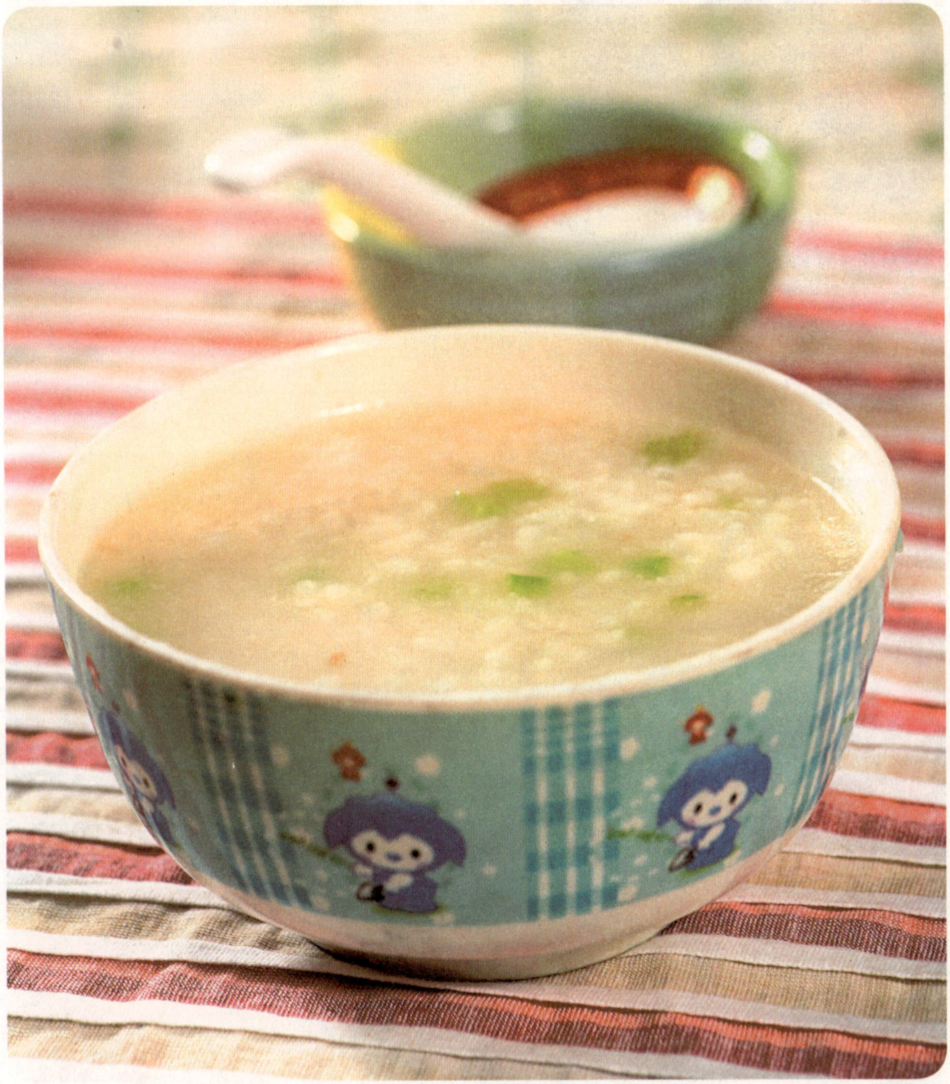

苦瓜还可以这样吃 ··· **肉馅苦瓜**

材料：苦瓜1条，猪肉馅100克，鸡蛋1个，红椒、面粉、水淀粉、盐、酱油各适量

做法：❶苦瓜洗净，切成2厘米的段，去瓤，冷水煮熟后去水；肉馅剁成泥，加鸡蛋、面粉、水淀粉、盐调成馅；将肉馅塞入苦瓜段，用水淀粉封两端。
❷将苦瓜放入油锅炸至表面呈淡黄色捞出，竖放在碗里，加入酱油，上笼蒸熟，红椒放锅中炒熟。
❸将蒸苦瓜的原汁倒入油锅烧开，加水淀粉、盐勾芡，苦瓜翻扣盘中浇汁，用红椒点缀即可。

苦瓜还可以这样吃 ··· **苦瓜绿豆汤**

材料：苦瓜半条，绿豆50克，白糖50克

做法：❶将苦瓜洗净，剥开去瓤，切成条；绿豆用清水泡一晚上。
❷将苦瓜条与绿豆一起放入锅里，加水煮成汤，凉凉后饮汤吃绿豆和苦瓜，饮汤时如果宝宝不喜欢苦味可加白糖。

山楂

山楂营养丰富，几乎含有水果的所有营养成分，特别是含有比较多的酒石酸、柠檬酸、山楂酸、苹果酸等有机酸和大量的维生素C。此外，山楂还含有糖类、蛋白质、脂肪、胡萝卜素和钙、磷、铁等矿物质，其中钙含量居水果之首，胡萝卜素的含量仅次于枣和猕猴桃，并且有开胃消食、活血化淤、平喘化痰的食疗作用，很适合宝宝吃。

山楂有健胃、消食、活血、化淤、收敛、止痢的功效，对由于对脂肪消化不良而引起的积食和痢疾、腹泻、腹胀具有很好的治疗作用，是著名的健胃消食食品。但是山楂里含有大量的糖和有机酸，吃得太多会对宝宝的牙齿造成不良影响，所以，正处在出牙期的宝宝一定要少吃。另外，山楂只消不补，容易对宝宝的脾胃产生不利影响，脾胃虚弱的宝宝最好还是不要吃山楂。

烹调的要点

山楂含有果酸，遇到铁后会使铁溶解，产生一种低铁化合物，使人中毒。所以煮山楂的时候最好用陶瓷、玻璃或是不锈钢等耐腐蚀的器皿，不能用铁锅煮。

推荐食谱

山楂粥

材料：去核山楂 30 克，荞麦 50 克，冰糖适量

做法：
1. 山楂洗净待用。
2. 荞麦淘洗干净，放入锅中，加适量清水用大火烧煮。
3. 待水烧沸后放入山楂，转小火熬粥，粥成后放入冰糖即可。

山楂还可以这样吃 **糖炒山楂**

材料：红糖、山楂各适量

做法：❶取红糖适量，入锅用小火炒化。
❷加入去核的山楂适量，再炒5~6分钟，闻到酸甜味即可。

山楂还可以这样吃 **蜜饯山楂**

材料：山楂300克，蜂蜜150克

做法：❶将山楂洗净，去掉果核备用。
❷将洗净去核的山楂放入沙锅内，加入适量水，煮至呈糊状时加入蜂蜜，搅拌均匀后，稍煮片刻，收汁即可。

橙子

橙子中的维生素C含量丰富，还含有一定的 β-胡萝卜素、柠檬酸、钙、磷、钾、橙皮甙以及醛、醇、烯等营养物质，具有生津止渴、开胃下气、促进消化、增强食欲的保健功效。橙子中所含的纤维素和果胶可以促进肠道蠕动，有利于清肠通便，排除体内有害物质。橙皮中则含有丰富的胡萝卜素，对帮助宝宝补充维生素A有很大帮助。

橙皮性味甘苦而温，止咳化痰功效胜过陈皮，还是治疗感冒、咳嗽、食欲不振、胸腹胀痛的良药。适当地吃一些橙子，对宝宝健脾开胃很有好处。

烹调的要点

1. 橙子忌与槟榔同食。

2. 饭前或空腹时不宜食用，否则橙子所含的有机酸会刺激胃黏膜，对胃不利。

3. 冬天的时候，可以把橙子放到暖气片上烤一会儿，温热后就比较好剥皮了。

4. 不要用橙皮泡水饮用，因为橙皮上一般都会有保鲜剂，很难用水洗净。

推荐食谱

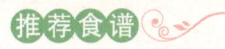

橙汁鸡片

材料：鸡胸肉 200 克，橙汁 1 杯，淀粉、蒜蓉、料酒、酱油、香油各少许

做法：❶鸡肉切片，加酱油、料酒、香油少许和淀粉拌匀。

❷锅置火上，烧热，放油，油热后下蒜蓉，炒出香味，放入鸡肉片，翻炒，炒至鸡肉变白，倒入橙汁，继续翻炒。

❸当橙汁快收干时，加少许盐调味即可。

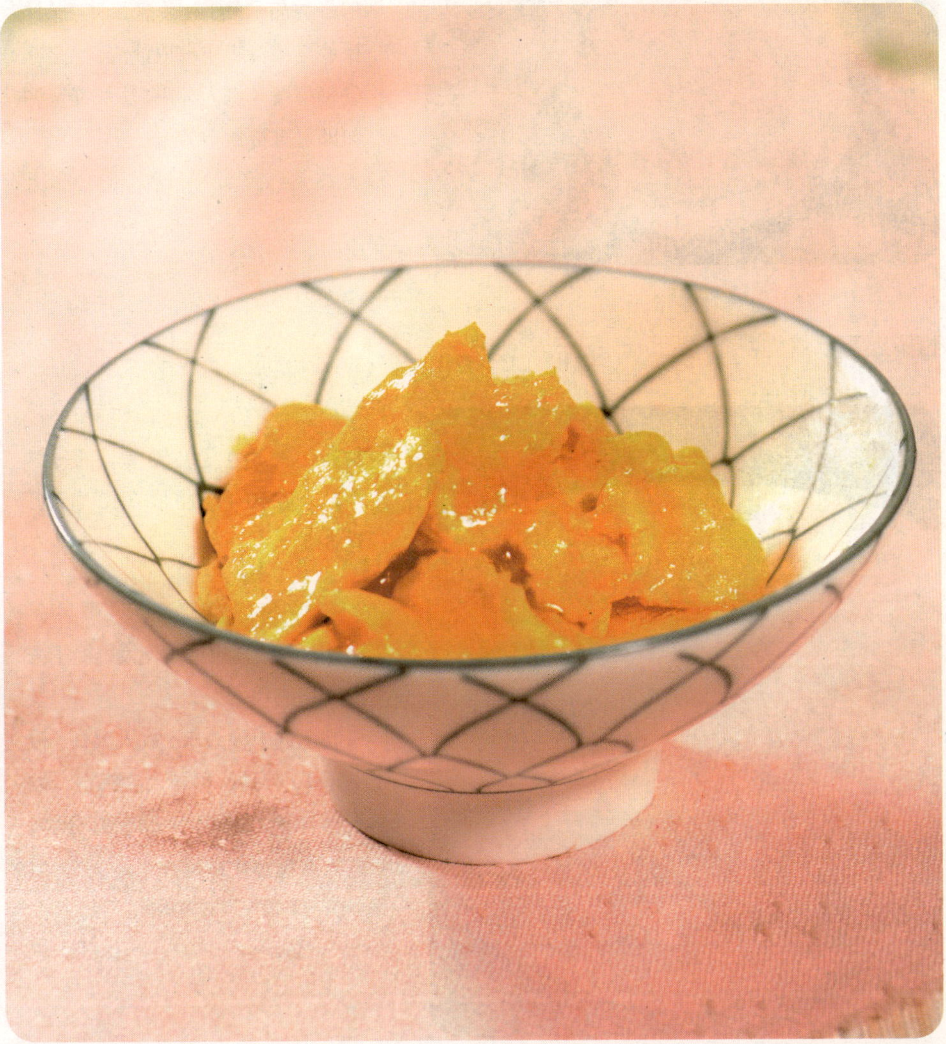

橙子还可以这样吃 ··· **橙子菠萝汁**

材料：橙子1个，番茄1个，菠萝1块，西芹20克，柠檬1个，蜂蜜少许

做法：❶将番茄洗净；橙子去皮，与菠萝均切成小块；西芹洗净，切成小段；柠檬去皮，切块。❷将番茄、橙子、菠萝、西芹、柠檬放进榨汁机中榨取汁液。❸将果蔬汁倒入杯中，添加蜂蜜调匀即可直接饮用。

橙子还可以这样吃 ··· **银耳甜橙水**

材料：银耳（干）50克，橙子1个，冰糖10克，枸杞子10克，西洋参5克

做法：❶银耳用清水泡发；橙子去皮，切成块。❷高压锅中注入水，放入银耳、橙子压10分钟，再转入沙锅中，放入西洋参、枸杞小火炖20分钟，放入冰糖熬化即可。

宝宝最爱吃的开胃饮食

鲜奶鱼丁

材料：净青鱼肉150克，蛋清1个，盐、白糖各少许，葱姜汁、牛奶、熟精制油及水淀粉各适量

做法：
1. 将净鱼肉洗净，剁成泥，放入适量葱姜汁、盐、蛋清及水淀粉，搅拌均匀。
2. 将拌好的鱼肉放入盆中上笼蒸熟，使之成鱼糕，取出后切成丁状，待用。
3. 炒锅置火上，放入少许精制油，烧熟后将油倒出，往锅内加少许清水及牛奶，烧开后加少许盐、白糖，然后放入鱼丁，烧开后用水淀粉勾芡，淋少许熟精制油即可装盆。

功效解析：此菜肴奶香味十足，且鱼丁鲜嫩、色泽白洁，十分吸引宝宝。

凉拌鸡丝

材料：鸡胸肉200克，小黄瓜1根，粉丝1把，芝麻酱1大匙，酱油1大匙，香油1小匙，糖1小匙，盐、胡椒粉少许

做法：
1. 将鸡胸肉抹上少许盐和胡椒粉，放在大盘子上，盖上保鲜膜，放入微波炉用高火3分钟蒸熟，放凉，撕成细丝备用。
2. 小黄瓜切细丝；粉丝用热水泡软，沥干，铺在盘子上。
3. 将黄瓜丝放在粉丝上，再放上鸡肉丝，最后将所有调味料调成酱汁淋在鸡丝上即可。

功效解析：既好吃又清爽，能充分发挥营养、美味的双重功效。

PART6 吃对食物身体棒，补锌补钙、调理脾胃关键期（2~3岁）

菠萝鸡片

材料：鸡胸肉200克，菠萝100克，小黄瓜1根，红柿子椒1只，水淀粉适量

做法：❶鸡胸肉切片并用水淀粉搅拌；菠萝去皮，切片；小黄瓜与红柿子椒洗净切片，余烫后备用。
❷锅置火上，放油烧热，加入鸡肉炒至八分熟，再加入小黄瓜、红柿子椒、菠萝片拌炒至熟即可。

功效解析：将菠萝入菜，不但可以使鸡肉的口感更嫩，其特殊的香味也会刺激宝宝的食欲。

酸甜萝卜

材料：白萝卜（胡萝卜）适量，白醋、白糖、盐各适量

做法：❶将白萝卜（胡萝卜）切薄片，放在一个可以密封的容器里，比如有盖的广口瓶子或饭盒里。
❷将白醋、白糖、盐和白开水混合，加入容器中，盖过萝卜。
❸将容器盖好盖，放入冰箱，1~2天后就可以吃了。如果味道不够就多泡1天。味道可以根据自己的口味调整。

功效解析：自制酸甜泡菜，使宝宝食欲大增。

樱桃小丸子

材料：肉馅200克，番茄酱50克，蛋清2个、姜末、淀粉、酱油、糖、料酒、香油、香菜丝各适量

做法：❶ 肉馅加料酒、蛋清、姜末和少许香油，搅匀，再加淀粉，搅匀，做成小丸子。

❷ 锅内放油，油温热后（不要太热，容易炸糊）放小丸子进去炸成金黄色，取出沥油。

❸ 锅内留少许油，倒入番茄酱，翻炒，再加少许酱油和糖，酱开后，加一点水淀粉勾芡，使酱黏稠，倒入炸好的小丸子翻炒，使酱汁均匀包裹在丸子外面。

❹ 熄火，装盘，最后可在表面撒些香菜丝（增香又添色）。

功效解析：此丸子营养丰富，味道独特，外观美丽，有利于增强宝宝的食欲。

鲜奶玉米糊

材料：速溶玉米片100克，猕猴桃1个，葡萄50克，鲜奶1杯

做法：❶ 将所有水果洗干净、去皮、去子后切成小丁。

❷ 将玉米片放在碗中，加入准备好的水果丁。

❸ 加入热奶即可。

功效解析：营养美味的玉米加上软质鲜果不仅可以调味、提升营养，而且也能给宝宝带来新鲜感。

番茄荷包蛋

材料： 鸡蛋2个，番茄1个，菠菜10克，盐1小匙，白糖1大匙，水淀粉、葱丝、姜丝各少许

做法： ❶将番茄洗净，去皮去子，切成小块；菠菜清洗干净，切成2厘米的段。❷锅置火上，加适量水烧开，磕入鸡蛋，煮熟即成荷包蛋。❸另取一净锅，放入花生油，烧热，下入葱丝、姜丝炝锅，再下入番茄块，煸炒一会儿将煮熟的荷包蛋及水一起倒入，加入盐、白糖、菠菜段。开锅后，用水淀粉勾芡，盛入大碗内即可。

功效解析： 此菜红绿相衬，味道酸甜，营养丰富。鸡蛋内含有优质蛋白质、维生素A、维生素D和多种矿物质。菠菜则富含维生素C、胡萝卜素及钙、铁等矿物质。

PART 7

0~3岁宝宝常见疾病的饮食调养

宝宝流感——需要注意饮食清淡

小儿流感是由流感病毒引起的急性呼吸道传染病，6个月至3岁的婴幼儿是流感的高发人群。流感比较典型的症状有高烧、头痛、咳嗽、全身酸痛、疲倦无力、咽痛等，流感发烧体温比普通感冒要高，一般以38.5℃~39℃甚至到40℃的高烧为主。一般来讲，宝宝越小发烧体温越高，高烧可以导致宝宝脱水、惊厥等，有时还伴有呕吐和腹泻等消化道症状。还有的宝宝表现为急性咽炎，气管、支气管炎，出现声音嘶哑、犬吠样咳嗽、喘息、喉中痰鸣。

食疗方1 银花饮

材料：银花（药店有售）20克，山楂10克，蜂蜜适量

做法：❶将银花、山楂放入沙锅内，加水适量，置大火上烧沸，5分钟后取药液1次。
❷再加水煎熬1次取汁，将两次药液合并，放入蜂蜜适量搅拌均匀即可。

食疗方2 陈皮姜粥

材料：陈皮10克，生姜10克，大米50克

做法：❶大米淘洗干净；生姜切成片。
❷将陈皮、生姜，连同大米一起放入锅中，加水适量，大火煮开后，转小火慢煲成粥即可。

科学喂养 专家指导
KE XUE WEI YANG ZHUAN JIA ZHI DAO

风寒感冒——给宝宝吃辛温的食物

小儿风寒感冒一般表现为怕冷、发热较轻、无汗、鼻塞、流清涕、喷嚏、咳嗽、痰白清稀、头痛、喉痒、舌苔薄白等症状。

食疗方1 红糖姜汤

材料：生姜1片，红糖15克

做法：生姜加水煮沸，加红糖15克趁热服。

食疗方2 香菜黄豆汤

材料：香菜30克，黄豆10粒

做法：❶新鲜香菜洗净，黄豆洗净。❷将黄豆放入锅内，加水适量，煎煮15分钟后，再加入新鲜香菜同煮15分钟后即可。

风热感冒——要及时给宝宝补充水分

小儿风热感冒的症状表现为：发热重、头涨痛、咽喉肿痛、有汗、鼻塞、流浓涕、咽部红痛、咳嗽、痰黄而稠、口渴、舌质红、舌苔薄黄、脉搏比平常快等。

食疗方1 薄荷牛蒡子粥

材料：牛蒡子（药店有售）10克，薄荷（超市有卖）5克，粳米1大匙

做法：❶先将牛蒡子煮15分钟，取出牛蒡子，留下汁水备用。
❷锅中加适量水，放入粳米，煮粥，待粥半熟再煮10分钟后放入薄荷，在粥快好时，放入牛蒡子汁水，煮5分钟即可。

食疗方2 梨粥

材料：鸭梨3个，大米适量

做法：❶鸭梨洗净，切碎；大米淘洗干净。
❷鸭梨用水煎半个小时后，去汁，与大米适量煮粥，趁热给宝宝食用。

暑热感冒——多吃清火的食物

小儿暑热感冒多发生在炎热的夏季，也称做"肠胃型感冒"，病症特点是发热、身倦无汗、骨节酸痛、头晕、头涨、口渴喜饮，同时会伴有恶心呕吐、腹泻等症状，小便短而黄、舌苔黄腻。

食疗方1 麦冬粥

材料：麦冬（药店有售）30克，粳米100克，冰糖适量

做法：❶将麦冬洗净，放在沙锅内，加水上火煎出汁，取汁。
❷锅内加水，烧沸，加入洗过的粳米，煮粥，煮至半熟，加入麦冬汁和冰糖，再煮沸成粥即可。

食疗方2 绿豆汤

材料：绿豆50克，白糖适量

做法：❶将绿豆洗净，用清水泡一个晚上。
❷绿豆加水熬汤，熬1个小时后加糖适量饮服。

宝宝发烧——要多给宝宝饮水

发烧本身并不可怕,重要的是要去寻找病因,对症治疗。一般感冒常会发烧2~4天,如果宝宝精神状态好、进食正常则不必太担心。但需注意感染有无恶化或发生并发症的情形,如婴幼儿出现哭闹不停、反应差、高烧不退甚至抽搐等,应尽快就诊。普通的感冒发烧多半由病毒引起,主要是对症治疗,不应滥用抗生素。疾病因素引起的发烧以病毒和细菌感染最常见,如呼吸道、胃肠道、泌尿道感染等。除发烧外,还伴有各系统的症状。而婴儿各系统的伴随症状不典型,可能只有厌食、吐奶、腹泻等现象,所以年龄越小的宝宝发烧越要尽快去看医生。

食疗方1 —— 西瓜汁

材料: 新鲜西瓜1块

做法: 新鲜的西瓜,去子去皮,榨汁,代茶频服。

食疗方2 —— 牛奶米汤

材料: 牛奶半杯,米(大米或小米)50克

做法: 将米淘洗干净,加入清水煲烂,滤过米渣,加入牛奶调匀即可。

宝宝咳嗽——多给宝宝吃化痰食物

西医认为咳嗽不是病,而是许多疾病都可能出现的一种症状。对于咳嗽,一定要鉴别是何种原因引起的,再对症处理。

感冒引起的咳嗽:伴随宝宝感冒产生,多为一声声刺激性咳嗽,好似咽喉瘙痒,无痰,不分白天黑夜,不伴随气喘或急促的呼吸。此时可多喂宝宝一些温开水、姜汁水或葱头水。如果疑似流感,应立即就医。

咽喉炎引起的咳嗽:咳嗽时发出"空、空"的声音,不会表述的宝宝常表现为烦躁、拒哺。此时应及时就医,明确诊断后对症治疗。

过敏性咳嗽:持续或反复发作性的剧烈咳嗽,多呈阵发性发作,宝宝活动或哭闹时咳嗽加重,夜间咳嗽比白天严重。对家族有哮喘及其他过敏性病史的宝宝,咳嗽应格外注意,及早就医诊治,明确诊断。

食疗方1 烤橘子

材料:橘子1个

做法:❶将橘子直接放在小火上烤,并不断翻动,烤到橘皮发黑,并从橘子里冒出热气即可。
❷待橘子稍凉一会儿,剥去橘皮,让宝宝吃温热的橘瓣。如果是大橘子,一次吃2~3瓣就可以了,如果是小贡橘,一次可以吃1个。

食疗方2 香油姜末炒鸡蛋

材料:鸡蛋1个,香油1小匙,姜末少许

做法:❶鸡蛋磕入碗中,打散备用。
❷炒锅中放入香油,香油烧热后放入姜末少许,稍微在油中过一下,将鸡蛋液倒入锅中炒匀即可。

宝宝腹泻——饮食调理更重要

腹泻是宝宝最常见的多发性疾病,是由多病因、多因素引起的疾病,有婴儿的生理性腹泻、胃肠道功能紊乱导致的腹泻、感染性腹泻等。其中感染性腹泻的病源有细菌、病毒、真菌等。饮食不当也是引发宝宝腹泻的原因。妈妈要仔细观察宝宝的排便规律,偶尔一次的稀便不用过于担心,但如果宝宝的排便规律突然改变——比平时次数更多,便稀,呈黄绿色泡沫状,那就可能是腹泻了。从治疗角度讲,对于非感染性腹泻,要以饮食调养为主;对于感染性腹泻,则要在药物治疗的基础上进行辅助食疗。

食疗方1 淮山药粥

材料: 大米50克,淮山药细粉(药店有售)20克

做法: ❶将大米淘洗干净,用清水浸泡30分钟备用。
❷锅内加入适量清水,烧开,加入大米烧开,再加入淮山药细粉,一起煮成粥即可。

食疗方2 苹果汤

材料: 苹果1个,白糖1小匙,盐少许

做法: ❶将苹果洗净,切碎。
❷切碎的苹果加适量水和少量盐,再加1小匙白糖,煎汤饮。

宝宝夜啼——少吃易产气的食物

宝宝白天安静如常，入夜啼哭或每夜多次啼哭，就称为夜啼。夜啼主要可分为生理性和病理性两大类。生理性夜啼哭声响亮，哭闹间歇时精神状态和面色均正常，食欲良好，吸吮有力，发育正常，无发烧等。病理性夜啼多是由于宝宝患有某些疾病，引起不舒适或痛苦。其哭闹特点为突然啼哭，哭声剧烈、尖锐或嘶哑，呈惊恐状，四肢屈曲，两手握拳，哭闹不休，虽然抱起或喂奶仍无济于事。有的宝宝伴有精神委靡、烦躁不安、面色苍白、吸吮无力或不吃奶的表现。

食疗方1 百合红枣汤

材料： 百合25克，红枣5粒

做法： 将百合和红枣加水适量用大火煮开，然后小火煮30分钟。经常饮汤。

食疗方2 干姜粥

材料： 干姜5克，大米30克

做法： ❶将大米淘洗干净；干姜切成条。❷干姜与大米一起放入锅中，加适量水煮成烂粥，分数次吃完。

宝宝便秘——顺肠通便的食物不可缺

便秘是经常困扰家长的宝宝常见病症之一。幼儿一天一次大便属于正常，但有的宝宝2~3天解一次大便，而且大便质软量多，也属正常。但宝宝大便干硬，排便时哭闹费力，次数比平时明显减少，有时2~3天甚至6~7天排便一次，就是发生便秘了。便秘的发生常常由于消化不良或脾胃虚弱引起，过多地食用鱼、肉、蛋类，缺少谷物、蔬菜等食物的摄入也是一个重要原因。因牛乳中酪蛋白含量过多造成大便干燥坚硬，难以排出，人工喂养的宝宝更容易发生便秘。

食疗方1　蜂蜜土豆汁

材料：土豆2个，蜂蜜适量

做法：❶土豆去皮，洗净，切碎，放入榨汁机中加水榨成土豆汁。
❷将榨好的土豆汁放入锅里，用小火煮，当土豆汁变得黏稠时，加入适量蜂蜜，搅拌均匀即可。

食疗方2　红薯木耳粥

材料：红薯1个，海参20克，黑木耳30克，白糖少许

做法：❶将红薯去皮，切成小块；海参、黑木耳分别用温开水泡软，洗净。
❷将海参、黑木耳、红薯一起放入锅内煮熟，放入白糖即可，给宝宝趁热服用。

宝宝上火——清凉饮食给宝宝降火

宝宝脏腑肌肤娇嫩,体温调节中枢功能不完善,很容易上火。日常生活中,0~3岁的宝宝上火三大特点就是"吃不进"、"受不了"、"拉不出",常常表现为:发热、口腔溃疡/糜烂、厌食、便秘,还有眼红、眼屎多、嘴唇干裂、嗓子干涩、口臭、腹胀、腹痛,因此宝宝烦躁易怒、易哭。小儿上火需要妈妈细心呵护,捕捉"火气冲天"症状,当好宝宝贴身的"消防员"。

食疗方1 苦瓜冰糖汁

材料: 苦瓜1根,冰糖适量

做法: ❶将新鲜苦瓜洗净去子,切小片。❷苦瓜片用干净纱布包裹,取汁50毫升,加上适量冰糖喂服。

食疗方2 绿豆饮

材料: 生绿豆60克,白菜心2~3个

做法: ❶将生绿豆洗净;白菜心择洗干净。❷生绿豆放小锅内煮至将熟时加入白菜心,再煮20分钟,然后取汁喂服。

宝宝汗症——多用食物来补虚

小儿汗症是指在安静状态下,宝宝全身或局部出汗过多,甚至大汗淋漓,出汗后有身寒、疲乏等现象。中医将白天无故出汗称为"自汗",夜间睡眠出汗、醒后停止出汗称为"盗汗"。无论自汗或盗汗,多与体质虚弱有关,均可以通过饮食来调理。

食疗方1 核桃莲子山药羹

材料:核桃仁200克,莲子200克,黑豆150克,山药粉150克,米粉适量,牛奶(或稀饭)适量

做法:❶将核桃仁、莲子、黑豆、山药粉分别研压成粉后均匀混合,加入米粉适量。
❷每次1~2小匙,拌在牛奶或稀饭中煮熟成羹。

食疗方2 黄芪红枣汤

材料:黄芪(药店有售)15克,红枣20枚

做法:黄芪和红枣加水适量,小火煎煮1小时即可。

宝宝鹅口疮——不可乱用抗生素

鹅口疮是一种由霉菌（白色念珠菌）引起的口腔黏膜感染性疾病。患儿口腔布满白色物质，形状如"鹅口"，因此叫"鹅口疮"。新生儿多由产道感染，妈妈的乳头或者橡皮奶头也都是感染的来源。主要表现为在牙龈、颊黏膜或口唇内侧等处出现乳白色奶块样的膜样物，呈斑点状或斑片状分布，严重者会在口腔黏膜表面形成白色斑膜，并伴有灼热和干燥的感觉，部分伴有低烧的症状，甚至有可能造成吞咽和呼吸困难。患有此病的宝宝经常哭闹不安，吃东西或者喝水时会有刺痛感，所以宝宝经常不愿意吃奶。

食疗方1 西洋参莲子炖冰糖

材料： 西洋参（药店和超市均有售）3克，莲子（去心）12枚，冰糖25克

做法： ❶将西洋参切片，与莲子放在小碗内加水泡发。
❷将泡发后的西洋参、莲子放锅里，加入适量水和冰糖，隔水蒸1小时，喝汤吃莲子肉。

食疗方2 莴笋叶红枣汁

材料： 莴笋叶6克，大枣3枚

做法： 莴笋叶洗净与大枣一起煎水服。

宝宝湿疹——避免喂给宝宝过敏饮食

小儿湿疹，俗称"奶癣"。湿疹初起，宝宝两颊皮肤干燥，并生出密集的丘疹；丘疹可逐渐变为水疱，同时有水液渗出，湿烂，渗水干燥后结成大片黄色结痂。少数患儿除脸颊外，也可蔓延到额头、颈部、肩部、甚至躯干、四肢等处。湿疹反复发作可造成患处皮肤粗糙。湿疹原因复杂，是一种过敏性皮肤病。家长要注意查找有无食物或衣物过敏的相关因素。

食疗方1 绿豆海带汤

材料：绿豆30克，海带10克，鱼腥草10克，白糖适量

做法：❶将海带、鱼腥草分别洗净；绿豆淘洗干净，最好用清水泡一个晚上。❷鱼腥草加适量的水煎20分钟，去渣取汁，然后加入绿豆、海带煮熟，加入白糖调味饮用。

食疗方2 玉米须心汤

材料：玉米须15克，玉米心30克，冰糖适量

做法：❶先煎玉米须、玉米心，去渣取汁。❷玉米汁加冰糖调味饮用。

宝宝遗尿——通过饮食可以改变的毛病

一般来说，宝宝在1岁或1岁半时，就开始能在夜间控制排尿了，尿床现象已大大减少。但有些宝宝到了2岁甚至2岁半后，还只是能在白天控制排尿，晚上仍常常尿床，这依然是一种正常现象，大多数宝宝3岁后夜间不再遗尿。遗尿症是指5岁以后每周至少有一次遗尿者，并不包含偶然一次的尿床。引起尿床的原因很多，虽然有一些疾病可使宝宝患遗尿症，但对于大多数尿床的宝宝而言，尿床是一种机能性的问题，只要父母注意饮食调养并去除生活中可能造成宝宝尿床的因素，宝宝的尿床是可以纠正的。

食疗方1 四味猪膀胱汤

材料：益智仁（药店有售）20克，芡实（药店和超市均有售）20克，山药20克，莲子（去心）20克，猪膀胱1具，盐少许

做法：❶将益智仁煎水去渣取汁，以药汁把芡实、山药、莲子泡浸两小时。
❷一起装入洗净的猪膀胱内，小火炖熟，加入盐适量调味即可。

食疗方2 核桃鸡米

材料：鸡胸肉50克，核桃仁50克，鸡蛋清1个，淀粉和盐各少许

做法：❶鸡胸肉洗净，切成小丁，放入鸡蛋清、淀粉和少许盐搅拌均匀。
❷起油锅，烧至四成热，加入核桃仁，炸熟后捞出，然后倒入鸡丁，炒半熟后加入炸熟的核桃仁继续翻炒即可。

宝宝厌食症——不要让宝宝没有胃口

小儿厌食症是指小儿较长时间食欲不振或食欲减退，见食不贪甚至拒食，是一种慢性消化功能紊乱综合症，多发生于1~6岁宝宝。它是一种症状，并非一种独立的疾病。某些慢性病，如消化性溃疡、慢性肝炎、结核病、消化不良及长期便秘等都可能是厌食症的原因（仅占9%）。但是，大多数小儿厌食症不是由于疾病引起（占86%），而是由于不良的饮食习惯、不合理的饮食制度、不佳的进食环境及家长和宝宝的心理因素造成的。

食疗方1 山药糯米粥

材料：山药30克，糯米50克

做法：❶山药去皮，洗净；糯米淘洗干净。❷将山药与糯米加适量清水放入锅中，用小火煮成稠粥，每日1次。

食疗方2 醋熘白菜

材料：大白菜100克，葱、姜、花椒、料酒、酱油、盐、白糖、醋、水淀粉各适量

做法：❶将大白菜洗净，嫩帮切成菱形块；葱切成段，姜切成片。❷锅置火上，放油烧至七成热时，放入白菜块熘一下后取出。❸锅内留少许油，放入花椒、葱段、姜片炸至深紫色，捞出不要。放入白菜、料酒、酱油、盐、白糖和适量清水，烧沸后烹入醋，用水淀粉勾芡，出锅装在盘里。

宝宝伤食——宝宝吃得多引起的毛病

婴幼儿的消化器官发育还不完善,消化液分泌不充足,酶的功能也较弱,胃及肠道内黏膜柔嫩,消化功能还比较差。如果父母不能正确地喂养,什么都给宝宝吃,使宝宝饮食的质和量不当,损伤了肠胃,宝宝就会出现肚子胀、吐奶、厌食、舌苔厚腻、上腹部饱胀、大便稀且有酸臭味等伤食的表现。

食疗方1 蜜饯山楂

材料: 山楂300克,蜂蜜3大匙

做法:
❶ 将山楂洗净,去掉果核,放入沙锅内,加入适量水煮。
❷ 山楂煮至呈糊状时加入蜂蜜3大匙,搅拌均匀后,稍煮片刻,收汁即可。

食疗方2 蜂蜜萝卜

材料: 白萝卜1个,蜂蜜适量

做法:
❶ 将白萝卜洗净后,切成条状或丁状。
❷ 在锅内加入清水,烧开后,把萝卜放入再煮,至煮沸后即可捞出萝卜,把水沥干,晾晒半日。
❸ 再把晾干的萝卜放入锅内,加入适量蜂蜜,用小火烧煮,边煮边调拌,调匀后,取出萝卜凉凉即可。

宝宝疳积——改变宝宝不合理的饮食习惯

小儿疳积是一种脾胃消化功能障碍引起的慢性营养性疾病，多是由于进食不规律导致脏腑失养、饮食减少、形体消瘦形成的。最早出现的症状是体重减轻，消瘦，皮下脂肪减少，皮肤毛发干涩、弹性小，面色焦黄，精神不振，活动减少，肌肉无力。轻度营养不良对宝宝的早期身高没有影响，长期尤其重度营养不良则可使宝宝的身高增长迟缓，严重的还会影响宝宝的智力发育。

食疗方1 淮山莲子汤

材料：淮山、莲子（去心）、芡实各30克，猪瘦肉100克，葱、姜、酱油、盐各少许。

做法：❶将淮山、莲子、芡实分别洗净；猪瘦肉入沸水锅中稍烫，除去血腥味，切成块备用。
❷锅中加油，先入葱、姜炒香，再下入猪肉和酱油、盐，烧沸，下入淮山、莲子、芡实，用小火炖30分钟即可。

食疗方2 山楂山药汤

材料：山楂9克，山药15克。

做法：❶山楂洗净，切片；山药去皮，洗净，切片。
❷山楂、山药加适量水入锅中煎汤代茶。

宝宝流涎——不要给宝宝吮吸空奶嘴

小儿流涎，俗称小儿流口水，较多见于1岁左右的宝宝。婴幼儿正处于生长发育阶段，唾液腺尚不完善，加上婴儿口腔浅，唾液的分泌略有增加，不会调节口腔内过多的液体，这时流口水是正常现象。而病理性流涎大概是因为婴儿患有口腔疾病，如口腔炎、黏膜充血或溃烂，舌尖部、颊部、唇部溃疡等也可导致宝宝流涎。因此，如果宝宝突然大量流口水，就应去医院明确诊断。

此外有些妈妈母乳喂养宝宝到15个月以上才断奶，然后才给宝宝添加辅食，这样的宝宝脾胃就比较虚弱，容易发生消化不良，流涎的发生率较高。

食疗方1 摄涎饼

材料：白术20~30克，益智仁20~30克（药店有售），白面粉适量，生姜50克，白糖50克

做法：❶将白术和益智仁一同放入碾槽内，研成细末；生姜洗净后捣烂绞汁。❷把药末同白面粉、白糖和匀，加入姜汁和清水和匀，做成小饼15~20块，入锅内，如常法烙熟。

食疗方2 山药慈姑糊

材料：山药粉20克，鲜慈姑30克（药店均有售），红糖适量

做法：❶将山药粉和鲜慈姑捣烂如泥。❷药汤加红糖适量（以甜为度），加白开水调成糊状，煮服。

宝宝水痘——多吃有营养易消化的食物

小儿水痘是由水痘病毒引起的，多发于2~6岁幼儿，潜伏期为10~21天，发病的宝宝会有轻微发烧、不适、食欲欠佳等与感冒类似的症状，然后身上会出现小红点，由胸部、腹部开始，再扩展至全身。小红点变大，成为有液体的水疱。一两天后，水疱破裂，结成硬壳或疙瘩。新的小红点不断分批出现，并重复同一过程。各期皮疹可同时存在，即同时可见斑疹、丘疹、疱疹、结痂。1~3周后，痂皮脱落，完全康复，好好护理就不会留有疤痕。

食疗方1 金银花甘蔗茶

材料：金银花10克，甘蔗汁半杯

做法：金银花水煎至100毫升，兑入甘蔗汁代茶饮。

食疗方2 马齿苋荸荠糊

材料：鲜马齿苋、荸荠粉各30克，冰糖15克

做法：❶将鲜马齿苋洗净捣汁。❷取汁调荸荠粉，加冰糖，用滚开的水冲熟至糊状。

宝宝鼻出血——多吃新鲜蔬菜和水果

鼻出血是小儿的易发病,多见于气候干燥的季节。这是由于小儿鼻黏膜血管丰富,黏膜较为脆嫩所导致的。鼻出血是小儿期较常见的症状,出血量可多可少,轻者仅涕中带血,重症者出血量较多,可引起头晕、乏力,甚至出现昏厥,但一般来说2岁以前的宝宝很少有鼻出血。由于多种疾病可以导致鼻出血,宝宝如果经常出现鼻出血,应该积极就医,找出病因,治疗原发病。出血发生时,要立即止血,以免出血过多,导致贫血。食疗可以起到辅助作用。

食疗方1 生藕荸荠萝卜汤

材料: 生藕、荸荠、萝卜各250克

做法: ❶将生藕、荸荠、萝卜分别去皮,切碎。
❷将准备好的材料一起放入锅中,加水煮汤。

食疗方2 藕汁蜜糖露

材料: 鲜藕1~2根,白茅根(药店有售)3根,蜂蜜少许

做法: ❶鲜藕去皮,洗净,榨汁;鲜白茅根洗净,榨汁。
❷以上物料加蜂蜜调匀即可。

宝宝肥胖——家长要控制宝宝饮食

宝宝的体重超过平均值20%以上就算肥胖。在婴儿期，宝宝活动范围小，吃的食物又营养丰富，加上有的家长喂食不予控制，宝宝一哭就给他吃东西，导致宝宝出现肥胖。过于肥胖的宝宝会常有疲劳感，用力时会气短或腿痛。严重时，由于脂肪的过度堆积限制了胸扩肌和膈肌运动，会发生呼吸困难。因体重过重，走路时两下肢负荷过度还会导致膝外翻和扁平足。而且，肥胖也限制了宝宝的运动机能发展，不利于身体的生长发育。在婴儿期肥胖的宝宝，如果调理得当，到两三岁后肥胖现象可以改善，否则会持续发展，一直维持到成年。

食疗方1 —— 玉米奶粥

材料：黄玉米渣50克，牛奶（或豆奶）150克，红枣20克

做法：❶将红枣用清水浸泡；玉米渣加适量水煮成稠粥。
❷待煮至粥面泛泡时，将泡好的红枣加入，煮开后再加入牛奶（或豆奶），煮熟即可食用。

食疗方2 —— 虾米白菜

材料：干虾米10克，白菜200克，盐少许

做法：❶将干虾米用温水浸泡发好；白菜洗净，切成约3厘米的段。
❷将油锅烧热，放入白菜炒至半熟，再将发好的虾米、盐放入，稍加清水，盖上锅盖烧透即可。

宝宝惊风——营养素缺乏亮起的健康红灯

惊风是小儿时期常见的一种重急病症,一般以昏迷、抽搐为特征,又称"抽风"。惊风可发生于任何季节,年龄以1~5岁小儿最多见,年龄越小,发病率越高。临床上分为急惊、慢惊两种。急惊风往往高热39℃以上,面红气急,躁动不安,继而出现神志昏迷,两目上视,牙关紧闭,角弓反张,四肢抽搐等;慢惊风表现嗜睡无神,两手握拳,抽搐无力,时作时止,有时小儿会在沉睡中突发痉挛。现代医学认为惊风是中枢神经系统功能紊乱的一种表现,引发的原因很多,一般认为外感风邪、时邪、内蕴湿热疫毒及暴受惊恐为主要病因。

食疗方1 山药粥

材料: 山药30克,对虾1~2个,粳米50克,盐少许

做法:
❶ 将粳米洗净;山药去皮,洗净,切成小块;对虾择好洗净,切成两半备用。
❷ 锅内加水,放入粳米,烧开后加入山药块,用小火煮成粥。
❸ 待粥将熟时,放入对虾段,加入盐即可。

食疗方2 桑葚粥

材料: 鲜紫桑葚30克,糯米(或粳米)50克,冰糖适量

做法:
❶ 将桑葚洗净;糯米(或粳米)淘洗干净。
❷ 将桑葚与糯米(或粳米)加适量水同煮成粥,粥将成时加入冰糖。

宝宝扁桃体炎——饮食谨遵清淡易消化原则

扁桃体炎是小儿的常见、多发病。急性扁桃体炎发病较急,主要症状有恶寒、发热、全身不适、扁桃体红肿、吞咽困难且疼痛等。咽部疼痛所造成的刺激会使某些宝宝发生呕吐及(或)咳嗽。在少数情况下,病重会发生热性惊厥。幼儿患了扁桃体炎常会抱怨胃痛。他颈部两侧的腺体常会肿大,尤其是颔下的地方肿得最大,并且有触痛的感觉。用手摸上去,可以摸到球结状的硬块。有时候,在重要症状消退后,这种肿胀的情形会持续数周之久。慢性扁桃体炎症状较轻,常感到咽喉部不适,有轻度梗阻感,有时影响吞咽和呼吸。

食疗方1 萝卜橄榄饮

材料:鲜白萝卜1个,橄榄10个,冰糖少许

做法:
1. 萝卜去皮,洗净。
2. 萝卜与橄榄一起入锅煎水代茶饮。

食疗方2 无花果冰糖饮

材料:无花果60克,冰糖适量

做法:无花果入锅浓煎,冰糖适量调味即可。

宝宝腮腺炎——清热解毒的流质饮食为最佳

小儿腮腺炎,俗称"痄腮",宝宝患病一次后,通常可获得终身免疫,很少再患第二次。大多数患病宝宝,以耳下肿大和疼痛为最早出现的表现,少数患病宝宝,表现为在腮腺肿大的1~2天前,出现发烧、头痛、呕吐、食欲不佳等全身不适症状,继而出现一边或两边耳下的疼痛,即腮腺肿起来。腮腺肿大在2~3天时达到高峰,一般持续4~5天会逐渐消退,全身不适症状也随之减轻,整个发病过程为1~2周。

食疗方1 黄花菜粥

材料: 黄花菜50克(干品20克),粳米50克,盐少许

做法: ❶将黄花菜洗净;粳米淘洗干净。❷黄花菜加水适量煎煮,入粳米煮粥。

食疗方2 三豆粥

材料: 绿豆60克,赤小豆50克,黄豆30克,粳米100克,红糖30克

做法: ❶将豆洗净,用清水浸泡24小时。❷将各豆与粳米加水同煮,豆烂熟粥成,加红糖即可。

图书在版编目(CIP)数据

科学喂养专家指导/张秀丽编著.——北京:中国人口出版社,2010.9

ISBN 978-7-5101-0521-0

Ⅰ.①科… Ⅱ.①张… Ⅲ.①婴幼儿—哺育—基本知识 Ⅳ.① TS976.31

中国版本图书馆CIP数据核字(2010)第166560号

科学喂养专家指导

张秀丽 编著

出版发行	中国人口出版社
印 刷	北京京津彩印有限公司
开 本	710×1010 1/16
印 张	22
字 数	200千
版 次	2010年10月第1版
印 次	2010年10月第1次印刷
书 号	ISBN 978-7-5101-0521-0
定 价	29.80元
社 长	陶庆军
网 址	www.rkcbs.net
电子信箱	rkcbs@126.com
电 话	(010) 83519390
传 真	(010) 83519401
地 址	北京市宣武区广安门南街80号中加大厦
邮政编码	100054

版权所有　侵权必究　质量问题　随时退换